高等学校适用教材

# 互换性与测量技术基础

（第三版）

廖念钊　主　编
许金钊　主　审

中国计量出版社

**图书在版编目(CIP)数据**

互换性与测量技术基础/廖念钊主编.—3版.—北京:中国计量出版社,2002.1
高等学校适用教材
ISBN 7-5026-1588-1

Ⅰ.互… Ⅱ.廖… Ⅲ.①互换性—理论—高等学校—教材②技术测量—高等学校—教材 Ⅳ.TG801

中国版本图书馆CIP数据核字（2001）第096856号

## 内 容 提 要

本书共10章:绪论;尺寸公差与圆柱结合的互换性;测量技术基础;形位公差及检测;表面粗糙度;滚动轴承的互换性;量规与光滑工件尺寸的检测;螺纹、键、花键、圆锥结合的公差配合及检测;圆柱齿轮的互换性及检测以及尺寸链。书后附有练习题。

本书由原“高等工业学校互换性与技术测量教材编审小组”根据教学大纲组织编写,并按照“高等工业学校互换性与测量技术基础课程教学指导小组”的教材建设规划要求进行了修订,经课程教学指导小组同意作为高等工业学校机械类及仪器仪表类各专业适用教材。同时,该教材也可供从事机械和仪器仪表制造的工程技术人员及计量、检验人员参考。

**中国计量出版社出版**
**北京和平里西街甲2号**
**邮政编码** 100013
**电话** (010) 64275360
http:// www.zgjl.com.cn
**北京市迪鑫印刷厂印刷**
**新华书店北京发行所发行**

*
787 mm × 1092 mm 16开本 印张 13 字数 304千字
2006年 8月 · 第3版 · 第23次印刷
*
印数 207 501 — 218 500 定价: 20.00 元

# 第一版前言

本世纪80年代以来,由于机械工业和仪器仪表工业的发展,在精度设计方面力求优化,表现在互换性生产原则的贯彻执行和测量技术的现代化,从而提高了产品质量,增强了竞争能力,为外向型经济发展开拓了广阔的前景。《互换性与测量技术基础》课程的教材建设也出现了前所未有的蓬勃气象。在近10年左右的时间里,先后出版的教材和参考书达30余种之多。这些教材和参考书都是各校有关教师根据多年的教学实践和经验编写的,各有所长,各具特色。

本书由原“高等工业学校互换性与技术测量教材编审小组”根据大纲组织编写,经“高等工业学校互换性与测量技术基础课程教学指导小组”同意,作为高等工业学校试用教材出版。

本书特点在于机械类及精密仪器仪表类各专业可兼顾使用,大中小尺寸并举;在加强基础理论的同时,着眼于生产实践,务求理论结合实际,做到学以致用,并注意到为后继课程的应用需要;章节层次分明,阐述深入浅出,内容新颖齐全,文笔生动流畅,有利教学和自习。

本书包括十二章:绪论;圆柱形工件的公差与配合;测量技术基础;形位公差;表面粗糙度;轴承公差与配合;量规和检验;锥度公差与配合;花键结合;螺纹结合;圆柱齿轮传动和尺寸链。

参加本书编写的有:清华大学花国梁教授(第二章、第六章)、重庆大学廖念钊教授(第一章、第三章、第五章)、重庆大学莫雨松副教授(第四章)、河北工学院何贡教授(第七章、第九章、第十章)、浙江大学吴昭同教授(第八章、第十一章)和东北工学院李纯甫教授(第十二章)。

本书由重庆大学廖念钊教授主编,由吉林工业大学许金钊教授主审。

本书在编写和审稿过程中,一直得到互换性与技术测量教材编审小组和本课程教学指导小组的指导和帮助。1988年3月在武汉召开的教材审稿会议上,与会同志对全书再次进行了评审。参加本书审稿的有:梁晋文教授、李柱教授、赵卓贤教授、徐享钧副教授、王文义副教授、李继桢副教授、胡林副教授、丁志华副教授、谢景华副教授,以及谢文藻、申玉洁老师等。何镜民教授在编写过程中也提出了中肯的意见,在此一并表示诚挚谢忱!

限于编写者的水平,书中不足之处、缺点和错误恐难避免,请读者批评指正。

编　者

1988年6月

# 修　订　附　言

本教材第1版自1988年11月出版以来,至今已使用5年。按照“高等工业学校互换性与测量技术基础课程教学指导小组”的教材建设规划要求及授课实践的需要,对本教材进行了修订。

这次修订的重点是减少篇幅,内容上少而精,可以解决内容多、学时少的矛盾。修订后的教材,由原十二章合并为十章,更便于教师讲授、学生理解和掌握。本次修订对原书各章均进行了不同程度的修改,如将原第八章圆锥和角度公差及检测、第九章螺纹结合的互换性及检测、第十章键和花键结合的互换性及检测合并为一章编写,形状和位置公差及检测、圆柱齿轮的互换性及检测根据相关的新标准修改了有关内容,同时相应地修改了书中所附的习题等。参加这次修订工作的有廖念钊教授、花国梁教授、何贡教授、李纯甫教授、吴昭同教授和莫雨松副教授等,全书主审工作仍由许金钊教授担任。

在这次修订工作中,得到各有关院校老师的支持和帮助,特此致谢。

编　者

1993年11月

# 第三版修订附言

这本教材在广大教师和同学的支持下，自1993年11月修订以来，已使用了近8年。在这8年中，随着科学技术的发展，我国公差标准的修订，以及根据教材使用中教师们的新体会等情况，曾多次对本教材的再修订提出了要求，为此特进行本次修订。

这次教材修订的重点是更新了公差标准，改写了教材中不便教学的章节，简介了相关科技发展的新内容。其修改的内容涉及第一、二、三、四、五、七、八和十等八章。相信在教材修订后将更便于教学，对工程技术人员参考也更方便。

这次教材修订，得到了全国有关院校老师的大力帮助和支持，在此表示衷心的感谢。

编　者

2002年1月

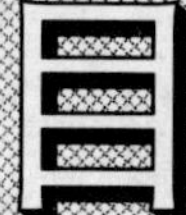

# 目录

# 第一章 绪 论

## §1—1 互换性与公差

互换性是机械制造、仪器仪表和其他许多工业生产中产品设计和制造的重要原则。使用这个原则能使上述工业部门有最佳的经济效益和社会效益。互换性是指在同一规格的一批零件或部件中，任取其一，不需经过任何挑选或附加修配（如钳工修理），就能装在机器上，达到规定的功能要求。这样的一批零件或部件就称为具有互换性的零、部件。例如，人们经常使用的摩托车和汽车的零件，就是按互换性原则生产的。当摩托车和汽车零件损坏时，修理人员很快就能用同样规格的零件换上，恢复摩托车和汽车的功能。

机械制造、仪器仪表中的互换性，通常包括几何参数（如尺寸）、机械性能（如硬度、强度）以及理化性能（如化学成分）等。本课程仅讨论几何参数的互换性。

所谓几何参数，主要包括尺寸大小、几何形状（宏观、微观）以及形面间相互位置关系等。为了满足互换性的要求，最理想的是同规格的零、部件，其几何参数都要做得完全一致，这在实践中是不可能的，也是不必要的，实际上只要求同规格零、部件的几何参数保持在一定的变动范围内就能达到互换的目的。

允许零件几何参数的变动量就称为“公差”。

现代化的机械工业，首先要求机械零件具有互换性，从而才有可能将一台机器中的成千上万个零、部件，分散进行高效率的专业化生产，然后又集中起来进行装配。因此，零、部件的互换性为生产的专业化创造了条件，促进了自动化生产的发展，有利于降低产品成本，提高产品质量。

零、部件在几何参数方面的互换，体现为公差标准的完善，而公差标准又是机械工业的基础标准，它为机器的标准化、系列化、通用化奠定了基础，从而缩短了机器设计的周期，促进新产品的高速发展。

互换性生产可以减少修理机器的时间和费用。因此，互换性生产对我国机械制造业和仪器制造业具有非常重要的意义。

互换性按其互换程度，可分为完全互换和不完全互换。前者要求零、部件在装配时，不需要挑选和辅助加工；后者则允许零、部件在装配前进行预先分组或预先设定一件在装配时采取调整或加工等措施。

对标准部件，互换性还可分为内互换和外互换。组成标准部件的零件的互换称内互换；标准部件与其他零、部件的互换称外互换。例如滚动轴承的外圈内滚道，内圈外滚道与滚动体的互换称内互换；外圈外径、内圈内径以及轴承宽度与其相配的机壳孔、轴颈和轴承端盖的互换称外互换。

## §1—2 公差与配合标准发展简述

随着机械工业生产的发展，要求企业内部有统一的公差与配合标准，以扩大互换性生产的规模和控制机器备件的供应。1902 年英国伦敦以生产剪羊毛机为主的纽瓦（Newall）公司编制了尺寸公差的“极限表”，这是最早的公差制。

1906 年，英国颁布了国家标准 B.S.27；1924 年英国又制定了国家标准 B.S.164；1925 年美国出版了包括公差在内的美国标准 A.S.A.$B_{4a}$。上述标准就是初期的公差标准。

在公差标准的发展史上，德国标准 DIN 占有重要位置，它在英、美初期公差标准的基础上有了较大的发展。其特点是采用了基孔制和基轴制，并提出公差单位的概念；将公差等级和配合分开；规定了标准温度为 20℃。1929 年苏联也颁布了“公差与配合”标准。

由于生产的发展，国际间的交流也愈来愈广，1926 年成立了国际标准化协会（ISA），它的第三技术委员会（ISA/TC3）负责制定公差与配合标准，秘书国为德国。国际标准化协会在分析了 DIN（德国标准）、AFNOR（法国标准）、BSS（英国标准）和 SNV（瑞士标准）等国公差标准的基础上，于 1932 年提出了国际标准化协会 ISA 的议案。1935 年公布了 ISA 的草案。直到 1940 年才正式颁布了国际公差与配合标准。

第二次世界大战以后，于 1947 年 2 月国际标准化协会重新组建，改名为国际标准化组织 ISO，公差与配合标准仍由第三技术委员会（ISO/CT3）负责，秘书国为法国。ISO 在 ISA 工作的基础上，制定了公差与配合标准，此标准于 1962 年公布，其编号为 ISO/R 286—1962（极限配合制）。以后又陆续制定、公布了包括 ISO/R 773—1969（长方形及正方形平行键及键槽）；ISO/R 1938—1971（光滑工件的检验）；ISO/R 1101—I—1969（形状和位置公差通则、符号和图样标注法）；ISO 68—1973（紧固联结的圆柱螺纹标准）；ISO 1328—1975（平行轴圆柱齿轮精度制）；ISO 468—1982（表面粗糙度标准）等在内的一系列标准，形成了现行的国际公差标准。

在半封建半殖民地的旧中国，由于工业落后，加之帝国主义侵略、军阀割据，根本谈不上统一的公差标准。那时全国采用的公差标准很混乱，有德国标准 DIN、日本标准 JIS、美国标准 ASA。1944 年旧经济部中央标准局曾颁布过中国标准 CIS，但实际上未曾贯彻执行。

解放以后，随着社会主义建设的发展，我国在吸收了一些国家在公差标准方面的经验以后，于 1955 年由当时的第一机械工业部颁布了第一个公差与配合标准。1959 年由国家科委正式颁布了《公差与配合》国家标准（GB 159～174—59），接着又陆续制定了各种结合件、传动件、表面粗糙度等标准。70 年代中期，我国又参照国际标准 ISO 并结合我国生产实际开始对各种公差配合进行全面的修订，并于 1979 年颁布了第一个修订后的《公差与配合》国家标准（GB 1800～1804—1979）。以后又陆续颁布了形状和位置公差、光滑极限量规、光滑工件尺寸检验、渐开线圆柱齿轮精度、表面粗糙度、键、花键、螺纹、圆锥、角度以及滚动轴承等标准，使我国的公差标准与国际标准 ISO 相适应。随着科学技术的发展，生产水平的不断提高，在 90 年代，国家又对原有的公差、配合标准进行部分再修订。为了进一步和国际标准接轨，将原定名为《公差与配合》的标准更名为《极限与配合》。并将修订后的标准用代号“GB/T”去替代“GB”以示区别。如《极限与配合　基础》（GB/T 1800.1—1996）；《一般公差　线型尺寸未注公差》（GB/T 1804—1992）；《用普通计量器具检验》

(GB/T 3177—1996);《形状和位置公差》(GB/T 1182—1996);《形状和位置公差相关要求》(GB/T 16671—1996);《形位公差值》(GB/T 1184—1996);《表面粗糙度》(GB/T 1031—1995)等标准。这些修订后的标准，将更加有利于我国的国际技术交流、合作和贸易。

## §1—3 计算机辅助公差设计概述

自70年代以来，随着计算机技术的迅速发展和广泛应用，使机械制造业也发生了根本性的变化，已出现了将系统工程、管理科学、计算机技术和机械制造技术等领域的科学成果相结合而形成的计算机集成制造系统(CIMS)。该系统是包括市场分析、生产决策、设计开发、工艺规划、产品制造、产品装配和销售经营等在内的计算机化控制网络，具有统一的信息管理和控制系统。

作为机械产品设计和制造过程设计中的一项重要内容，机械零件的公差设计和工序公差设计也在不断发展，在各种CAD(计算机辅助设计)软件中已能实现公差的标注。国外已有许多学者开展了计算机辅助公差设计(CAT)的研究，但还未达到完全实用的程度。从已有的文献报导中可知，1978年英国剑桥大学的C.Hillard提出利用计算机辅助确定零件的几何形状、尺寸和形位公差的概念。同年，丹麦的O.Bjorke提出利用计算机进行尺寸链公差设计和制造公差的控制。这以后发表的有关CAT的论文和软件则不断增加，1983年A.A.G.Requicha提出了漂移公差带理论，它成为计算机公差建模的理论基础。1988年R.Weil发表了"Tolerancing for Function"一文，更掀起了计算机辅助公差设计的研究热潮，此后出现了大量的有关公差设计的研究论文，它们中最具有影响的工作有两方面：一是由A.Wirtzl 1988—1993年发表的系列论文，提出矢量公差设计的概念，他用具有大小和方向的量来描素零、部件的几何形状和公差，使零、部件的大小、形状和方位的分别处理和表征成为可能，也更有利于误差的补偿与控制，其实质是把Hillgrad的参数方法矢量化，从而改变了计算机辅助公差设计研究的面貌。从事这方面研究的还有Kritian(1993)、M.J.Gardew—Hall(1993)、M.Gierdano(1992)、D.Gaunet(1993)等。二是由张根保和Porcher联合发表的论文(1993)，首次提出并行公差设计的概念和数学模型。它把产品的设计、制造和质检三个阶段统一起来，设计出满足要求的加工公差和检验标准，从而改变了设计、制造和检验脱节的现象，强调三者之间的集成和并行性，从而把计算机辅助公差设计的研究纳入系统研究的范畴。

此外，用分维几何法、逼近和摄动法研究零、部件表面细微误差及粗糙度问题也有报导，自1995年以来吴昭同等在计算机辅助公差优化设计方面也发表了系列论文，进行了有益的探索。可以预计，在不久的将来，公差设计的自动化将成为现实。

## §1—4 测量技术发展简述

长度计量在我国具有悠久的历史。早在我国商朝时期(至今约3100～3600年)已有象牙制成的尺，到秦朝已统一了我国度量衡制度。公元9年，即西汉末王莽建国元年，已制成铜质卡尺。但由于我国长期的封建统制，科学技术未能得到发展，计量技术也停滞不前。

18 世纪末期，由于欧洲工业的发展，要求统一长度单位。1791 年法国政府决定以通过巴黎地球子午线的四千万分之一作为长度单位——米。以后制定一米的基准尺，称为档案米尺，该尺的两端面之间的长度为一米。

1875 年国际米尺会议决定制造具有刻线的基准尺，用铂铱合金材料制成。1888 年国际计量局接收了由瑞士制造的 30 根基准尺，经与档案尺进行比较，其中№6 最接近档案米尺，于是 1889 年召开第一届国际计量大会，通过以该尺作为国际米原器。

由于米原器的金属结构也不够稳定。1960 年 10 月召开的第十一届国际计量大会重新定义了米。即米是氪的同位素 86（$^{86}Kr$）原子在 $2P_{10}\sim 5d_5$ 能级之间跃迁时所辐射的谱线在真空中波长的 1 650 763.76 倍。

随着激光技术的发展，光速测量的准确度已经达到很高的程度。因此 1983 年 10 月第十七届国际计量大会通过了以光速来定义米，即米是光在真空中于 1/299 792 458s 时间间隔内的行程长度。

伴随长度基准的发展，计量器具也在不断改进，自 1850 年美国制成游标卡尺以后，1927 年德国 Zeiss 厂制成了小型工具显微镜，次年该厂又生产了万能工具显微镜。从此，几何参数测量随着生产的发展而飞速发展。其分辨率由 0.01mm 级提高到 μm 级，亚微米级。自 1982 年隧道显微镜研制成功（1986 年获诺贝尔物理奖），测量的分辨率更提高到纳米（nm）级，达到可测原子、分子的尺寸；测量范围由两维空间发展到三维空间；测量的尺寸范围从原子、分子尺寸到飞机的机架尺寸；测量的自动化程度，从人工对准刻度尺读数到自动对准、计算机处理数据、自动打印或自动显示测量结果。

解放前，我国没有计量仪器生产工厂。解放后，随着生产的迅速发展，新建和扩建了一批量仪厂。如哈尔滨量具刃具厂、成都量具刃具厂、上海光学仪器厂、新添光学仪器厂、北京量具刃具厂以及中原量仪厂等。这些工厂成批生产了诸如万能工具显微镜、万能渐开线检查仪、电动轮廓仪、接触干涉仪、齿轮全误差测量仪、激光丝杆动态检查仪、自动周节检查仪、圆度仪和三坐标测量机等精密仪器，满足了我国工业发展的需要。

此外，我国在计量科学研究工作中也取得了很大的成绩。自 1962～1964 年建立了$^{86}Kr$ 长度基准以来，又先后研制成功了激光光电光波比长仪、激光二坐标测量仪、激光量块干涉仪以及波长为 3.39μm 甲烷稳定的激光测量系统和波长为 0.633μm 碘稳定的激光测量系统。从而使我国的长度基准、线纹尺测量和量块的检定达到世界先进水平。90 年代初，我国又先后研制成功了隧道显微镜、原子力显微镜，使我国在纳米测量技术方面进入了世界先进行列。

## §1—5　优先数和优先数系简述

在商品生产中，为了满足用户各种各样的要求，同一品种同一个参数还要从大到小取不同的值，从而形成不同规格的产品系列。这个系列确定得是否合理，与所取的数值如何分档、分级直接有关。优先数和优先数系是一种科学的数值制度，它适合于各种数值的分级，是国际上统一的数值分级制度。目前我国数值分级的国家标准 GB 321—1980，也是采用这种制度。

采用优先数系，能使工业生产部门以较少的产品品种和规格，经济合理地满足用户的各种各样的需要。它不仅适用于标准的制定，也适用于标准制定前的规划、设计，从而把产品品种的发展从一开始就引入科学的标准化轨道。

优先数系由一些十进制等比数列构成，其代号为 Rr（R 是优先数系创始人 Renard 的第一个字母），相应的公比代号为 $q_r$。r 代表 5，10，20，40 或 80 等数值。例如当 r 等于 5 时，则该数系属 R5，其相应的公比 $q_5=1.6$。以此类推，当 r 等于 10，20，40 或 80 时，他们分别属于 R10，R20，R40 或 R80 的数列，其相应的公比分别为 $q_{10}=1.25$，$q_{20}=1.12$，$q_{40}=1.06$，$q_{80}=1.03$。r 的含义是在一个等比数列中，相隔 r 项的末项与首项项值之比等于 10。例如当 r=5 时，设首项为 $a$，则依序为 $aq_5$，$aq_5^2$，$aq_5^3$，$aq_5^4$，$aq_5^5$。末项与首项之比 $aq_5^5/a=10$，则 $q_5^5=10$，$q_5=\sqrt[5]{10}=1.6$。

各系列项值从 1 开始，可向大于 1 和小于 1 两边无限延伸，每个十进区间（1～10，10～100，…，1～0.1，0.1～0.01，…）各有 r 个优先数。优先数的理论值多数是无理数，应用时应加以圆整，如表 1—1 所示。

**表 1—1**

| R5 | R10 | R20 | R40 | R5 | R10 | R20 | R40 | R5 | R10 | R20 | R40 |
|---|---|---|---|---|---|---|---|---|---|---|---|
| 1.00 | 1.00 | 1.00 | 1.00 | | | 2.24 | 2.24 | | 5.00 | 5.00 | 5.00 |
| | | | 1.06 | | | | 2.36 | | | | 5.30 |
| | | 1.12 | 1.12 | 2.50 | 2.50 | 2.50 | 2.50 | | | 5.60 | 5.60 |
| | | | 1.18 | | | | 2.65 | | | | 6.00 |
| | 1.25 | 1.25 | 1.25 | | | 2.80 | 2.80 | 6.30 | 6.30 | 6.30 | 6.30 |
| | | | 1.32 | | | | 3.00 | | | | 6.70 |
| | | 1.40 | 1.40 | | 3.15 | 3.15 | 3.15 | | | 7.10 | 7.10 |
| | | | 1.50 | | | | 3.35 | | | | 7.50 |
| 1.60 | 1.60 | 1.60 | 1.60 | | | 3.55 | 3.55 | | 8.00 | 8.00 | 8.00 |
| | | | 1.70 | | | | 3.75 | | | | 8.50 |
| | | 1.80 | 1.80 | 4.00 | 4.00 | 4.00 | 4.00 | | | 9.00 | 9.00 |
| | | | 1.90 | | | | 4.25 | | | | 9.50 |
| | 2.00 | 2.00 | 2.00 | | | 4.50 | 4.50 | 10.0 | 10.0 | 10.0 | 10.0 |
| | | | 2.12 | | | | 4.75 | | | | |

此外，由于生产的需要，还有 Rr 的变形系列，即派生系列和复合系列。Rr 的派生系列指从 Rr 系列中按一定项差 $P$ 取值所构成的系列，即 Rr/$P$ 系列。若在 R10 中按项差 $P=3$ 取值，则构成 R10/3 系列，其公比 $q_{10/3}=(\sqrt[10]{10})^3=2$。如 1，2，4，8…；1.25，2.5，5，10…等均属于该系列。复合系列是指由若干等公比系列混合构成的多公比系列，如 10，16，25，35.5，50，71，100，125，160 这一数列，他们分别由 R5，R20/3 和 R10 三种系列构成混合系列。

优先数系在各种标准中应用很广，例如在＞500 到 10 000mm 尺寸段的公差标准尺寸分段中就采用了 R10 数系，它们是 500，630，1000…等等。又如表面粗糙度的取样长度就采用了 R10/5 派生数系，它们的项值分别为 0.08，0.25，0.8，2.5，8.0 和 25。

# 第二章　尺寸公差与圆柱结合的互换性

尺寸公差与光滑圆柱体结合（即圆柱形孔和轴的结合）在轻、重工业中，甚至一切工业部门都使用得非常广范。因此，《极限与配合》标准便是一项应用广泛、涉及面大的重要基础标准。1959 年我国颁布了《公差与配合》国家标准（GB 159～174—1959）。随着科学技术的发展，工业生产水平的不断提高以及国际间的技术交流，1979 年我国重新颁布了新的《公差与配合》国家标准（GB 1800～1804—1979），用以替代 1959 年颁布的旧标准。随着时间的推移、技术的进步以及与国际标准接轨，我国又于 1992 年和 1996 年分别对上述标准进行了部分修订：将原定名称《公差与配合》更名为《极限与配合》；用《极限与配合　基础　第 1 部分：词汇》（GB/T 1800.1—1996）去替代原《公差与配合》GB 1800—1979 中的“术语及定义”；用《一般公差　线性尺寸的未注公差》（GB/T 1804—1992）去替代《未注公差尺寸的极限偏差》（GB 1804—1979）。

## §2—1　极限与配合的常用词汇

### 一、有关尺寸的术语

**1. 尺寸**

以特定单位表示线性尺寸值的数值称为尺寸。广义地说：尺寸也包括以角度单位表示角度尺寸的数值。

**2. 孔和轴**

通常将工件的圆柱形内表面和圆柱形外表面称为孔和轴。它包括非圆柱形表面，即由两平行平面或切面形成的包容面和被包容面，如图 2—1 所示。图中由 $D_1$，$D_2$，$D_3$ 和 $D_4$ 各尺寸确定的包容面均称为孔，由 $d_1$，$d_2$，$d_3$ 和 $d_4$ 各尺寸确定的被包容面均称为轴，而由 $L_1$，$L_2$ 和 $L_3$ 各尺寸确定的表面则不是孔或轴。

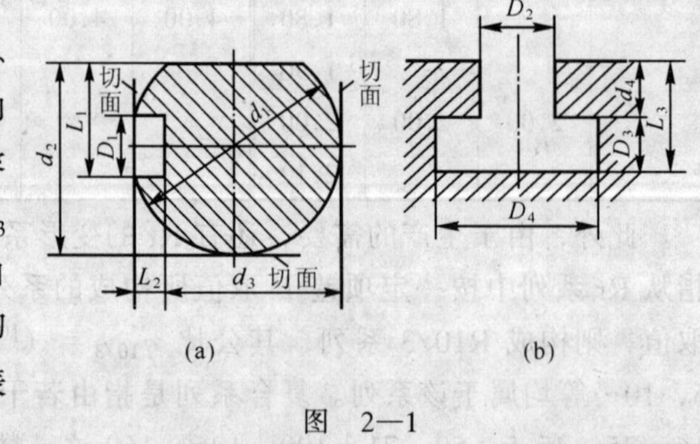

图　2—1

**3. 基本尺寸**

由设计给定的尺寸，称为基本尺寸。它是设计者经过计算或根据经验而确定的，是计算偏差的起始尺寸。孔和轴配合的基本尺寸相同。

**4. 实际尺寸**

通过测量获得的尺寸，称为实际尺寸。由于存在测量误差，所以实际尺寸不一定是被测尺寸的真值。此外，由于被测工件形状误差的存在，因此，不同部位测得的实际尺寸往往也不相同。

**5. 极限尺寸**

允许尺寸变化的两个极限值，称为极限尺寸。两个极限尺寸中，较大的一个称为最大极限尺寸，孔用 $D_{max}$表示，轴用 $d_{max}$表示，较小的一个称为最小极限尺寸，孔用 $D_{min}$表示，轴用 $d_{min}$表示。

**6. 最大实体状态（MMC）和最大实体尺寸（MMS）**

孔或轴在尺寸极限范围以内，具有材料量最多时的状态称为最大实体状态。在此状态下的尺寸，称为最大实体尺寸。它是孔的最小极限尺寸和轴的最大极限尺寸。

**7. 最小实体状态（LMC）和最小实体尺寸（LMS）**

孔或轴在尺寸极限范围以内，具有材料量最少时的状态称为最小实体状态。在此状态下的尺寸，称为最小实体尺寸。它是孔的最大极限尺寸和轴的最小极限尺寸。

## 二、有关偏差与公差的术语

**1. 尺寸偏差**

某一尺寸（实际尺寸、极限尺寸）减其基本尺寸所得的代数差，称为尺寸偏差，简称偏差。

实际尺寸减基本尺寸所得的代数差称为实际偏差。极限尺寸减基本尺寸所得的代数差称为极限偏差。最大极限尺寸减基本尺寸所得的代数差，称为上偏差，用代号 ES（孔）、es（轴）表示。最小极限尺寸减基本尺寸所得的代数差称为下偏差，用代号 EI（孔）、ei（轴）表示。偏差可为正值、负值或零值。

**2. 尺寸公差**

最大极限尺寸与最小极限尺寸之差，或上偏差与下偏差之差，称为公差。它是允许尺寸的变动量。通常用 $T$ 表示。

有关尺寸、偏差和公差的关系如图 2—2 所示。

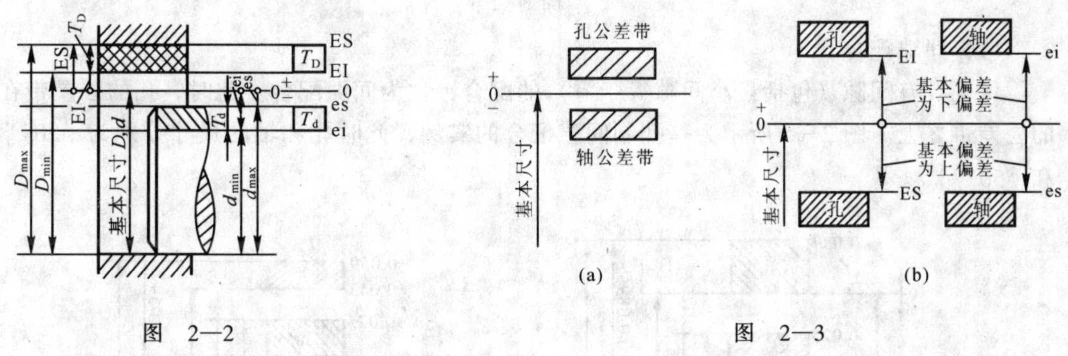


图 2—2

图 2—3

**3. 公差带**

以基本尺寸为零线（零偏差线），用适当比例画出的代表上偏差和下偏差（或最大极限尺寸和最小极限尺寸）的两条直线所限定的区域，称为公差带，如图 2—3 所示。零线以上的偏差为正偏差，零线以下的偏差为负偏差。从图 2—3 所示可以看出，公差带包括了两个参数：一是公差带的大小（即宽度），它由标准公差确定；二是公差带相对于零线的位置，它由基本偏差确定。基本偏差是指距零线最近的那个偏差，它可能是上偏差或下偏差。

## 三、有关配合的术语

**1. 间隙与过盈**

孔的尺寸减去相配合的轴的尺寸所得之差，为正时，此差值称为间隙；为负时，此差值称为过盈。间隙和过盈分别用 $S$ 和 $\delta$ 表示。

**2. 配合**

基本尺寸相同的相互结合的孔和轴公差带之间的关系称为配合。由于配合是指一批孔、轴的装配关系，因此用公差带关系来反映配合比较确切。

基孔制，即基本偏差固定不变的孔公差带，与不同基本偏差的轴公差带形成各种配合的一种制度。基孔制的孔为基准孔，其下偏差为零，代号为 H。

基轴制，即基本偏差固定不变的轴的公差带，与不同基本偏差的孔公差带形成各种配合的一种制度。基轴制的轴为基准轴，其上偏差为零，代号为 h。

按相互结合的孔、轴公差带不同的位置关系，可将配合分成三类，如图 2—4 所示。

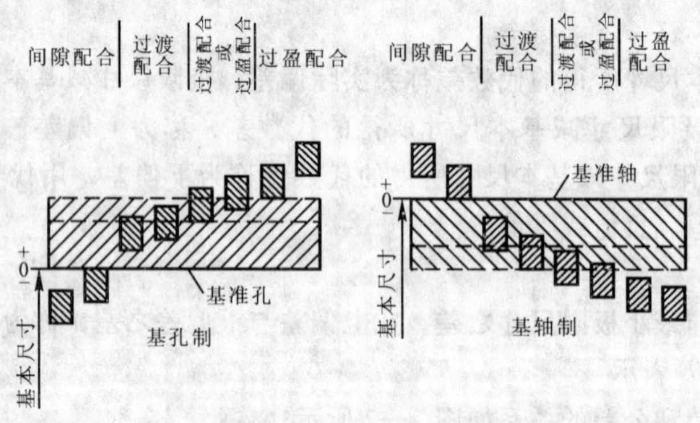


图　2—4

(1) 间隙配合

保证具有间隙（包括最小间隙等于零）的配合，称为间隙配合。此时，孔的公差带在轴的公差带之上。图 2—5 所示为基孔制间隙配合的实例，此时孔和轴的尺寸分别为 $\phi 50^{+0.039}_{0}$ 和 $\phi 50^{-0.025}_{-0.050}$。

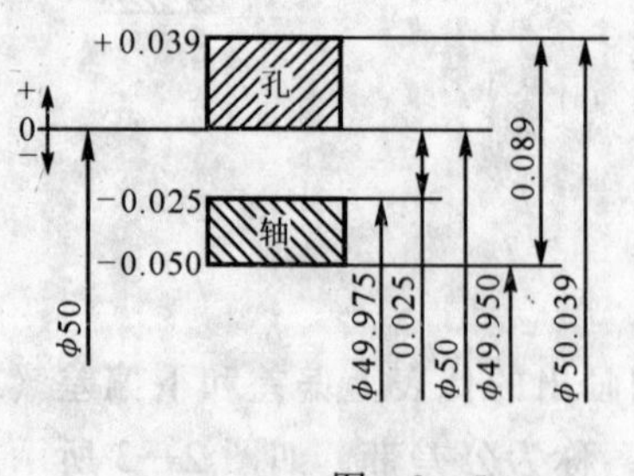


图　2—5

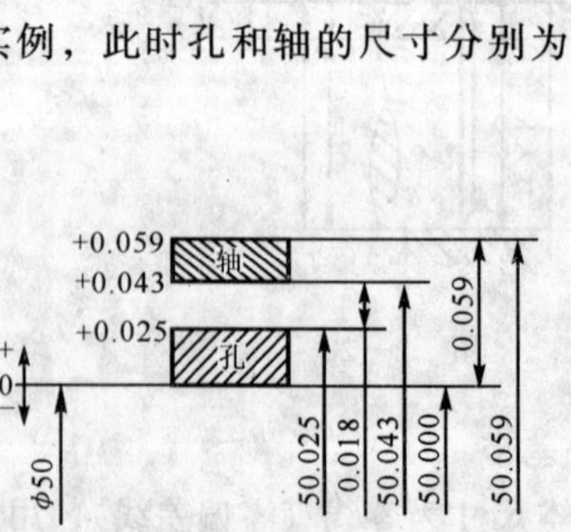

图　2—6

（2）过盈配合

保证具有过盈（包括最小过盈等于零）的配合，称为过盈配合。此时，孔公差带在轴的公差带之下，图 2—6 所示为基孔制过盈配合的实例。此时，孔和轴的尺寸分别为 $\phi50_{0}^{0.025}$ 和 $\phi50_{+0.043}^{+0.059}$。

（3）过渡配合

可能具有间隙，也可能具有过盈的配合，称为过渡配合。此时，孔的公差带与轴的公差带相互交叠。图 2—7 所示为基孔制过渡配合实例，此时，孔和轴的尺寸分别为 $\phi50_{\ 0}^{+0.025}$ 和 $\phi50_{+0.002}^{+0.018}$。

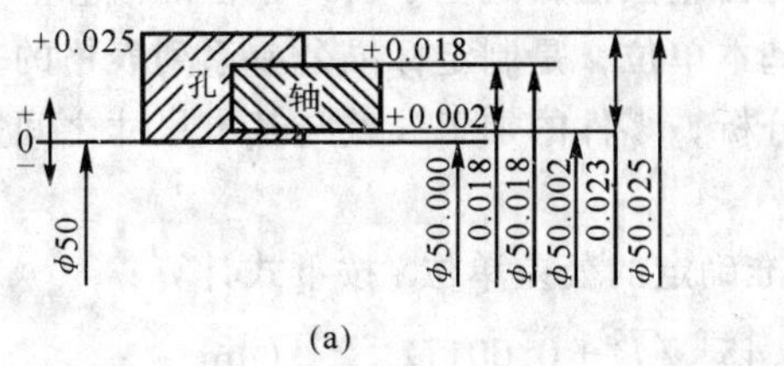


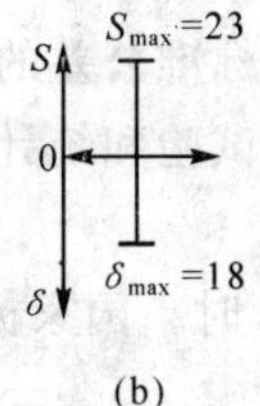


图　2—7

**3. 配合公差与配合公差带**

由图 2—5、图 2—6、图 2—7 可计算出：最大间隙（或最小过盈）$S_{max}$（或 $\delta_{min}$）$= D_{max} - d_{min} = ES - ei$ 最小间隙（或最大过盈）$S_{min}$（或 $\delta_{max}$）$= D_{min} - d_{max} = EI - es$ 配合公差 $T_f = S_{max}$（或 $\delta_{min}$）$- S_{min}$（或 $\delta_{max}$）$= T_D + T_d$。

与尺寸公差带相似，配合公差也可用配合公差带图表示。配合公差带就是以零间隙（或零过盈）为零线，用适当比例画出的代表两极限间隙（或极限过盈）的两条直线所限定的区域。如图 2—8 所示。

图　2—8

表 2—1 列出了图 2—7（a）所示过渡配合的计算过程，图 2—7（b）为它的配合公差带图。

**表 2—1　过渡配合的计算**　mm

| 项目 | 孔 | 轴 |
|---|---|---|
| 基本尺寸 | 50 | 50 |
| 上偏差 | ES = +0.025 | es = +0.018 |
| 下偏差 | EI = 0（基本偏差） | ei = +0.002（基本偏差） |
| 最大极限尺寸 | $D_{max} = 50.025$ | $d_{max} = 50.018$ |
| 最小极限尺寸 | $D_{min} = 50.000$ | $d_{min} = 50.002$ |
| 标准公差 | $T_D = 0.025$ | $T_d = 0.016$ |
| 最大间隙 | $S_{max} = 50.025 - 50.002 = 0.023$ | |
| 最小间隙 | $S_{min} = 50.000 - 50.018 = -0.018$（即最大过盈） | |
| 配合公差 | $T_f = 0.023 - (-0.018) = 0.041$ | |
| | 或 $T_f = T_D + T_d = 0.025 + 0.016 = 0.041$ | |

# §2—2 标准公差系列

标准公差是公差与配合国家标准中规定的用以确定公差带大小的任一公差值，它是由下述原则制订的。

**1. 公差单位**（公差因子）

机械零件的制造误差不仅与加工方法有关，而且与基本尺寸的大小有关，为了评定零件尺寸公差等级的高低，合理地规定公差数值，建立了公差单位的概念。

公差单位是计算标准公差的基本单位，是制定标准公差系列表格的基础。根据生产实践经验以及专门的科学试验和统计分析，零件的加工误差与基本尺寸之间呈立方根抛物线的关系。

对尺寸≤500mm 时，国家标准确定的公差单位 i 按下式计算：

$$\mathrm{i}=0.45\sqrt[3]{D}+0.001D \qquad (\mu\mathrm{m}) \tag{2—1}$$

式中 $D$——基本尺寸的计算值（mm）。

在式（2—1）中，第一项主要反映加工误差；第二项用于补偿与直径成正比的误差，主要由于测量时偏离标准温度及测量误差。当直径很小时，第二项所占比例很小；当直径较大时，第二项比例增大，使公差单位 i 值也相应增大。

**2. 公差等级**

国家标准规定的标准公差 $T$ 是用公差等级系数 $a$ 与公差单位 i 的乘积值来确定的，即：

$$T=a\mathrm{i} \tag{2—2}$$

在基本尺寸一定的情况下，公差等级系数 $a$ 是决定标准公差大小的唯一参数。$a$ 的大小在一定程度上反映出加工方法的难易程度。

根据公差等级系数不同，国家标准将标准公差分为 20 级，即 IT 01，IT 0，IT 1，IT 2，…，IT 18，IT 表示标准公差，即国际公差（ISO Tolerance）的缩写代号。公差等级代号用阿拉伯数字表示。如 IT 7 代表标准公差 7 级。从 IT 01 至 IT 18，等级依次降低，而相应的标准公差值依次增大。

尺寸≤500mm，IT 5 以下各级的标准公差值按表 2—2 计算。

**表 2—2 尺寸≤500mm 的 IT 5 至 IT 18 级标准公差计算表**

| 公差等级 | IT 5 | IT 6 | IT 7 | IT 8 | IT 9 | IT 10 | IT 11 | IT 12 | IT 13 | IT 14 | IT 15 | IT 16 | IT 17 | IT 18 |
|---|---|---|---|---|---|---|---|---|---|---|---|---|---|---|
| 公差值 /μm | 7 i | 10 i | 16 i | 25 i | 40 i | 64 i | 100 i | 160 i | 250 i | 400 i | 640 i | 1 000 i | 1 600 i | 2 500 i |

由该表可以看出，从 IT 6～IT 18 级。$a$ 值按 R5 优先数系增加，公比为 $\sqrt[5]{10}\approx1.6$，所以每隔 5 个等级的公差值增加 10 倍。

对于≤500mm 的更高等级，主要考虑测量误差，其公差计算采用线性关系式。而 IT 2～IT 4 的公差值则大致在 IT 1～IT 5 的公差值之间，按几何级数分布，如表 2—3 所示。

表 2—3 尺寸≤500mm 的 IT 01～IT 4 的标准公差计算式

| 公差等级 | 公 式 | 公差等级 | 公 式 |
|---|---|---|---|
| IT 01 | $0.3+0.008D$ | IT 2 | $\mathrm{IT}\ 1\left(\frac{\mathrm{IT}\ 5}{\mathrm{IT}\ 1}\right)^{\frac{1}{4}}$ |
| IT 0 | $0.5+0.012D$ | IT 3 | $\mathrm{IT}\ 1\left(\frac{\mathrm{IT}\ 5}{\mathrm{IT}\ 1}\right)^{\frac{2}{4}}$ |
| IT 1 | $0.8+0.020D$ | IT 4 | $\mathrm{IT}\ 1\left(\frac{\mathrm{IT}\ 5}{\mathrm{IT}\ 1}\right)^{\frac{3}{4}}$ |

由上述情况可以看出，公差制各级之间的公差数值规律性强，便于向更高、更低的等级延伸，例如 IT 17 和 IT 18 就是根据我国实际情况，在 ISO 公差制的基础上延伸出来的。由于不少国家也有这种需要，因此 IT 17，IT 18 已被 ISO 采纳。

**3. 基本尺寸分段**

根据标准公差计算公式，每有一个基本尺寸就应该有一个相应的公差值。但在生产实践中，基本尺寸是很多的，这样就会形成一个极为庞大的公差数值表，反而给生产带来很多困难。为了减少公差数目、统一公差值、简化公差表格和便于应用，国家标准对基本尺寸进行了分段。尺寸分段后，对同一尺寸分段内的所有基本尺寸，在公差等级相同的情况下，规定相同的标准公差，如表 2—4 所示。这一标准公差是按相应尺寸分段内，首、尾两个尺寸的几何平均值来计算的。例如 50～80mm 基本尺寸分段的计算直径为 $\sqrt{50\times80}=63.25$mm，只要是属于这一尺寸分段内的基本尺寸，其标准公差一律按 $D=63.25$mm 进行计算。

**例 2—1**：基本尺寸 $\phi$30mm，求 IT 6 和 IT 7 等于多少？

**解**：$\phi$30mm 属于＞18～30mm 的尺寸分段（注意：$\phi$30 不属于＞30～50mm 的尺寸分段）。

几何平均值：$D=\sqrt{18\times30}\approx23.24$mm

公差单位：$i=0.45\sqrt[3]{D}+0.001D$

$=0.45\sqrt[3]{23.24}+0.001\times23.24$

$\approx1.31\mu$m

$\mathrm{IT}'6=10\ i=10\times1.31=13.1\approx13\mu$m

$\mathrm{IT}\ 7=16\ i=16\times1.31=20.96\approx21\mu$m

表 2—4 中的公差数值就是经过这样的计算，并按规定的尾数化整规则进行圆整后得出的。

## §2—3 基本偏差系列

如上所述，基本偏差是用来确定公差带相对于零线位置的上偏差或下偏差，一般指靠近零线的那个偏差，它是国家标准中使公差带位置标准化的唯一指标。

基本偏差系列如图 2—9 所示。基本偏差的代号用拉丁字母表示，大写字母代表孔，小写字母代表轴。在26个字母中，除去易与其他含义混淆的I，L，O，Q，W(i，l，o，q，

表 2—4 标准公差数值

| 基本尺寸 | 公差等级 | | | | | | | | | | | | | | | | | | | |
|---|---|---|---|---|---|---|---|---|---|---|---|---|---|---|---|---|---|---|---|---|
| | IT 01 | IT 0 | IT 1 | IT 2 | IT 3 | IT 4 | IT 5 | IT 6 | IT 7 | IT 8 | IT 9 | IT 10 | IT 11 | IT 12 | IT 13 | IT 14 | IT 15 | IT 16 | IT 17 | IT 18 |
| | μm | | | | | | | | | | | | | | mm | | | | | |
| ≤3 | 0.3 | 0.5 | 0.8 | 1.2 | 2 | 3 | 4 | 6 | 10 | 14 | 25 | 40 | 60 | 100 | 0.14 | 0.25 | 0.40 | 0.60 | 1.0 | 1.4 |
| >3～6 | 0.4 | 0.6 | 1 | 1.5 | 2.5 | 4 | 5 | 8 | 12 | 18 | 30 | 48 | 75 | 120 | 0.18 | 0.30 | 0.48 | 0.75 | 1.2 | 1.8 |
| >6～10 | 0.4 | 0.6 | 1 | 1.5 | 2.5 | 4 | 6 | 9 | 15 | 22 | 36 | 58 | 90 | 150 | 0.22 | 0.36 | 0.58 | 0.90 | 1.5 | 2.2 |
| >10～18 | 0.5 | 0.8 | 1.2 | 2 | 3 | 5 | 8 | 11 | 18 | 27 | 43 | 70 | 110 | 180 | 0.27 | 0.43 | 0.70 | 1.10 | 1.8 | 2.7 |
| >18～30 | 0.6 | 1 | 1.5 | 2.5 | 4 | 6 | 9 | 13 | 21 | 33 | 52 | 84 | 130 | 210 | 0.33 | 0.52 | 0.84 | 1.30 | 2.1 | 3.3 |
| >30～50 | 0.6 | 1 | 1.5 | 2.5 | 4 | 7 | 11 | 16 | 25 | 39 | 62 | 100 | 160 | 250 | 0.39 | 0.62 | 1.00 | 1.60 | 2.5 | 3.9 |
| >50～80 | 0.8 | 1.2 | 2 | 3 | 5 | 8 | 13 | 19 | 30 | 46 | 74 | 120 | 190 | 300 | 0.46 | 0.74 | 1.20 | 1.90 | 3.0 | 4.6 |
| >80～120 | 1 | 1.5 | 2.5 | 4 | 6 | 10 | 15 | 22 | 35 | 54 | 87 | 140 | 220 | 350 | 0.54 | 0.87 | 1.40 | 2.20 | 3.5 | 5.4 |
| >120～180 | 1.2 | 2 | 3.5 | 5 | 8 | 12 | 18 | 25 | 40 | 63 | 100 | 160 | 250 | 400 | 0.63 | 1.00 | 1.60 | 2.50 | 4.0 | 6.3 |
| >180～250 | 2 | 3 | 4.5 | 7 | 10 | 14 | 20 | 29 | 46 | 72 | 115 | 185 | 290 | 460 | 0.72 | 1.15 | 1.85 | 2.90 | 4.6 | 7.2 |
| >250～315 | 2.5 | 4 | 6 | 8 | 12 | 16 | 23 | 32 | 52 | 81 | 130 | 210 | 320 | 520 | 0.81 | 1.30 | 2.10 | 3.20 | 5.2 | 8.1 |
| >315～400 | 3 | 5 | | 9 | 13 | 18 | 25 | 36 | 57 | 89 | 140 | 230 | 360 | 570 | 0.89 | 1.40 | 2.30 | 3.60 | 5.7 | 8.9 |
| >400～500 | 4 | 6 | 8 | 10 | 15 | 20 | 27 | 40 | 63 | 97 | 155 | 250 | 400 | 630 | 0.97 | 1.55 | 2.50 | 4.00 | 6.3 | 9.7 |

注:基本尺寸小于 1mm 时,无 IT 14 至 IT 18。

w) 5 个字母外，采用 21 个，再加上用双字母 CD，EF，FG，ZA，ZB，ZC，Js（cd，ef，fg，za，zb，zc，js）表示的 7 个，共有 28 个，即孔和轴各有 28 个基本偏差。其中 Js 和 js 在各个公差等级中完全对称，因此，其基本偏差可为上偏差（+IT/2），也可为下偏差（-IT/2）。Js 和 js 将逐渐取代近似对称的偏差 J 和 j，故在新国家标准中，孔仅保留了 J6，J7，J8，轴仅保留了 j5，j6，j7 和 j8 等几种。

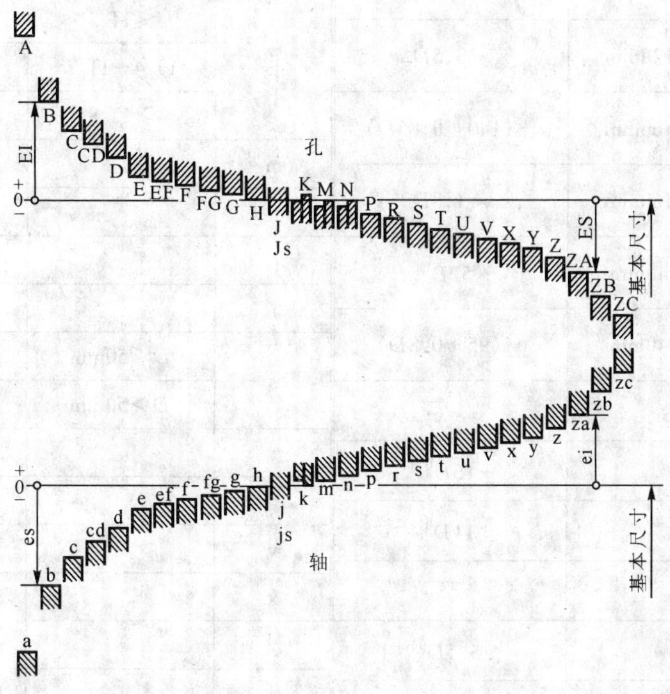


图　2—9

图 2—9 实际上可分成两部分，上半部是在基轴制的情况下孔的 28 种基本偏差，下半部是在基孔制的情况下轴的 28 种基本偏差。在基本偏差系列图中，仅绘出了公差带的一端，对公差带的另一端未绘出，因为它取决于公差等级和这个基本偏差的组合。

## 一、轴的基本偏差

基本偏差的大小在很大程度上决定着孔、轴配合的性质（即间隙或过盈的大小），体现了设计、使用方面的要求。基本尺寸≤500mm 时，轴的基本偏差计算公式见表 2—5。表中的公式都是根据设计要求、生产实践经验的累积和科学试验，经数理统计分析整理出来的。

轴的基本偏差是以基孔制配合为基础而制定的。

a～h 用于间隙配合，基本偏差的绝对值等于最小间隙。其中，a，b，c 三种用于大间隙或热动配合，考虑到热膨胀的影响，采用与直径成正比的关系计算。d，e，f，主要用于旋转运动，为了保证良好的液体摩擦，最小间隙应与直径成平方根关系。但考虑到表面粗糙度的影响，间隙应适当减小，故 d，e，f 公式中的指数略小于 0.5。g 主要用于滑动和半液体摩擦，或用于定位配合，间隙要小，所以直径的指数有所减小。基本偏差 cd，ef，fg 的绝对值，分别按 c 与 d，e 与 f，f 与 g 的绝对值的几何平均值确定，适用于小尺寸的旋转运动件。

表 2—5 基本尺寸≤500mm 轴的基本偏差公式

| 基本偏差代号 | 适用范围 | 基本偏差为上偏差 es/μm | 基本偏差代号 | 适用范围 | 基本偏差为下偏差 ei/μm |
|---|---|---|---|---|---|
| a | $D \leqslant 120$mm | $-(265+1.3D)$ | j | IT 5～IT 8 | 没有公式 |
| a | $D > 120$mm | $-3.5D$ | k | ≤IT 3 | 0 |
| b | $D \leqslant 160$mm | $-(140+0.85D)$ | k | IT 4～IT 7 | $+0.6\sqrt[3]{D}$ |
| b | $D > 160$mm | $-1.8D$ | k | ≥IT 8 | 0 |
| c | $D \leqslant 40$mm | $-52D^{0.2}$ | m | | $+(\mathrm{IT}\,7-\mathrm{IT}\,6)$ |
| c | $D > 40$mm | $-(95+0.8D)$ | n | | $+5D^{0.34}$ |
| cd | | $-\sqrt{c \cdot d}$ | p | | $+\mathrm{IT}\,7+(0 \sim 5)$ |
| d | | $-16D^{0.44}$ | r | | $+\sqrt{p \cdot s}$ |
| e | | $-11D^{0.41}$ | s | $D \leqslant 50$mm | $+\mathrm{IT}\,8+(1 \sim 4)$ |
| ef | | $-\sqrt{e \cdot f}$ | s | $D > 50$mm | $+\mathrm{IT}\,7+0.4D$ |
| f | | $-5.5D^{0.41}$ | t | | $+\mathrm{IT}\,7+0.63D$ |
| fg | | $-\sqrt{f \cdot g}$ | u | | $+\mathrm{IT}\,7+D$ |
| g | | $-2.5D^{0.34}$ | v | | $+\mathrm{IT}\,7+1.25D$ |
| h | | 0 | x | | $+\mathrm{IT}\,7+1.6D$ |
| | | | y | | $+\mathrm{IT}\,7+2D$ |
| | | | z | | $+\mathrm{IT}\,7+2.5D$ |
| | | | za | | $+\mathrm{IT}\,8+3.15D$ |
| | | | zb | | $+\mathrm{IT}\,9+4D$ |
| | | | zc | | $+\mathrm{IT}\,10+5D$ |
| js: | $\pm \frac{\mathrm{IT}}{2}$ | | | | |

注：(1) 式中：$D$ 为基本尺寸的分段计算值，单位为 mm；

(2) 除 j 和 js 外，表中所列公式与公差等级无关。

j～n 主要用于过渡配合，所得间隙和过盈均不很大，以保证孔、轴配合时能够对中和定心，拆卸也不困难，其计算公式以经验为主。

p～zc 主要用于过盈配合，其基本偏差为下偏差。下偏差的计算式通常由二项合成，第一项为基准孔的标准公差；第二项为最小过盈量，它与直径成线性关系，以便保证孔、轴结合时具有足够的连接强度，正常地传递扭矩。

有了基本偏差和标准公差，就不难求出轴的另一个偏差（上偏差或下偏差），计算公式如下：

$$es = ei + IT \tag{2—3}$$

或

$$ei = es - IT \tag{2—4}$$

## 二、孔的基本偏差

由于基孔制和基轴制是两种并行的配合基准制。一般说来，当基轴制中孔的基本偏差代号和基孔制中轴的基本偏差代号字母相同时，则所形成的配合性质是相同的。由于构成基本偏差公式所考虑的因素是一致的，所以，孔的基本偏差不需要另外制定一套计算公式，而是根据同一字母代号轴的基本偏差，按一定的规则换算得来的。

在基本尺寸≤500mm 时，孔的基本偏差按以下两种规则换算：

**1. 通用规则**

用同一字母表示的孔、轴基本偏差的绝对值相等，而符号相反，也就是孔的基本偏差是轴的基本偏差相对于零线的倒影（镜面反射关系），如图 2—10（a）、(b）所示。

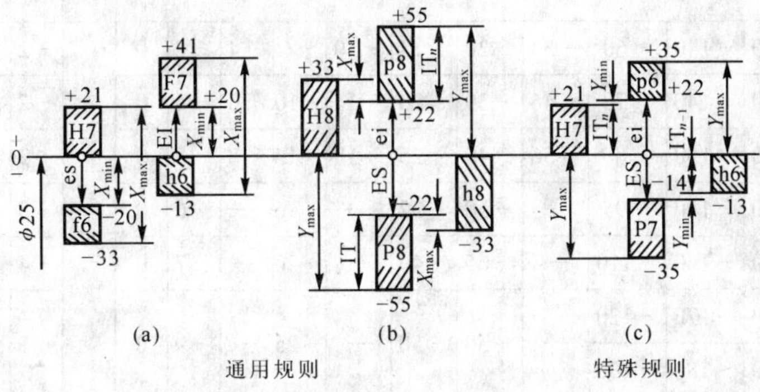


图　2—10

通用规则的适用范围：

对所有公差等级的 A～H 孔：EI = －es。

对标准公差大于 IT 8 的 K、M、N 和大于 IT 7 的 P～ZC：ES = －ei。

如图 2—10（a）所示，轴 f6 的 es = －20μm，孔 F7 的 EI = ＋20μm。φ25H7/f6 与 φ25 F7/h6 的配合效果完全相同，即 $X_{min} = 20\mu m$，$X_{max} = 54\mu m$。

如图 2—10（b）所示，轴 p8 的 ei = ＋22μm，孔 P8 的 ES = －22μm。φ25H8/p8 与 φ25 P8/h8 的配合效果也完全相同，即 $Y_{min} = X_{max} = 11\mu m$，$Y_{max} = -55\mu m$。

**2. 特殊规则**

当孔、轴的基本偏差代号字母相同时，孔的基本偏差 ES 和轴的基本偏差 ei 符号相反，而绝对值相差一个 Δ 值，这是由于在较高公差等级中，孔比同级的轴加工困难，因此标准规定，按孔的公差等级比轴低一级来考虑配合，并要求在两种基准制中所形成的配合相同。由图 2—10（c）可知：

基孔制时最小过盈：$Y_{min} = ES - ei = (+IT_n) - ei$

基轴制时最小过盈：$Y_{min} = ES - ei = ES - (-IT_{n-1})$

因为　$IT_n - ei = ES + IT_{n-1}$

由此得出孔的基本偏差：

$$\begin{cases} ES = -ei + \Delta \\ \Delta = IT_n - IT_{n-1} \end{cases} \tag{2—5}$$

式中　$IT_n$——某一级孔的标准公差；

$IT_{n-1}$——比某一级孔高一级的轴的标准公差。

特殊规则的应用范围为：标准公差≤IT 8 的 J、K、M、N 和≤IT 7 的 P～ZC。

如图 2—10(c)所示，若已知 $\phi$25H7/p6 中各有关参数值，求 $\phi$25 P7/h6 中有关偏差值。

**表 2—6　基本尺寸至 500mm 国标轴的基本偏差**　μm

| 基本偏差 | | 上偏差（es） | | | | | | | | | | | js | 下偏差（ei） | | | | |
|---|---|---|---|---|---|---|---|---|---|---|---|---|---|---|---|---|---|---|
| | | a① | b① | c | cd | d | e | ef | f | fg | g | h | | j | | | k | |
| 基本尺寸/mm | | 公差等级 | | | | | | | | | | | | | | | | |
| 大于 | 至 | 所有的级 | | | | | | | | | | | | 5,6 | 7 | 8 | 4～7 | ≤3 >7 |
| — | 3 | -270 | -140 | -60 | -34 | -20 | -14 | -10 | -6 | -4 | -2 | 0 | 在>7级的相应数值上增加一个Δ值 | -2 | -4 | -6 | 0 | 0 |
| 3 | 6 | -270 | -140 | -70 | -46 | -30 | -20 | -14 | -10 | -6 | -4 | 0 | | -2 | -4 | — | +1 | 0 |
| 6 | 10 | -280 | -150 | -80 | -56 | -40 | -25 | -18 | -13 | -8 | -5 | 0 | | -2 | -5 | — | +1 | 0 |
| 10 | 18 | -290 | -150 | -95 | — | -50 | -32 | — | -16 | — | -6 | 0 | | -3 | -6 | — | +1 | 0 |
| 18 | 30 | -300 | -160 | -110 | — | -65 | -40 | — | -20 | — | -7 | 0 | | -4 | -8 | — | +2 | 0 |
| 30 | 40 | -310 | -170 | -120 | — | -80 | -50 | — | -25 | — | -9 | 0 | | -5 | -10 | — | +2 | 0 |
| 40 | 50 | -320 | -180 | -130 | | | | | | | | | | | | | | |
| 50 | 65 | -340 | -190 | -140 | — | -100 | -60 | — | -30 | — | -10 | 0 | | -7 | -12 | — | +2 | 0 |
| 65 | 80 | -360 | -200 | -150 | | | | | | | | | | | | | | |
| 80 | 100 | -380 | -220 | -170 | — | -120 | -72 | — | -36 | — | -12 | 0 | | -9 | -15 | — | +3 | 0 |
| 100 | 120 | -410 | -240 | -180 | | | | | | | | | | | | | | |
| 120 | 140 | -460 | -260 | -200 | — | -145 | -85 | — | -43 | — | -14 | 0 | | -11 | -18 | — | +3 | 0 |
| 140 | 160 | -520 | -280 | -210 | | | | | | | | | | | | | | |
| 160 | 180 | -580 | -310 | -230 | | | | | | | | | | | | | | |
| 180 | 200 | -660 | -340 | -240 | — | -170 | -100 | — | -50 | — | -15 | 0 | | -13 | -21 | — | +4 | 0 |
| 200 | 225 | -740 | -380 | -260 | | | | | | | | | | | | | | |
| 225 | 250 | -820 | -420 | -280 | | | | | | | | | | | | | | |
| 250 | 280 | -920 | -480 | -300 | — | -190 | -110 | — | -56 | — | -17 | 0 | | -16 | -26 | — | +4 | 0 |
| 280 | 315 | -1 050 | -540 | -330 | | | | | | | | | | | | | | |
| 315 | 355 | -1 200 | -600 | -360 | — | -210 | -125 | — | -62 | — | -18 | 0 | | -18 | -28 | — | +4 | 0 |
| 355 | 400 | -1 350 | -680 | -400 | | | | | | | | | | | | | | |
| 400 | 450 | -1 500 | -760 | -440 | — | -230 | -135 | — | -68 | — | -20 | 0 | | -20 | -32 | — | +5 | 0 |
| 450 | 500 | -1 650 | -840 | -480 | | | | | | | | | | | | | | |

续表

| 基本偏差 | | 下　偏　差　(ei) | | | | | | | | | | | | | |
|---|---|---|---|---|---|---|---|---|---|---|---|---|---|---|---|
| | | m | n | p | r | s | t | u | v | x | y | z | za | zb | zc |
| 基本尺寸/mm | | 公　差　等　级 | | | | | | | | | | | | | |
| 大于 | 至 | 所　有　的　级 | | | | | | | | | | | | | |
| — | 3 | +2 | +4 | +6 | +10 | +14 | — | +18 | — | +20 | — | +26 | +32 | +40 | +60 |
| 3 | 6 | +4 | +8 | +12 | +15 | +19 | — | +23 | — | +28 | — | +35 | +42 | +50 | +80 |
| 6 | 10 | +6 | +10 | +15 | +19 | +23 | — | +28 | — | +34 | — | +42 | +52 | +67 | +97 |
| 10 | 14 | +7 | +12 | +18 | +23 | +28 | — | +33 | — | +40 | — | +50 | +64 | +90 | +130 |
| 14 | 18 | | | | | | | | +39 | +45 | — | +60 | +77 | +108 | +150 |
| 18 | 24 | +8 | +15 | +22 | +28 | +35 | — | +41 | +47 | +54 | +63 | +73 | +98 | +136 | +183 |
| 24 | 30 | | | | | | +41 | +48 | +55 | +64 | +75 | +88 | +118 | +160 | +218 |
| 30 | 40 | +9 | +17 | +26 | +34 | +43 | +48 | +60 | +68 | +80 | +94 | +112 | +148 | +200 | +274 |
| 40 | 50 | | | | | | +54 | +70 | +81 | +97 | +114 | +136 | +180 | +242 | +325 |
| 50 | 65 | +11 | +20 | +32 | +41 | +53 | +66 | +87 | +102 | +122 | +144 | +172 | +226 | +300 | +405 |
| 65 | 80 | | | | +43 | +59 | +75 | +102 | +120 | +146 | +174 | +210 | +274 | +360 | +480 |
| 80 | 100 | +13 | +23 | +37 | +51 | +71 | +91 | +124 | +146 | +178 | +214 | +258 | +335 | +445 | +585 |
| 100 | 120 | | | | +54 | +79 | +104 | +144 | +172 | +210 | +254 | +310 | +400 | +525 | +690 |
| 120 | 140 | +15 | +27 | +43 | +63 | +92 | +122 | +170 | +202 | +248 | +300 | +365 | +470 | +620 | +800 |
| 140 | 160 | | | | +65 | +100 | +134 | +190 | +228 | +280 | +340 | +415 | +535 | +700 | +900 |
| 160 | 180 | | | | +68 | +108 | +146 | +210 | +252 | +310 | +380 | +465 | +600 | +780 | +1 000 |
| 180 | 200 | +17 | +31 | +50 | +77 | +122 | +166 | +236 | +284 | +350 | +425 | +520 | +670 | +880 | +1 150 |
| 200 | 225 | | | | +80 | +130 | +180 | +258 | +310 | +385 | +470 | +575 | +740 | +960 | +1 250 |
| 225 | 250 | | | | +84 | +140 | +196 | +284 | +340 | +425 | +520 | +640 | +820 | +1 050 | +1 350 |
| 250 | 280 | +20 | +34 | +56 | +94 | +158 | +218 | +315 | +385 | +475 | +580 | +710 | +920 | +1 200 | +1 550 |
| 280 | 315 | | | | +98 | +170 | +240 | +350 | +425 | +525 | +650 | +790 | +1 000 | +1 300 | +1 700 |
| 315 | 355 | +21 | +37 | +62 | +108 | +190 | +268 | +390 | +475 | +590 | +730 | +900 | +1 150 | +1 500 | +1 900 |
| 355 | 400 | | | | +114 | +208 | +294 | +435 | +530 | +660 | +820 | +1 000 | +1 300 | +1 650 | +2 100 |
| 400 | 450 | +23 | +40 | +68 | +126 | +232 | +330 | +490 | +595 | +740 | +920 | +1 100 | +1 450 | +1 850 | +2 400 |
| 450 | 500 | | | | +132 | +252 | +360 | +540 | +660 | +820 | +1 000 | +1 250 | +1 600 | +2 100 | +2 600 |

注：①1mm 以下各级 a 和 b 均不采用。

**解：**轴 h6 为基准件，其上偏差 es = 0，下偏差的绝对值应等于 IT 6，由于同一基本尺寸同一公差等级的IT值相同，由基孔制中p6轴的标准公差为$35-22=13\mu m$，故h6的

表 2—7 基本尺寸至 500mm、国标孔的基本偏差 μm

| 基本偏差 | | 下偏差 (EI) | | | | | | | | | | | js | 上偏差 (ES) | | | | | | | | |
|---|---|---|---|---|---|---|---|---|---|---|---|---|---|---|---|---|---|---|---|---|---|---|
| | | A[1] | B[1] | C | CD | D | E | EF | F | FG | G | H | | J | | | K | | M | | N | |
| 基本尺寸/mm | | 公差等级 | | | | | | | | | | | | | | | | | | | | |
| 大于 | 至 | 所有的级 | | | | | | | | | | | | 6 | 7 | 8 | ≤8 | >8 | ≤8 | >8 | ≤8 | >8 |
| — | 3 | +270 | +140 | +60 | +34 | +20 | +14 | +10 | +6 | +4 | +2 | 0 | 偏差=±IT/2 | +2 | +4 | +6 | 0 | 0 | −2 | −2 | −4 | −4 |
| 3 | 6 | +270 | +140 | +70 | +46 | +30 | +20 | +14 | +10 | +6 | +4 | 0 | | +5 | +6 | +10 | −1+Δ | — | −4+Δ | −4 | −8+Δ | 0 |
| 6 | 10 | +280 | +150 | +80 | +56 | +40 | +25 | +18 | +13 | +8 | +5 | 0 | | +5 | +8 | +12 | −1+Δ | — | −6+Δ | −6 | −10+Δ | 0 |
| 10 | 14 | +290 | +150 | +95 | — | +50 | +32 | — | +16 | — | +6 | 0 | | +6 | +10 | +15 | −1+Δ | — | −7+Δ | −7 | −12+Δ | 0 |
| 14 | 18 | | | | | | | | | | | | | | | | | | | | | |
| 18 | 24 | +300 | +160 | +110 | — | +65 | +40 | — | +20 | — | +7 | 0 | | +8 | +12 | +20 | −2+Δ | — | −8+Δ | −8 | −15+Δ | 0 |
| 24 | 30 | | | | | | | | | | | | | | | | | | | | | |
| 30 | 40 | +310 | +170 | +120 | — | +80 | +50 | — | +25 | — | +9 | 0 | | +10 | +14 | +24 | −2+Δ | — | −9+Δ | −9 | −17+Δ | 0 |
| 40 | 50 | +320 | +180 | +130 | | | | | | | | | | | | | | | | | | |
| 50 | 65 | +340 | +190 | +140 | — | +100 | +60 | — | +30 | — | +10 | 0 | | +13 | +18 | +28 | −2+Δ | — | −11+Δ | −11 | −20+Δ | 0 |
| 65 | 80 | +360 | +200 | +150 | | | | | | | | | | | | | | | | | | |
| 80 | 100 | +380 | +220 | +170 | — | +120 | +72 | — | +36 | — | +12 | 0 | | +16 | +22 | +34 | −3+Δ | — | −13+Δ | −13 | −23+Δ | 0 |
| 100 | 120 | +410 | +240 | +180 | | | | | | | | | | | | | | | | | | |
| 120 | 140 | +460 | +260 | +200 | — | +145 | +85 | — | +43 | — | +14 | 0 | | +18 | +26 | +41 | −3+Δ | — | −15+Δ | −15 | −27+Δ | 0 |
| 140 | 160 | +520 | +280 | +210 | | | | | | | | | | | | | | | | | | |
| 160 | 180 | +580 | +310 | +230 | | | | | | | | | | | | | | | | | | |
| 180 | 200 | +660 | +340 | +240 | — | +170 | +100 | — | +50 | — | +15 | 0 | | +22 | +36 | +47 | −4+Δ | — | −17+Δ | −17 | −31+Δ | 0 |
| 200 | 225 | +740 | +380 | +260 | | | | | | | | | | | | | | | | | | |
| 225 | 250 | +820 | +420 | +280 | | | | | | | | | | | | | | | | | | |
| 250 | 280 | +920 | +480 | +300 | — | +190 | +110 | — | +56 | — | +17 | 0 | | +25 | +36 | +55 | −4+Δ | — | −20+Δ | −20 | −34+Δ | 0 |
| 280 | 315 | +1 050 | +540 | +330 | | | | | | | | | | | | | | | | | | |
| 315 | 355 | +1 200 | +600 | +360 | — | +210 | +125 | — | +62 | — | +18 | 0 | | +29 | +39 | +60 | −4+Δ | — | −21+Δ | −21 | −37+Δ | 0 |
| 355 | 400 | +1 350 | +630 | +400 | | | | | | | | | | | | | | | | | | |
| 400 | 450 | +1 500 | +760 | +440 | — | +230 | +135 | — | +68 | — | +20 | 0 | | +33 | +43 | +66 | −5+Δ | — | −23+Δ | −23 | −40+Δ | 0 |
| 450 | 500 | +1 650 | +840 | +480 | | | | | | | | | | | | | | | | | | |

续表

| 基本偏差 | | 上偏差(ES) | | | | | | | | | | | | | Δ/μm² | | | | | |
|---|---|---|---|---|---|---|---|---|---|---|---|---|---|---|---|---|---|---|---|---|
| | | P～ZC | P | R | S | T | U | V | X | Y | Z | ZA | ZB | ZC | | | | | | |
| 基本尺寸/mm | | 公差等级 | | | | | | | | | | | | | | | | | | |
| 大于 | 至 | ≤7 | >7级 | | | | | | | | | | | | 3 | 4 | 5 | 6 | 7 | 8 |
| — | 3 | 在>7级的相应数值上增加一个Δ值 | −6 | −10 | −14 | — | −18 | — | −20 | — | −26 | −32 | −40 | −60 | 0 | | | | | |
| 3 | 6 | | −12 | −15 | −19 | — | −23 | — | −28 | — | −35 | −42 | −50 | −80 | 1 | 1.5 | 1 | 3 | 4 | 6 |
| 6 | 10 | | −15 | −19 | −23 | — | −28 | — | −34 | — | −42 | −52 | −67 | −97 | 1 | 1.5 | 2 | 3 | 6 | 7 |
| 10 | 14 | | −18 | −23 | −28 | — | −33 | — | −40 | — | −50 | −64 | −90 | −130 | 1 | 2 | 3 | 3 | 7 | 9 |
| 14 | 18 | | | | | | | −39 | −45 | — | −60 | −77 | −108 | −150 | | | | | | |
| 18 | 24 | | −22 | −28 | −35 | — | −41 | −47 | −54 | −63 | −73 | −98 | −136 | −188 | 1.5 | 2 | 3 | 4 | 8 | 12 |
| 24 | 30 | | | | | −41 | −48 | −55 | −64 | −75 | −88 | −118 | −160 | −218 | | | | | | |
| 30 | 40 | | −26 | −34 | −43 | −48 | −60 | −68 | −80 | −94 | −112 | −148 | −200 | −274 | 1.5 | 3 | 4 | 5 | 9 | 14 |
| 40 | 50 | | | | | −54 | −70 | −81 | −97 | −114 | −136 | −180 | −242 | −325 | | | | | | |
| 50 | 65 | | −32 | −41 | −53 | −66 | −87 | −102 | −122 | −144 | −172 | −226 | −300 | −405 | 2 | 3 | 5 | 6 | 11 | 16 |
| 65 | 80 | | | −43 | −59 | −75 | −102 | −120 | −146 | −174 | −210 | −274 | −360 | −480 | | | | | | |
| 80 | 100 | | −37 | −51 | −71 | −91 | −124 | −146 | −178 | −214 | −258 | −335 | −445 | −585 | 2 | 4 | 5 | 7 | 13 | 19 |
| 100 | 120 | | | −54 | −79 | −104 | −144 | −172 | −210 | −254 | −310 | −400 | −525 | −690 | | | | | | |
| 120 | 140 | | −43 | −63 | −92 | −122 | −170 | −202 | −248 | −300 | −365 | −470 | −620 | −800 | 3 | 4 | 6 | 7 | 15 | 23 |
| 140 | 160 | | | −65 | −100 | −134 | −190 | −228 | −280 | −340 | −415 | −535 | −700 | −900 | | | | | | |
| 160 | 180 | | | −68 | −108 | −146 | −210 | −252 | −310 | −380 | −465 | −600 | −780 | −1 000 | | | | | | |
| 180 | 200 | | −50 | −77 | −122 | −166 | −236 | −284 | −350 | −425 | −520 | −670 | −880 | −1 150 | 3 | 4 | 6 | 9 | 17 | 26 |
| 200 | 225 | | | −80 | −130 | −180 | −258 | −310 | −385 | −470 | −575 | −740 | −960 | −1 250 | | | | | | |
| 225 | 250 | | | −84 | −140 | −196 | −284 | −340 | −425 | −520 | −640 | −820 | −1 050 | −1 350 | | | | | | |
| 250 | 280 | | −56 | −94 | −158 | −218 | −315 | −385 | −475 | −580 | −710 | −920 | −1 200 | −1 550 | 4 | 4 | 7 | 9 | 20 | 29 |
| 280 | 315 | | | −98 | −170 | −240 | −350 | −425 | −525 | −650 | −790 | −1 000 | −1 300 | −1 700 | | | | | | |
| 315 | 355 | | −62 | −108 | −190 | −268 | −390 | −475 | −590 | −730 | −900 | −1 150 | −1500 | −1 900 | 4 | 5 | 7 | 11 | 21 | 32 |
| 355 | 400 | | | −114 | −208 | −294 | −435 | −530 | −660 | −820 | −1 000 | −1 300 | −1 650 | −2 100 | | | | | | |
| 400 | 450 | | −68 | −126 | −232 | −330 | −490 | −595 | −740 | −920 | −1 100 | −1 450 | −1 850 | −2 400 | 5 | 5 | 7 | 13 | 23 | 34 |
| 450 | 500 | | | −132 | −252 | −360 | −540 | −660 | −820 | −1 000 | −1 250 | −1 600 | −2 100 | −2 600 | | | | | | |

注：①1mm 以下各级 A 和 B 及大于 8 级的 N 均不采用；

②标准公差≤IT 8 级的 K、M、N 及≤IT 7 级的 P～ZC 时，从表的右侧选取 Δ 值。

例：大于 18～30mm 的 P7，Δ=8，因此 ES=−14。

下偏差 ei = −13$\mu$m。

孔 P7 的基本偏差为上偏差 ES，应按特殊规则计算。

因为　$\Delta = IT7 - IT6 = 21 - 13 = 8\mu m$

所以　$ES = -ei + \Delta = -22 + 8 = -14\mu m$

孔 P7 的下偏差：$EI = ES - IT\ 7 = -14 - 21 = -35\mu m$

这样，$\phi$25 H7/p6 与 $\phi$25 P7/h6 的配合效果完全相同，即 $Y_{min} = 1\mu m$，$Y_{max} = 35\mu m$。

以上所述，通过公差数值与基本偏差的标准化过程，说明了国家标准的构成原理，而标准化的思想是所有工程技术人员所必须具有的。在实际使用中，可直接采用国标表格所列数值，不必进行计算。

基本尺寸至 500mm 的轴和孔的基本偏差分别见表 2—6 和表 2—7。

## §2—4　一般、常用和优先使用的公差带与配合的标准化

根据国家标准提供的标准公差和基本偏差，可以组成很多种公差带，由不同的孔、轴公差带又可组成许多的配合。如果这么多的公差与配合全部投入使用，显然是不经济的，因为这会导致定值刀、量具规格的繁杂。

结合我国生产实际的需要及今后的发展，并参考了其他国家的标准，国家标准规定了尺寸≤500mm 内的一般用途孔、轴公差带，常用孔、轴公差带和优先使用的孔、轴公差带。在此基础上又推荐了优先和常用配合。各类的数量见表 2—8。

表 2—8

| | 孔 | 轴 | 配合 | |
|---|---|---|---|---|
| | | | 基孔制 | 基轴制 |
| 一般用途 | 105 | 119 | | |
| 常　用 | 44 | 59 | 59 | 47 |
| 优先选用 | 13 | 13 | 13 | 13 |

图 2—11 和图 2—12 为 GB 1801—1979 推荐的轴、孔公差带代号。图中方框内为常

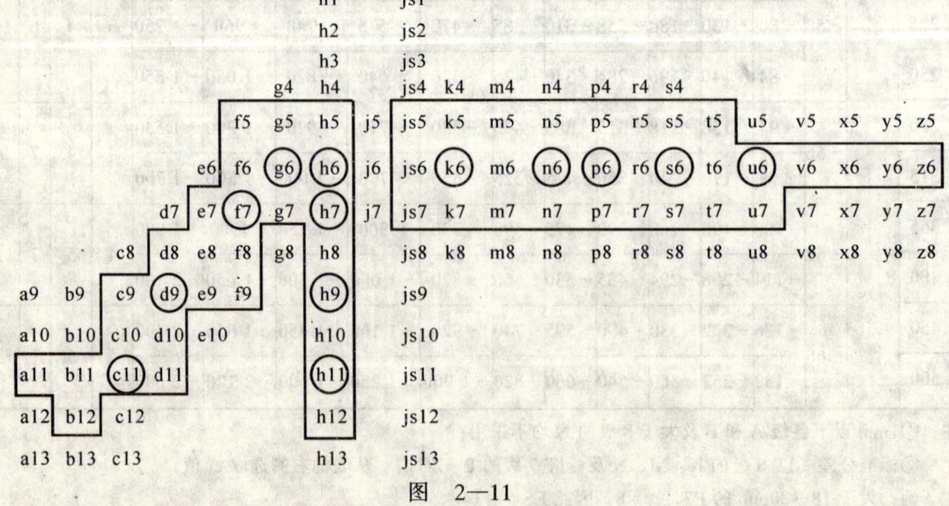


图　2—11

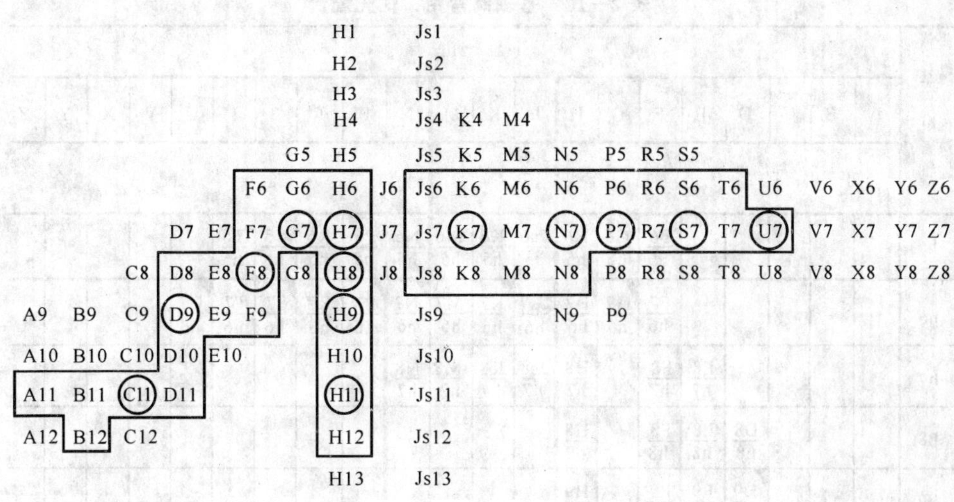


图 2—12

用的，画圆圈的为优先选用的。

表 2—9、表 2—10 为基孔制、基轴制的优先和常用的配合。

图 2—13 和图 2—14 为基孔制、基轴制的优先配合的公差带。

**表 2—9 基孔制常用、优先配合**

| 基准孔 | 轴 | | | | | | | | | | | | | | | | | | | | |
|---|---|---|---|---|---|---|---|---|---|---|---|---|---|---|---|---|---|---|---|---|---|
| | a | b | c | d | e | f | g | h | js | k | m | n | p | r | s | t | u | v | x | y | z |
| | 间隙配合 | | | | | | | | 过渡配合 | | | 过盈配合 | | | | | | | | | |
| H6 | | | | | | H6/f5 | H6/g5 | H6/h5 | H6/js5 | H6/k5 | H6/m5 | H6/n5 | H6/p5 | H6/r5 | H6/s5 | H6/t5 | | | | | |
| H7 | | | | | | H7/f6 | ◤H7/g6 | ◤H7/h6 | H7/js6 | ◤H7/k6 | H7/m6 | ◤H7/n6 | ◤H7/p6 | H7/r6 | ◤H7/s6 | H7/t6 | ◤H7/u6 | H7/v6 | H7/x6 | H7/y6 | H7/z6 |
| H8 | | | | | H8/e7 | ◤H8/f7 | H8/g7 | ◤H8/h7 | H8/js7 | H8/k7 | H8/m7 | H8/n7 | H8/p7 | H8/r7 | H8/s7 | H8/t7 | H8/u7 | | | | |
| | | | | H8/d8 | H8/e8 | H8/f8 | | H8/h8 | | | | | | | | | | | | | |
| H9 | | | H9/c9 | ◤H9/d9 | H9/e9 | H9/f9 | | ◤H9/h9 | | | | | | | | | | | | | |
| H10 | | | H10/c10 | H10/d10 | | | | H10/h10 | | | | | | | | | | | | | |
| H11 | H11/a11 | H11/b11 | ◤H11/c11 | H11/d11 | | | | ◤H11/h11 | | | | | | | | | | | | | |
| H12 | | H12/b12 | | | | | | H12/h12 | | | | | | | | | | | | | |

注：注◤符号者为优先配合。

**表 2—10　基轴制常用、优先配合**

| 基准轴 | 孔 | | | | | | | | | | | | | | | | | | | | |
|---|---|---|---|---|---|---|---|---|---|---|---|---|---|---|---|---|---|---|---|---|---|
| | A | B | C | D | E | F | G | H | Js | K | M | N | P | R | S | T | U | V | X | Y | Z |
| | 间隙配合 | | | | | | | | | | | | 过盈配合 | | | | | | | | |
| h5 | | | | | | F6/h5 | G6/h5 | H6/h5 | Js6/h5 | K6/h5 | M6/h5 | N6/h5 | P6/h5 | R6/h5 | S6/h5 | T6/h5 | | | | | |
| h6 | | | | | | F7/h6 | ◤G7/h6 | ◤H7/h6 | Js7/h6 | ◤K7/h6 | M7/h6 | ◤N7/h6 | ◤P7/h6 | R7/h6 | ◤S7/h6 | T7/h6 | ◤U7/h6 | | | | |
| h7 | | | | | E8/h7 | ◤F8/h7 | | ◤H8/h7 | Js8/h7 | K8/h7 | M8/h7 | N8/h7 | | | | | | | | | |
| h8 | | | | D8/h8 | E8/h8 | F8/h8 | | H8/h8 | | | | | | | | | | | | | |
| h9 | | | | ◤D9/h9 | E9/h9 | F9/h9 | | ◤H9/h9 | | | | | | | | | | | | | |
| h10 | | | | D10/h10 | | | | H10/h10 | | | | | | | | | | | | | |
| h11 | A11/h11 | B11/h11 | ◤C11/h11 | D11/h11 | | | | ◤H11/h11 | | | | | | | | | | | | | |
| h12 | | B12/h12 | | | | | | H12/h12 | | | | | | | | | | | | | |

注：注◤符号者为优先配合。

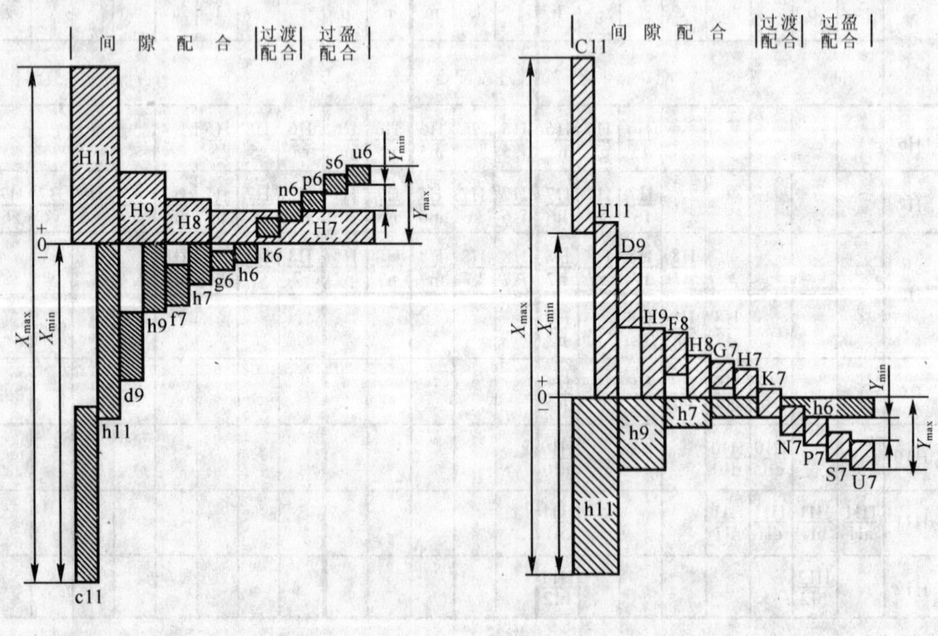


图　2—13　　　　图　2—14

# §2—5　公差与配合的选用

公差与配合的选择是机械设计与制造的重要一环，主要包括：确定基准制、公差等级与配合种类。选择的原则是既要保证机械产品的性能优良，同时兼顾制造上的经济可行。

## 一、基准制的选用

基准制包括基孔制和基轴制两种。一般来说，相同代号的基孔制与基轴制配合的性质相同。例如 H7/f6 与 F7/h6 有同样的最大、最小间隙。因此，基准制的选择与使用要求无关。主要应从结构、工艺以及经济等各方面来考虑。

1. 一般情况下，应优先选用基孔制。通常加工孔比加工轴困难些，而且所用的刀、量具尺寸规格也多些。采用基孔制可以减少定值刀、量具的规格数目，有利于刀、量具的标准化、系列化，因而经济合理，使用方便。

基轴制通常仅用于具有明显经济效果的情况。例如直接采用冷拔钢材做轴，不再切削加工，或是在同一基本尺寸的轴上需要装配几个具有不同配合的零件时应用。图 2—15（a）所示为活塞销 1 与活塞 2 及连杆小头 3 的连接，根据使用要求，活塞销与活塞应为过渡配合，而活塞销与连杆小头间有相对运动，要求间隙配合。如果三段配合都选用基孔制，则应为 ϕ30H6/m5、ϕ30H6/h5、ϕ30H6/m5，其公差带如图 2—15（b）所示，即必须将轴做成台阶状才能符合各段配合的要求。这样做既不便于加工，也不利于装配。如果改用基轴制，则三段的配合可改为 ϕ30M6/h5，ϕ30H6/h5，ϕ30M6/h5，其公差带如图 2—15（c）所示，活塞销做成光轴，既方便加工又利于装配。

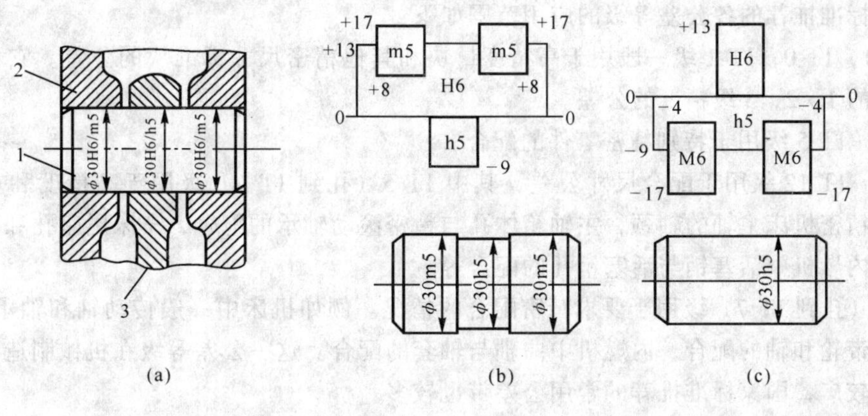


图　2—15

2. 当设计的零件与标准件相配时，基准制的选择应按标准件而定。例如，与滚动轴承内圈配合的轴应按基孔制；而与滚动轴承外圈配合的孔，则应选用基轴制。

3. 为了满足配合的特殊需要，允许采用任一孔、轴公差带组成配合。例如，C616 车床床头箱中齿轮轴筒和隔套的配合（图 2—16）。由于齿轮轴筒的外径已根据和滚动轴承配合的要求选定为 ϕ60 js6，而隔套的作用只是将两个滚动轴承隔开，作轴向定位用，为了装拆方便，它只要松套在齿轮轴筒的外径上即可，公差等级也可选用更低的，所以它的公差带选为 $\phi$60D10，其公差与配合图解如图 2—17 所示。同样，另一个隔套与床头箱孔的配合采用 $\phi$95K7/d11。这类配合就是用不同公差等级的非基准孔、轴公差带组成。

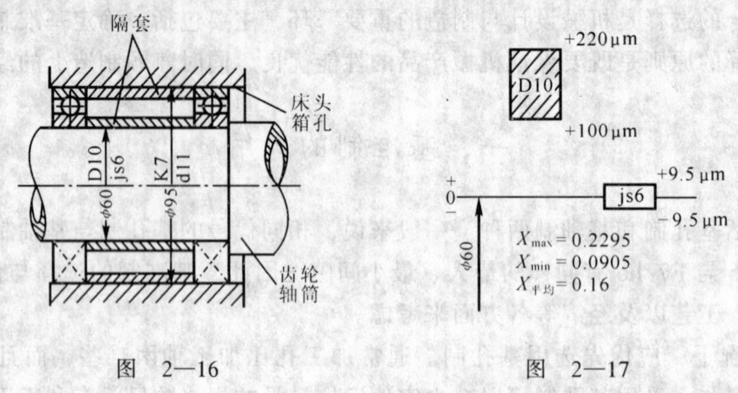


图 2—16　　图 2—17

## 二、公差等级的选用

合理地选择公差等级，是为了更好地协调机器零、部件使用要求与制造工艺及成本之间的矛盾。一般按以下几个原则选用。

1. 对于基本尺寸≤500mm 的较高等级的配合，由于孔比同级的轴加工困难，当标准公差≤IT 8 时，国家标准推荐孔比轴低一级相配合，但标准公差＞IT 8 级或基本尺寸＞500mm 的配合，由于孔的测量准确度比轴容易保证，推荐采用同级孔、轴配合。

2. 选择公差等级既要满足设计要求，又要考虑工艺的可能性和经济性。也就是说，在满足使用要求的情况下，尽量扩大公差值，亦即选用较低的公差等级。

国家标准推荐的各公差等级的应用范围如下：

IT 01，IT 0，IT 1 级一般用于高精度量块和其他精密尺寸标准块的公差。它们大致相当于量块的 1，2，3 级精度的公差。

IT 2～IT 5 级用于特别精密零件的配合。

IT 5～IT 12 级用于配合尺寸公差，其中 IT 5（孔到 IT 6）级用于高精度和重要的配合。例如精密机床主轴的轴颈，主轴箱体孔与精密滚动轴承的配合，车床尾座孔和顶尖套筒的配合，内燃机中活塞销与活塞销孔的配合等。

IT 6（孔到 IT 7）级用于要求精密配合的情况。例如机床中一般传动轴和轴承的配合，齿轮、皮带轮和轴的配合，内燃机中曲轴与轴套的配合。这一公差等级在机械制造和仪器制造中应用较广，国家标准推荐的常用公差带也较多。

IT 7～IT 8 级用于一般精度要求的配合。例如一般机械中速度不高的轴与轴承的配合，在重型机械中用于精度要求稍高的配合，在农业机械中用于要求较重要的配合。

IT 9～IT 10 级常用于一般要求的地方，或精度要求较高的槽宽的配合。

IT 11～IT 12 级用于不重要的配合。

IT 12～IT 18 级用于未注尺寸公差的尺寸的要求，包括冲压件、铸锻件的公差等。

## 三、配合的选用

在设计中，根据使用要求，应尽可能地选用优先配合或常用配合。如果优先配合或常用配合不能满足要求时，则可选标准中推荐的一般用途的孔、轴公差带，按使用要求组成所需的配合。若仍不能满足使用要求，还可从国家标准所提供的544种轴公差带和543种孔公差带中选取合用的公差带，组成所需要的配合。

确定了基准制以后，选择配合就是根据使用要求——配合公差（间隙或过盈）的大小，确定与基准件相配的孔、轴的基本偏差代号，同时确定基准件及配合件的公差等级。

对间隙配合，由于基本偏差的绝对值等于最小间隙，故可按最小间隙确定基本偏差代号；对过盈配合，在确定基准件的公差等级后，即可按最小过盈选定配合件的基本偏差代号，并根据配合公差的要求，确定孔、轴公差等级。

**例2—2**：设有基本尺寸为$\phi$30mm的孔、轴配合，要求保证间隙在+20～+76$\mu$m之间，试从国家标准中确定孔、轴的公差带与配合的代号。希望采用基孔制。

**解：**

(1) 配合公差 $T_f=|S_{max}-S_{min}|=|76-20|=56\mu m$。

(2) 查表2—4，此时的孔、轴标准公差数值为：当IT 7时为21$\mu$m，当IT 8时为33$\mu$m，由于$T_f=T_D+T_d$，如孔、轴皆取7级，则配合公差为$21\times2=42\mu m$，虽然满足要求但不够经济；如孔、轴皆取8级，则配合公差为$33\times2=66\mu m$，大于56$\mu$m的使用要求，也不合适。故采用折衷的方法，孔取IT 8，轴取IT 7，此时的配合公差为$33+21=54\mu m$，与56$\mu$m的数值很接近。

(3) 因是间隙配合，可直接用最小间隙确定轴的基本偏差。

由表2—6查得轴的基本偏差为f，即上偏差es=－20$\mu$m。

(4) 据此，确定孔的公差带代号为H8（ES=+33$\mu$m，EI=0），轴的公差带代号为f7（es=－20$\mu$m，ei=－41$\mu$m）。此时所得配合的最大间隙为74$\mu$m，最小间隙为20$\mu$m，满足设计要求。

对过盈配合，按上述步骤确定了基准件的标准公差后，即可按最小过盈选定配合件的基本偏差代号，从而确定孔、轴公差带和配合的代号。

机器的质量大多取决于对其零、部件所规定的配合及其技术条件是否合理，许多零件的尺寸公差都是由配合的要求决定的，一般选用配合的方法有下列三种：

**1. 计算法**

根据一定的理论和公式，计算出所需的间隙或过盈。

间隙配合用于孔与轴的相对运动，尤其是用于相对转动的滑动轴承时，为了保持长期工作，必须在配合面间加上润滑油，这样，当轴旋转时，孔、轴之间便形成油膜层，以减少摩擦和磨损。根据流体润滑理论关于滑动轴承的研究，计算出保证滑动轴承处于液体摩擦状态所需的间隙为：

$$X=\sqrt{C_p\frac{\mu v}{p}d^2l} \tag{2—6}$$

式中 $C_p$——轴承承载量系数，与$e/d$有关；

$e$——轴颈在稳定运转时的中心与轴承孔中心间的距离；

$d$、$l$——配合的直径和长度，一般 $l=(0.5\sim1.5)d$；

$\mu$——润滑油粘度；

$v$——运动速度；

$p$——承受的载荷。

由上式可见，用作滑动轴承的间隙配合，在选择时应考虑运动的速度 $v$，承受的载荷 $p$ 和润滑油的粘度 $\mu$。此外，还应考虑轴受力和受热的变形、形状误差和表面粗糙度等因素。

过盈配合用于传递载荷和扭矩，可按弹塑性变形理论，计算出必须的过盈量。在装配前，轴的尺寸大于孔的尺寸，将轴压入孔中，使孔涨轴缩，达到孔径等于轴颈（图 2—18），两零件受弹性变形所产生的复原趋势，使它们相互挤紧，以阻止使其松动的外力。根据材料力学关于厚壁圆筒的计算，保持牢固连接所需的过盈是：

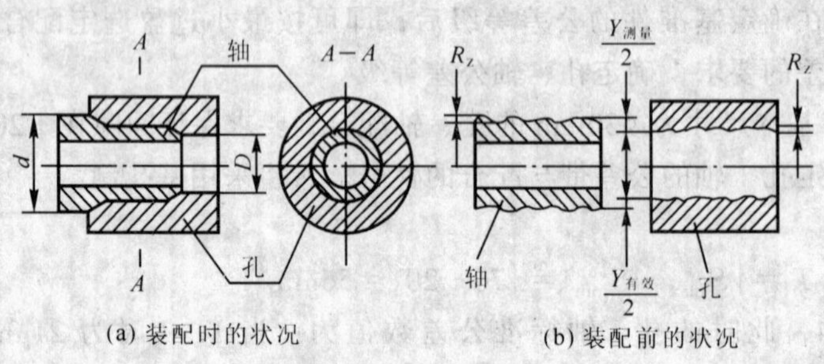


(a) 装配时的状况　　(b) 装配前的状况

图 2—18

$$Y=pd\left(\frac{C_1}{E_1}+\frac{C_2}{E_2}\right) \tag{2—7}$$

而

$$p=\frac{F}{\pi dlf} \quad 或 \quad p=\frac{2M}{\pi d^2 lf} \tag{2—8}$$

式中 $p$——表面接触压力；

$F$、$M$——外力和力矩；

$d$、$l$、$f$——配合面的直径、长度和摩擦系数；

$C_1$、$C_2$——零件的刚性系数，与零件的尺寸有关；

$E_1$、$E_2$——材料的弹性模数。

由上式可见，选择过盈配合时，首先要看最小过盈能否传递该配合所要传递的最大力 $F$ 或力矩 $M$，或阻止其松动的最大外力。同时要看最大过盈使零件产生的内应力是否超出材料的屈服极限。此外，还应考虑装配方法、配合面的长短、几何公差以及使用时的温度等因素。

通过公式计算可以求出为满足机械零件功能要求的间隙或过盈的最佳值和极限值，根据这些数值便可选择最接近的配合种类。必要时，再根据所选配合的间隙或过盈的极限值，用上述公式校核，看最后结果是否满足其功能要求。

为了减少计算时的麻烦，目前有些单位已将上述过程编制成软件出售，供选用配合时使用。使用者只要将有关的已知参数值输入计算机，计算机便能按固有的程序自动进行运算，最后直接以汉字输出并打印出计算结果，选定出配合的种类。详细的计算公式请参阅由李柱主编的《互换性与测量技术基础》教学参考书上册，GB 5371—1985《过盈配合的计算和选用》。

应当指出，由于影响配合间隙或过盈的因素较复杂，任何理论的计算都是近似的，只能作为重要的参考依据，应用时还要根据实际工作条件进行必要的修正，或经反复试验来确定。

**2. 试验法**

对产品性能影响很大的一些配合，往往需用试验法来确定机器工作性能的最佳间隙或过盈。例如采煤用的风镐锤体与镐筒配合的间隙量对风镐工作性能有很大的影响，一般采用试验法较为可靠。由于这种方法须进行大量试验，其成本较高。

**3. 类比法**

类比法是按同类机器或机构中，经过生产实践验证的已用配合的实用情况，再考虑所设计机器的使用条件，确定需要的配合。

在生产实践中，广泛应用的选择配合的方法是类比法。要掌握这种方法，首先必须分析机器或机构的功用，工作条件及技术要求，进而研究结合件的工作条件及使用要求，其次要了解各种配合的特性和应用。下面分别加以阐述。

(1) 分析零件的工作条件及使用要求

为了充分掌握零件的具体工作条件和使用要求，必须考虑下列问题：工作时结合件的相对位置状态（如运动速度、运动方向、停歇时间、运动精度等），承受负荷情况，润滑条件，温度变化，配合的重要性，装卸条件以及材料的物理机械性能等。根据具体条件不同，结合件配合的间隙量或过盈量必须相应地改变，表 2—11 可供参考。

**表 2—11　工作情况对过盈或间隙的影响**

| 具体情况 | 过盈 | 间隙 |
|---|---|---|
| 材料许用应力小 | 减小 | —— |
| 经常拆卸 | 减小 | —— |
| 工作时孔温高于轴温 | 增大 | 减小 |
| 工作时轴温高于孔温 | 减小 | 增大 |
| 有冲击载荷 | 增大 | 减小 |
| 配合长度较大 | 减小 | 增大 |
| 配合面形位误差较大 | 减小 | 增大 |
| 装配时可能歪斜 | 减小 | 增大 |
| 旋转速度高 | 增大 | 增大 |
| 有轴向运动 | —— | 增大 |
| 润滑油粘度增大 | —— | 增大 |
| 装配精度高 | 减小 | 减小 |
| 表面粗糙度低 | 增大 | 减小 |

(2) 了解各类配合的特性和应用

表 2—12 是轴的基本偏差的特性和应用（对孔也同样适用）；表 2—13 是 13 种优先配合

**表 2—12　轴的基本偏差选用说明**

| 配　合 | 基本偏差 | 特　性　及　应　用 |
|---|---|---|
| 间隙配合 | a、b | 可得到特别大的间隙，应用很少 |
| | c | 可得到很大的间隙，一般适用于缓慢、松弛的动配合。用于工作条件较差（如农业机械），受力变形，或为了便于装配，而必须保证有较大的间隙时。推荐配合为 H 11/c 11，例如光学仪器中，光学镜片与机械零件的连接；其较高等级的 H8/c 7配合，适用于轴在高温工作的紧密动配合，例如内燃机排气阀和导管 |
| | d | 一般用于 IT 7～11 级，适用于松的转动配合，如密封盖、滑轮、空转皮带轮等与轴的配合。也适用于大直径滑动轴承配合，如透平机、球磨机、轧滚成型和重型弯曲机，以及其他重型机械中的一些滑动轴承 |
| | e | 多用于 IT 7，8，9 级，通常用于要求有明显间隙，易于转动的轴承配合，如大跨距轴承、多支点轴承等配合。高等级的 e 轴适用于大的、高速、重载支承，如涡轮发电机、大型电动机及内燃机主要轴承、凸轮轴轴承等配合 |
| | f | 多用于 IT 6，7，8 级的一般转动配合。当温度影响不大时，被广泛用于普通润滑油（或润滑脂）润滑的支承，如齿轮箱、小电动机、泵等的转轴与滑动轴承的配合，手表中秒轮轴与中心管的配合（H8/f7） |
| | g | 配合间隙很小，制造成本高，除很轻负荷的精密装置外，不推荐用于转动配合。多用于 IT 5，6，7 级，最适合不回转的精密滑动配合，也用于插销等定位配合，如精密连杆轴承、活塞及滑阀、连杆销，光学分度头主轴与轴承等 |
| | h | 多用于 IT 4～11 级。广泛用于无相对转动的零件，作为一般的定位配合。若没有温度、变形影响，也用于精密滑动配合 |
| 过渡配合 | js | 偏差完全对称（±IT/2），平均间隙较小的配合，多用于 IT 4～7 级，要求间隙比 h 轴小，并允许略有过盈的定位配合。如联轴节、齿圈与钢制轮毂，可用木锤装配 |
| | k | 平均间隙接近于零的配合，适用于 IT 4～7 级，推荐用于稍有过盈的定位配合。例如为了消除振动用的定位配合。一般用木锤装配 |
| | m | 平均过盈较小的配合，适用于 IT 4～7 级，一般可用木锤装配，但在最大过盈时，要求相当的压入力 |
| | n | 平均过盈比 m 轴稍大，很少得到间隙，适用于 IT 4～7 级，用锤或压入机装配，通常推荐用于紧密的组件配合。H 6/n5 配合时为过盈配合 |
| 过盈配合 | p | 与 H 6 或 H 7 配合时是过盈配合，与 H 8 孔配合时则为过渡配合。对非铁类零件，为较轻的压入配合，当需要时易于拆卸。对钢、铸铁或铜、钢组件装配是标准压入配合 |
| | r | 对铁类零件为中等打入配合，对非铁类零件，为轻打入的配合，当需要时可以拆卸。与 H8 孔配合，直径在 100mm 以上时为过盈配合，直径小时为过渡配合 |

续表

| 配　合 | 基本偏差 | 特　性　及　应　用 |
|---|---|---|
| 过盈配合 | s | 用于钢和铁制零件的永久性和半永久性装配，可产生相当大的结合力。当用弹性材料，如轻合金时，配合性质与铁类零件的 p 轴相当，例如套环压装在轴上、阀座等的配合。尺寸较大时，为了避免损伤配合表面，需要热胀或冷缩法装配 |
| | t | 过盈较大的配合。对钢和铸铁零件适于作永久性结合，不用键可传递力矩，需用热胀或冷缩法装配。例如连轴节与轴的配合 |
| | u | 这种配合过盈大，一般应验算在最大过盈时，工件材料是否损坏，要用热胀或冷缩法装配。例如火车轮毂和轴的配合 |
| | v、x<br>y、z | 这些基本偏差所组成配合的过盈量更大，目前使用的经验和资料还很少，须经试验后才应用。一般不推荐 |

**表 2—13　优先配合选用说明**

| 优先配合 | | 说　明 |
|---|---|---|
| 基孔制 | 基轴制 | |
| $\frac{H11}{c11}$ | $\frac{C11}{h11}$ | 间隙非常大，用于很松的、转动很慢的动配合；要求大公差与大间隙的外露组件；要求装配方便的很松的配合，相当于旧国标 D 6/dd 6 |
| $\frac{H9}{d9}$ | $\frac{D9}{h9}$ | 间隙很大的自由转动配合，用于精度非主要要求时，或有大的温度变化、高转速或大的轴颈压力时，相当于旧国标 D 4/de 4 |
| $\frac{H8}{f7}$ | $\frac{F8}{h7}$ | 间隙不大的转动配合，用于中等转速与中等轴颈压力的精确转动；也用于装配较易的中等定位配合。相当于旧国标 D/dc |
| $\frac{H7}{g6}$ | $\frac{G7}{h6}$ | 间隙很小的滑动配合，用于不希望自由转动，但可自由移动和滑动并精密定位的配合；也可用于要求明确的定位配合，相当于旧国标 D/db |
| $\frac{H7}{h6}$<br>$\frac{H8}{h7}$<br>$\frac{H9}{h9}$<br>$\frac{H11}{h11}$ | $\frac{H7}{h6}$<br>$\frac{H8}{h7}$<br>$\frac{H9}{h9}$<br>$\frac{H11}{h11}$ | 均为间隙定位配合，零件可自由装拆，而工作时一般相对静止不动，在最大实体条件下的间隙为零，在最小实体条件下的间隙由公差等级决定<br>H 7/h 6 相当于旧国标 D/d；H 8/h 7 相当于旧国标 D 3/d 3<br>H 9/h 9 相当于旧国标 D 4/d 4；H 11/h 11 相当于旧国标 D 6/d 6 |
| $\frac{H7}{k6}$ | $\frac{K7}{h6}$ | 过渡配合，用于精密定位，相当于旧国标 D/gc |
| $\frac{H7}{n6}$ | $\frac{N7}{h6}$ | 过渡配合，允许有较大过盈的更精密定位，相当于旧国标 D/ga |

续表

| 优先配合 | | 说　明 |
|---|---|---|
| 基孔制 | 基轴制 | |
| $\frac{H7}{p6}$ | $\frac{P7}{h6}$ | 过盈定位配合，即小过盈配合，用于定位精度特别重要时，能以最好的定位精度达到部件的钢性及对中性要求，而对内孔承受压力无特殊要求，不依靠配合的紧固性传递摩擦负荷。H 7/p 6 相当于旧国标 D/ga～D/jf |
| $\frac{H7}{s6}$ | $\frac{S7}{h6}$ | 中等压入配合，适用于一般钢件；或用于薄壁件的冷缩配合，用于铸铁件可得到最紧的配合，相当于旧国标 D/je |
| $\frac{H7}{u6}$ | $\frac{U7}{h6}$ | 压入配合，适用于可以承受高压入力的零件，或不宜承受大压入力的冷缩配合 |

的配合特性和应用。根据表中列出的各种配合的基本特点，结合所需的具体使用情况，便可大致地确定出所选用的配合。

间隙配合的特性是具有间隙，它主要用于结合件有相对运动的配合。如 H 8/e 7 属于液体摩擦情况良好，但稍松的配合，可用于汽轮发电机和大电动机的高速轴承以及风扇电机中的配合。H 6/h 5 属于最小间隙为零的间隙定位配合，用于同轴度要求比较高、工作时零件没有相对运动的连接；或用于导向精度要求较高，工作时零件有很缓慢的微量轴向移动的连接；也有用于同轴度要求较高，而又需经常拆卸的固定配合，加键后也可传递扭矩。例如，车床尾座体与套筒，高精度分度盘孔与轴，万能工具显微镜中的轴与孔，光学仪器中变焦系统的轴与孔，照相机中镜片与镜座等的配合。

过盈配合的特性是具有过盈，它主要用于结合件没有相对运动的配合。过盈不大时，用键联结传递扭矩；过盈大时，靠孔、轴结合力传递扭矩。前者可以拆卸，后者一般不能拆卸。例如，H 6/s 5 可用于柴油机连杆衬套与轴瓦，主轴轴承孔与主轴轴瓦外径，手表主夹板与限位钉管及叉摆夹板钉等的配合。H 6/n 5 可用于可换铰套与铰模板，增压器主轴与衬套，手表主夹板与宝石轴承等的配合。

过渡配合的特性是可能具有间隙，也可能具有过盈，但所得到的间隙和过盈量一般是比较小的。它主要用于定位精确并要求拆卸且相对静止的联结。例如 H 6/js 5 可用于与滚动轴承相配的轴颈，航空仪表及乌氏干涉仪中轴与轴承等的配合。H 7/k 6 可用于齿轮孔与轴的配合，精密仪器、光学仪器、航空仪表、无线电仪表、邮电仪表中的轴与滚动轴承的配合，缝纫机梭体与底板、下轴与曲板的配合，照相机轮片与轮瓣等的配合。在计量仪器中，将导轨板安装在床身表面上，也广泛采用具有过渡配合的定位销，以确保导轨定位精确。

## §2—6　大、小尺寸段的公差与配合

大尺寸是指基本尺寸大于 500mm 的零件，有些甚至超过 10 000mm。在重型机械制造中常遇到大尺寸公差与配合的问题，例如船舶制造、飞机制造、大型发电机组以及大型三坐标测量机等。

在大零件的加工过程中，形位误差和测量误差在公差中所占比重较大，尤其是温度变化

引起的误差影响极大。例如，一个基本尺寸为3 000mm、公差为IT 6的钢制零件，当温度变化5℃时所引起的尺寸变化约为IT 6公差值的130%，而基本尺寸＜100mm的一般零件，温度变化引起的误差在公差中只占很小的比重。可见，大尺寸零件的制造比同级的常用尺寸零件的制造困难得多。

由于大尺寸加工误差有其特殊性，因此在国标GB 1802—1979中规定，对于基本尺寸大于500～3 150mm的大尺寸段，公差单位的计算公式为：

$$I = 0.004D + 2.1 \qquad (\mu m) \qquad (2—9)$$

式中　$D$——零件的基本尺寸（mm）。

从上式可以看出，公差单位与零件的基本尺寸成线性关系。这是因为随着直径的增加，与直径成正比的误差因素在公差中占的比重增加很快，特别是温度变化的影响较大，它是随直径的加大而呈线性地增大。所以大尺寸公差单位采用了与直径呈线性关系的公式。各工业发达国家的经验表明，这一公式基本上是合适的。

所谓“小尺寸”本无明确的尺寸范围。在国标GB 1803—1979中，针对仪器仪表和钟表工业的特点和需要，规定了基本尺寸小于18mm的公差与配合。虽然其尺寸范围与常用尺寸段（至500mm）重复，但仪器仪表零件的公差与配合有其特点，所以作为一个单独标准提出。至于一般机械中，尺寸至18mm的孔、轴公差带，仍可在常用尺寸段的GB 1801—1979中选用。

小尺寸零件的主要特点是，在实际生产中，无论在加工、测量、装配、使用等方面，所产生的误差，并不随尺寸的减小而减少。由于其尺寸范围在常用尺寸段以内，故不另规定公差单位，只是推荐了较多的孔、轴公差带，在使用中可根据实际情况加以选择。

尺寸＞500～3 150mm的轴、孔常用公差带见表2—14、表2—15。

**表2—14　尺寸＞500～3 150mm轴的常用公差带**

| | | | | | | | | | | | | | |
|---|---|---|---|---|---|---|---|---|---|---|---|---|---|
| | | | g 6 | h 6 | js 6 | k 6 | m 6 | n 6 | p 6 | r 6 | s 6 | t 6 | u 6 |
| | | f 7 | g 7 | h 7 | js 7 | k 7 | m 7 | n 7 | p 7 | r 7 | s 7 | t 7 | u 7 |
| d 8 | e 8 | f 8 | | h 8 | js 8 | | | | | | | | |
| d 9 | e 9 | f 9 | | h 9 | js 9 | | | | | | | | |
| d 10 | | | | h 10 | js 10 | | | | | | | | |
| d 11 | | | | h 11 | js 11 | | | | | | | | |
| | | | | h 12 | js 12 | | | | | | | | |

**表2—15　尺寸＞500～3 150mm孔的常用公差带**

| | | | | | | | | |
|---|---|---|---|---|---|---|---|---|
| | | | G 6 | H 6 | Js 6 | K 6 | M 6 | N 6 |
| | | F 7 | G 7 | H 7 | Js 7 | K7 | M 7 | N 7 |
| D 8 | E 8 | F 8 | | H 8 | Js 8 | | | |
| D 9 | E 9 | F 9 | | H 9 | Js 9 | | | |
| D 10 | | | | H 10 | Js 10 | | | |
| D 11 | | | | H 11 | Js 11 | | | |
| | | | | H 12 | Js 12 | | | |

尺寸至 18mm 的轴、孔公差带见表 2—16、表 2—17。

各公差带的极限偏差值可从国标中查到。

**表 2—16　尺寸至 18mm 的轴公差带**

| | | | | | | | | | | | | | | | | | | | | | | | | | |
|---|---|---|---|---|---|---|---|---|---|---|---|---|---|---|---|---|---|---|---|---|---|---|---|---|---|
| | | | | | | | | | | h1 | | js1 | | | | | | | | | | | | | |
| | | | | | | | | | | h2 | | js2 | | | | | | | | | | | | | |
| | | | | | | ef3 | f3 | fg3 | g3 | h3 | | js3 | k3 | m3 | n3 | p3 | r3 | | | | | | | | |
| | | | | | | ef4 | f4 | fg4 | g4 | h4 | | js4 | k4 | m4 | n4 | p4 | r4 | s4 | | | | | | | |
| | | c5 | cd5 | d5 | e5 | ef5 | f5 | fg5 | g5 | h5 | j5 | js5 | k5 | m5 | n5 | p5 | r5 | s5 | u5 | v5 | x5 | z5 | | | |
| | | c6 | cd6 | d6 | e6 | ef6 | f6 | fg6 | g6 | h6 | j6 | js6 | k6 | m6 | n6 | p6 | r6 | s6 | u6 | v6 | x6 | z6 | za6 | | |
| | | c7 | cd7 | d7 | e7 | ef7 | f7 | fg7 | g7 | h7 | j7 | js7 | k7 | m7 | n7 | p7 | r7 | s7 | u7 | v7 | x7 | z7 | za7 | zb7 | zc7 |
| | b8 | c8 | cd8 | d8 | e8 | ef8 | f8 | fg8 | g8 | h8 | | js8 | k8 | m8 | n8 | p8 | r8 | s8 | u8 | v8 | x8 | z8 | za8 | zb8 | zc8 |
| a9 | b9 | c9 | cd9 | d9 | e9 | ef9 | f9 | | | h9 | | js9 | k9 | | | p9 | r9 | s9 | u9 | | x9 | z9 | za9 | zb9 | zc9 |
| a10 | b10 | c10 | cd10 | d10 | e10 | | | | | h10 | | js10 | k10 | | | | | | | | | | | | |
| a11 | b11 | c11 | | d11 | | | | | | h11 | | js11 | | | | | | | | | | | | | |
| a12 | b12 | c12 | | | | | | | | h12 | | js12 | | | | | | | | | | | | | |
| a13 | b13 | c13 | | | | | | | | h13 | | js13 | | | | | | | | | | | | | |

**表 2—17　尺寸至 18mm 的孔公差带**

| | | | | | | | | | | | | | | | | | | | | | | | | | |
|---|---|---|---|---|---|---|---|---|---|---|---|---|---|---|---|---|---|---|---|---|---|---|---|---|---|
| | | | | | | | | | | H1 | | Js1 | | | | | | | | | | | | | |
| | | | | | | | | | | H2 | | Js2 | | | | | | | | | | | | | |
| | | | | | | EF3 | F3 | FG3 | G3 | H3 | | Js3 | K3 | M3 | N3 | P3 | R3 | | | | | | | | |
| | | | | | | | | | | H4 | | Js4 | K4 | M4 | | | | | | | | | | | |
| | | | | | E5 | EF5 | F5 | FG5 | G5 | H5 | | Js5 | K5 | M5 | N5 | P5 | R5 | S5 | | | | | | | |
| | | | CD6 | D6 | E6 | EF6 | F6 | FG6 | G6 | H6 | J6 | Js6 | K6 | M6 | N6 | P6 | R6 | S6 | U6 | V6 | X6 | Z6 | | | |
| | | | CD7 | D7 | E7 | EF7 | F7 | FG7 | G7 | H7 | J7 | Js7 | K7 | M7 | N7 | P7 | R7 | S7 | U7 | V7 | X7 | Z7 | ZA7 | ZB7 | ZC7 |
| | B8 | C8 | CD8 | D8 | E8 | EF8 | F8 | FG8 | G8 | H8 | J8 | Js8 | K8 | M8 | N8 | P8 | R8 | S8 | U8 | V8 | X8 | Z8 | ZA8 | ZB8 | ZC8 |
| A9 | B9 | C9 | CD9 | D9 | E9 | EF9 | F9 | | | H9 | | Js9 | K9 | | N9 | P9 | R9 | S9 | U9 | | X9 | Z9 | ZA9 | ZB9 | ZC9 |
| A10 | B10 | C10 | CD10 | D10 | E10 | | F10 | | | H10 | | Js10 | K10 | | N10 | | | | | | | | | | |
| A11 | B11 | C11 | | D11 | | | | | | H11 | | Js11 | | | | | | | | | | | | | |
| A12 | B12 | C12 | | | | | | | | H12 | | Js12 | | | | | | | | | | | | | |
| | | | | | | | | | | H13 | | Js13 | | | | | | | | | | | | | |

## §2—7　一般公差　线性尺寸的未注公差

一般公差是指在车间加工中，机床在经济加工精度的状态下，可以保证的公差。它主要用于公差等级较低的非配合尺寸。在工程图纸上的尺寸标注中，该尺寸后面不标注极限偏差，工厂常称为“自由尺寸”，其实它也有公差和极限偏差只是未标注出来而已。在正常情况下，一般可不检验。这样可简化制图、节约设计时间以及简化产品检验要求等。

国标（GB/T1804—1992）将线性尺寸的一般公差规定为四级，分别用 f（精密级）、m

(中等级)、c（粗糙级）和 v（最粗级）表示。将 0.5～4 000mm 范围内的基本尺寸分为八个尺寸分段，其极限偏差均为对称分布（类似于基本偏差 Js），如表 2—18。

国标（GB/T1804—1992）还对倒角半径和倒角高度尺寸这两种常用的特定线性尺寸的一般公差作了规定，其公差等级也分别规定为 f、m、c 和 v 共四级。其尺寸分段从 0.5mm 开始定为四个分段，其极限偏差仍按对称分布，如表 2—19 所示。

在使用此标准时，应根据产品的技术要求和车间加工条件，在规定的公差等级中选取，并在生产部门的技术文件中表示出来，如 GB1804—m 等。

**表 2—18**　mm

| 公差等级 | 尺寸分段 | | | | | | | |
|---|---|---|---|---|---|---|---|---|
| | 0.5～3 | >3～6 | >6～30 | >30～120 | >120～400 | >400～1 000 | >1 000～2 000 | >2 000～4 000 |
| f（精密级） | ±0.05 | ±0.05 | ±0.1 | ±0.15 | ±0.2 | ±0.3 | ±0.5 | — |
| m（中等级） | ±0.1 | ±0.1 | ±0.2 | ±0.3 | ±0.5 | ±0.8 | ±1.2 | ±2 |
| c（粗糙级） | ±0.2 | ±0.3 | ±0.5 | ±0.8 | ±1.2 | ±2 | ±3 | ±4 |
| v（最粗级） | — | ±0.5 | ±1 | ±1.5 | ±2.5 | ±4 | ±6 | ±8 |

**表 2—19**　mm

| 公差等级 | 尺寸分段 | | | |
|---|---|---|---|---|
| | 0.5～3 | >3～6 | >6～30 | >30 |
| f（精密级） | ±0.2 | ±0.5 | ±1 | ±2 |
| m（中等级） | ±0.2 | ±0.5 | ±1 | ±2 |
| c（粗糙级） | ±0.4 | ±1 | ±2 | ±4 |
| v（最粗级） | ±0.4 | ±1 | ±2 | ±4 |

# 第三章 测量技术基础

## §3—1 测量的基本概念与尺寸传递

在生产和科学试验中，经常遇见各种量的测量。所谓“测量”就是以确定被测对象量值为目的的全部操作。若被测量为 $L$，标准量为 $E$，那么测量就是确定 $L$ 是 $E$ 的多少倍。即确定比值 $q=L/E$，最后获得被测量 $L$ 的量值，即 $L=qE$。

为保证测量过程中标准量的统一，国务院于 1984 年 2 月 27 日颁发了《关于在我国统一实行法定计量单位的命令》。国际单位制是我国法定计量单位的基础，一切属于国际单位制的单位都是我国法定计量单位。在几何量测量中，长度单位是米(m)，角度单位是弧度(rad)。

绪论中曾说过，米是光在真空中于 1/299 792 458 秒（s）时间间隔内的行程长度。显然，这个长度基准无法直接用于生产。为了使生产中使用的计量器具和工件的量值统一，就需要有一个统一的量值传递系统，即将米的定义长度一级一级地传递到工作计量器具上，再用其测量工件尺寸，从而保证量值的统一。我国长度量值传递系统如图 3—1 所示。

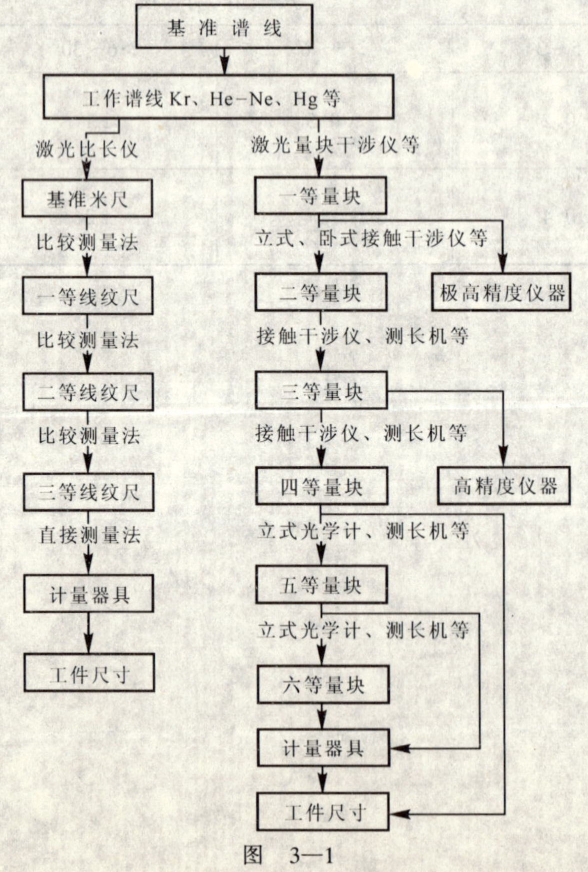


图 3—1

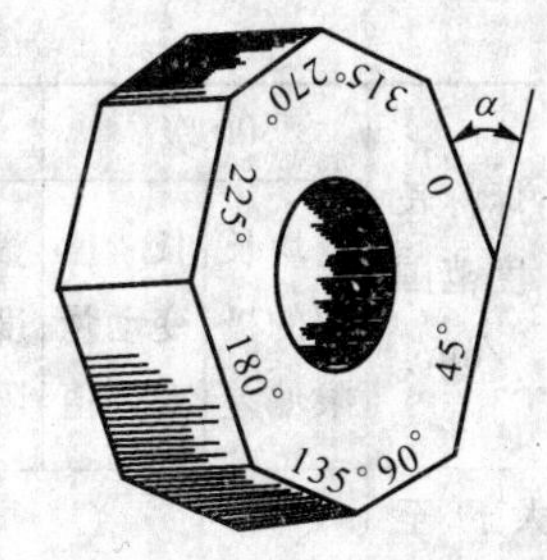


图　3—2

角度也是机械制造中的重要几何量之一，由于一个圆周角定义为360°，因此角度不需要与长度一样再建立一个自然基准。但是在计量部门，为了工作方便，仍用多面棱体（棱形块）作为角度量的基准。机械制造中的一般角度标准是角度量块、测角仪或分度头等。

目前生产的多面棱体有4面、6面、8面、12面、24面、36面，以及72面等。图3—2所示为8面棱体，在该棱体的同一横切面上，其相邻两面法线间的夹角为45°。用它作基准可以测量$n\times 45°$的角度（$n=1，2，3\cdots$）。

以多面棱体作角度基准的量值传递系统，如图3—3所示。

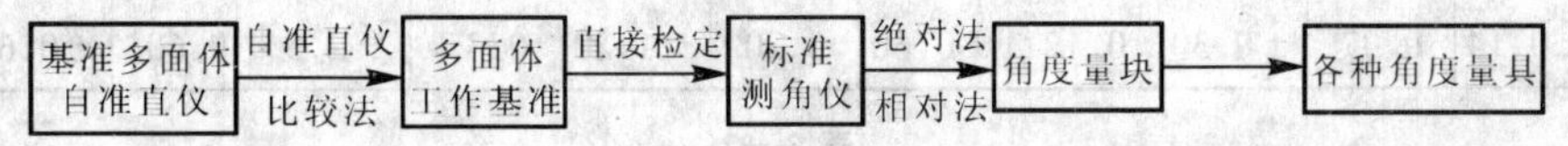


图　3—3

量块在机械制造厂和各级计量部门中应用较广，其形状为长方形6面体，如图3—4(a)所示。它有两个测量面和四个非测量面。两测量面之间的距离确定其工作长度，称谓标称长度（名义尺寸）。标称长度到5.5mm的量块，其标称长度值刻印在上测量面上。标称长度大于5.5mm的量块，其标称长度值刻印在上测量面左侧的平面上。标称长度到10mm的量块，其截面尺寸为30×9mm；标称长度大于10到1 000mm的量块，其截面尺寸为35×9mm。

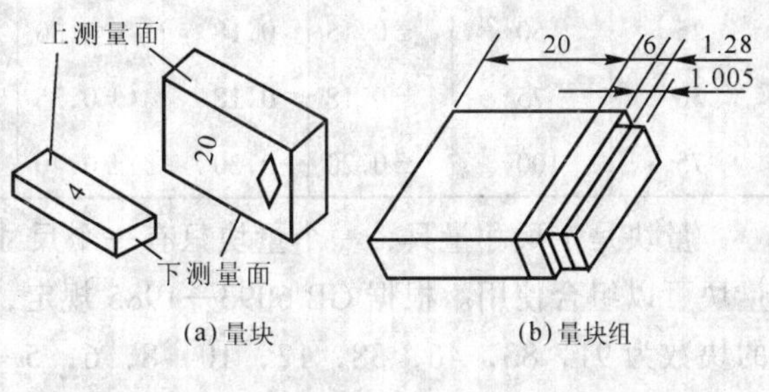


(a) 量块　(b) 量块组

图　3—4

量块常作为尺寸传递的长度标准和计量仪器示值误差的检定标准，也可作为精密机械零件测量、精密机床和夹具调整时的尺寸基准。

根据GB6093—1985标准的规定，量块按制造的技术要求分为6级，即00，0，1，2，3和$k$级。“级”主要是根据量块长度极限偏差、量块长度变动量、量块测量面的平面度、量块测量面的粗糙度，以及量块测量面的研合性等指标来划分。表3—1摘录了量块长度极限偏差和长度变动量的部分值。

在各级计量部门中，量块常按检定后的尺寸使用。因此，按检定的技术要求量块分为6等：即1，2，3，4，5和6等。根据JJG100—1991检定规程的规定，量块分“等”的主要指标与分“级”的主要指标其不同点在于用“测量的总不确定度”去代替量块长度的极限偏差。量块的量值是按长度量值传递系统进行传递的，即低一等的量块的检定，必须用高一等的量块作基准进行测量，因此应规定其测量的总不确定度。表3—2摘录了3～6等量块的测量的总不确定度和长度变动量的部分数值。

表 3—1

| 标称长度范围/mm | | 00 级 | | 0 级 | | 1 级 | | 2 级 | | 3 级 | | 校准级 k | |
|---|---|---|---|---|---|---|---|---|---|---|---|---|---|
| | | 量块长度的极限偏差 | 长度变动量允许值 | 量块长度的极限偏差 | 长度变动量允许值 | 量块长度的极限偏差 | 长度变动量允许值 | 量块长度的极限偏差 | 长度变动量允许值 | 量块长度的极限偏差 | 长度变动量允许值 | 量块长度的极限偏差 | 长度变动量允许值 |
| 大于 | 至 | μm | | | | | | | | | | | |
| — | 10 | ±0.06 | 0.05 | ±0.12 | 0.10 | ±0.20 | 0.16 | ±0.45 | 0.30 | ±1.0 | 0.50 | ±0.20 | 0.05 |
| 10 | 25 | ±0.07 | 0.05 | ±0.14 | 0.10 | ±0.30 | 0.16 | ±0.60 | 0.30 | ±1.2 | 0.50 | ±0.30 | 0.05 |
| 25 | 50 | ±0.10 | 0.06 | ±0.20 | 0.10 | ±0.40 | 0.18 | ±0.80 | 0.30 | ±1.6 | 0.55 | ±0.40 | 0.06 |
| 50 | 75 | ±0.12 | 0.06 | ±0.25 | 0.12 | ±0.50 | 0.18 | ±1.00 | 0.35 | ±2.0 | 0.55 | ±0.50 | 0.06 |
| 75 | 100 | ±0.14 | 0.07 | ±0.30 | 0.12 | ±0.60 | 0.20 | ±1.20 | 0.35 | ±2.5 | 0.60 | ±0.60 | 0.07 |

表 3—2

| 标称长度范围/mm | | 等的要求 | | | | | | | |
|---|---|---|---|---|---|---|---|---|---|
| | | 3 | | 4 | | 5 | | 6 | |
| | | 测量的总不确定度 | 长度变动量允许值 | 测量的总不确定度 | 长度变动量允许值 | 测量的总不确定度 | 长度变动量允许值 | 测量的总不确定度 | 长度变动量允许值 |
| 大于 | 至 | μm | | | | | | | |
| | 10 | ±0.11 | 0.16 | ±0.22 | 0.30 | ±0.6 | 0.5 | ±2.1 | 0.5 |
| 10 | 25 | ±0.12 | 0.16 | ±0.25 | 0.30 | ±0.6 | 0.5 | ±2.3 | 0.5 |
| 25 | 50 | ±0.15 | 0.18 | ±0.30 | 0.30 | ±0.8 | 0.55 | ±2.6 | 0.55 |
| 50 | 75 | ±0.18 | 0.18 | ±0.35 | 0.35 | ±0.9 | 0.55 | ±2.9 | 0.55 |
| 75 | 100 | ±0.20 | 0.20 | ±0.40 | 0.35 | ±1.0 | 0.6 | ±3.2 | 0.6 |

量块是定尺寸量具，一个量块只有一个尺寸。为了满足一定尺寸范围的不同尺寸要求，量块可以组合使用。根据 GB 6093—1985 规定，我国成套生产的量块共有 17 种套别，每套的块数为 91，83，46，38，12，10，8，6，5 等。现以 83 块一套为例，列出尺寸规格如下：

间隔 0.01mm，从 1.01，1.02，…到 1.49，共 49 块；

间隔 0.1mm，从 1.5，1.6，…到 1.9，共 5 块；

间隔 0.5mm，从 2.0，2.5，…到 9.5，共 16 块；

间隔 10mm，从 10，20，…到 100，共 10 块；

1.005，1，0.5 各 1 块。

在使用量块组时，为了减少量块的组合误差，应尽量减少量块组的量块数目。选用量块时应从消去需要数字的最末位数开始，逐一选取。例如，从 83 块一套的量块中选取尺寸为 28.285mm 的量块组，则可分别选用：1.005，1.28，6.00 和 20.00mm 4 个量块。量块组的组合，如图 3—4（b）所示。

# §3—2　测量仪器与测量方法的分类

## 一、测量仪器的分类

测量仪器（计量器具）是指单独地或连同辅助设备一起用以进行测量的器具。一般可分为：

**1. 实物量具**

指使用时以固定形态复现或提供给定量的一个或多个已知值的器具。如量块、线纹尺等。

**2. 显示式测量仪器**（指示式测量仪器）

指显示示值的测量仪器。显示可以是模拟的（连续或非连续）或数字的，也可提供记录。如模拟电压表、数字频率计和千分尺等。

**3. 测量系统**

指组装起来以进行特定测量的全套测量仪器和其他设备。固定安装着的测量系统称为测量装备。

几何量测量仪器按结构的特点还可分为以下几种：

(1) 游标类仪器。如游标卡尺、游标深度尺以及游标量角器等。

(2) 微动螺旋副类仪器。如外径千分尺、内径千分尺等。

(3) 机械类仪器。如百分表、千分表、杠杆比较仪以及扭簧比较仪等。

(4) 光学机械类仪器。如光学计、测长仪、投影仪以及干涉仪等。

(5) 气动类仪器。如压力式气动量仪、流量计式气动量仪等。

(6) 电学类仪器。如电感比较仪、电动轮廓仪等。

(7) 激光类仪器。如激光准直仪、激光干涉仪等。

(8) 光学电子类仪器。如光栅测长机、光纤传感器等。

## 二、测量方法的分类

测量方法可按各种不同的形式进行分类。如直接测量与间接测量、综合测量与单项测量、接触测量与非接触测量、在线测量与离线测量以及静态测量与动态测量等。

**1. 直接测量**

指不需要将被测量与其他实测量进行一定函数关系的辅助计算而直接得到被测量值的测量。

直接测量又可分为绝对测量和相对测量。能由仪器上读出被测参数的整个量值，这种测量方法称为绝对测量。例如用游标尺、千分尺测量零件的直径。若由仪器上只能读出被测参数相对于某一标准量的偏差，这种测量方法称为相对（比较）测量。由于标准量是已知的，因此被测参数的整个量值等于仪器所指示的偏差与标准量的代数和。例如用量块作标准量调整比较仪然后进行的测量。

**2. 间接测量**

指通过直接测量与被测参数有已知函数关系的其他量而得到该被测参数量值的测量。例如测量大型圆柱零件时，可先测出圆周长度 $L$，然后通过 $D=L/\pi$ 公式计算被测零件的直径。

**3. 综合测量**

指同时测量工件上的几个有关参数，综合地判断工件是否合格。其目的在于保证被测工件在规定的极限轮廓内，以达到互换性的要求，例如用花键塞规检验花键孔、用齿轮动态整体误差测量仪测量齿轮。

**4. 单项测量**

指单个地彼此没有联系地测量工件的单项参数。例如分别测量螺纹的螺距或半角等。

**5. 接触测量**

指仪器的测量头与被测零件表面直接接触，并有机械作用的测力存在。

**6. 非接触测量**

指仪器的传感部分与被测零件表面间不接触，没有机械的测力存在。例如光学投影测量、气动量仪测量。

**7. 在线测量**

指零件在加工中进行的测量，此时测量结果直接用来控制零件的加工过程，它能及时防止和消灭废品。

**8. 离线测量**

指零件加工完后在检验站进行的测量。此时测量的结果仅限于发现并剔除废品。

**9. 静态测量**

指被测表面与测量头相对静止，没有相对运动。例如千分尺测量零件的直径。

**10. 动态测量**

指被测表面与测头之间有相对运动，它能反映被测参数的变化过程。例如用激光丝杆动态检查仪测量丝杆。

在线测量和动态测量是测量技术的主要发展方向。前者能将加工和测量紧密结合起来，从根本上改变测量技术的被动局面；后者能较大的提高测量效率和保证零件的质量。

## §3—3 测量仪器与测量方法的常用术语

**1. 标尺间距**

指沿着标尺长度的同一条线，测得的两相邻标尺标记之间的距离。标尺间距用长度单位表示，为了便于目力估计，一般标尺间距在1～2.5mm之间。它与被测量的单位和标在标尺上的单位无关。

**2. 标尺间隔（分度值）**

指对应两相邻标尺标记的两个值之差，其单位与标在标尺上的单位一致。

**3. 标称范围**

指测量仪器的操纵器件调到特定位置时可得到的示值范围。标称范围通常用它的上限和下限表明，例如 $-100\sim+100\mu m$。

**4. 测量范围**（工作范围）

指测量仪器的误差处在规定极限内的一组被测量的值。也可理解为这一组被测量的值中最大值与最小值之差。

**5. 测量仪器的示值**

指测量仪器所给出的量的值。对于实物量具，示值就是它所标出的值。

**6. 测量仪器的示值误差**

指测量仪器的示值与对应输入量的真值之差。对于实物量具，示值就是它所标出的值。由于真值常不能确定，实践中常用的是约定真值。

**7. 修正值**

指用代数法与未修正测量结果相加，以补偿其系统误差的值。修正值等于负的系统误差。

**8. 测量仪器的最大允许误差**

指给定的测量仪器，规范、规程等所允许的误差极限值。有时也称测量仪器的允许误差限。

**9. 测量力**

指测量过程中测量仪器测头与被测工件之间的接触力。

**10. 稳定性**

指测量仪器保持其计量特性随时间恒定的能力。可用仪器的计量特性经规定的时间所发生的变化来定量表示。

**11. 测量仪器的重复性**

指在相同测量条件下，重复测量同一个被测量，测量仪器提供相近示值的能力，它可用示值的分散性定量地表示。

**12. 灵敏度**

指测量仪器的响应变化除以对应的激励变化。当响应变化和激励变化为同类量时，灵敏度可理解为放大倍数。

**13. 鉴别力阈**

指使测量仪器产生未察觉的响应变化的最大激励变化，这种激励变化应缓慢而单调地进行。

**14. 显示装置的分辨力**

指显示装置能有效辨别的最小的示值差。对于数字式显示装置，这就是当变化一个末位有效数字时其示值的变化。

**15. 测量不确定度**

指表征合理地赋于被测量之值的分散性，与测量结果相联系的参数。此参数可以用诸如标准偏差（见§3—5节）或其倍数，或说明了置信水准的区间的半宽度来表示。以标准偏差表示的测量不确定度，称为标准不确定度。测量不确定度由多个分量组成。其中一些分量可用对观测列进行统计分析的方法来评定的标准不确定度，称为不确定度的A类评定；另一些分量则可用不同于观测列进行统计分析的方法，来评定标准不确定度，称为不确定度的B类评定。获得B类标准不确定度的信息来源，一般可以是以前的观测数据、生产部门提供的技术资料文件、校准证书、检定证书、手册提供的不确定度以及目前暂在使用的极限误差等等。当测量结果是由若干个其他量的值求得时，按其他各量的方差或（和）协方差算得的标准不确定度，称为合成标准不确定度。

## §3—4　常用长度测量仪器原理

长度测量仪器的种类较多，其原理也各式各样，这里就常用的仪器原理作简单介绍。

### 一、机械类量仪

这类量仪是将测杆的上下微小直线移动，通过机械的传动与放大，转变为仪器指针的角位移，从而由指针在刻度盘上指示出相应的示值。下面介绍杠杆齿轮式比较仪和扭簧比较仪原理。

**1. 杠杆齿轮式比较仪原理**

图 3—5 所示为杠杆齿轮式比较仪原理。测量时，测杆 1 向上或向下移动，使杠杆短臂 $R_4$ 发生摆动。杠杆长臂 $R_3$ 是一个扇形齿轮。当扇形齿轮摆动时，带动小齿轮转动，从而使与小齿轮固接的指针 $R_1$ 偏转，并由刻度盘 2 进行读数。实现放大、传动被测量的目的。

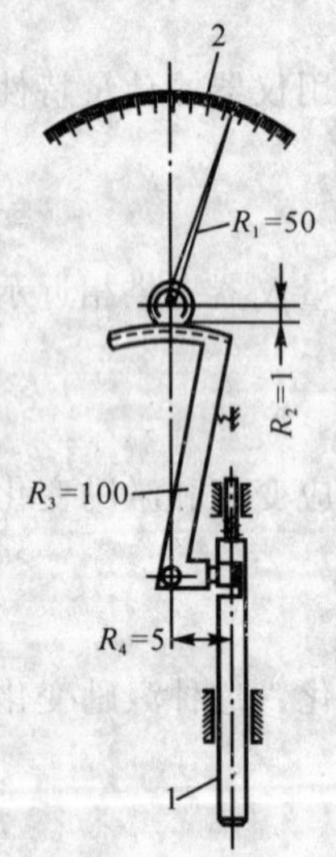


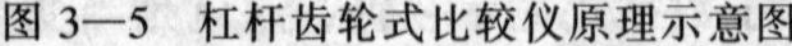

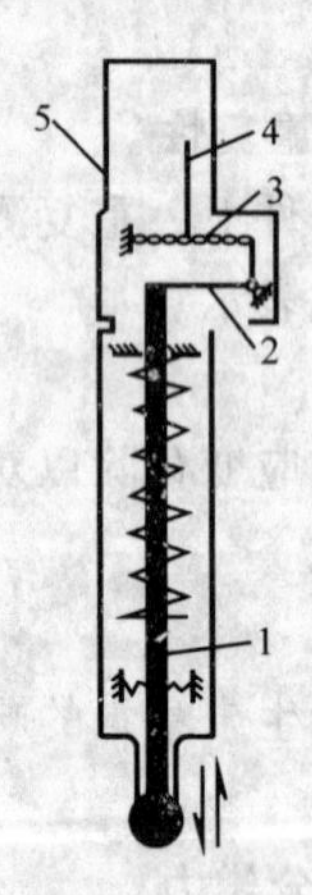


图 3—5　杠杆齿轮式比较仪原理示意图　　图 3—6　扭簧比较仪原理示意图

**2. 扭簧比较仪原理**

图 3—6 为扭簧比较仪原理。仪器的主要元件是横截面为 0.01×0.25mm，且由中间向两端左、右扭曲而成的扭簧片 3，由图中可知，扭簧片 3 的一端连接在机壳的连接柱上，另一端连接在杠杆 2 的一个支臂上。杠杆 2 的另一端与测杆 1 的上部相接触。指针 4 粘在扭簧片的中部。测量时，测杆 1 向上或向下移动，推动杠杆 2 摆动，使扭簧 3 被拉伸或者缩短，从而使扭簧转动引起指针偏转，并在刻度盘 5 上进行读数。

## 二、电学类量仪

电学类量仪是将微小直线位移转变成电阻、电容或电感量的变化，经电路放大处理后变为电流或电压输出，由表头或数显器给出读数。图 3—7（a）为电感比较仪的传感器原理图。在线圈架的中部绕有初级线圈 1，线圈架的两端绕有次级线圈 2 和 3，当初级线圈通以一定频率的交流电后，在次级线圈 2 和 3 中将产生感应电势。测量时，若衔铁处在中间位置，则次级线圈 2 和 3 中所产生的感应电势 $U_2$ 和 $U_3$ 相等，其电位差为零，即 $U_{出}=0$。当测杆随零件尺寸变化而移动时，衔铁 4 不在中间位置。因此次级线圈 2 和 3 所产生的感应电势 $U_2$ 和 $U_3$ 不相等，电位差不再为零，有信号输出，从而将直线位移转变成电信号，如图 3—7（b）所示。

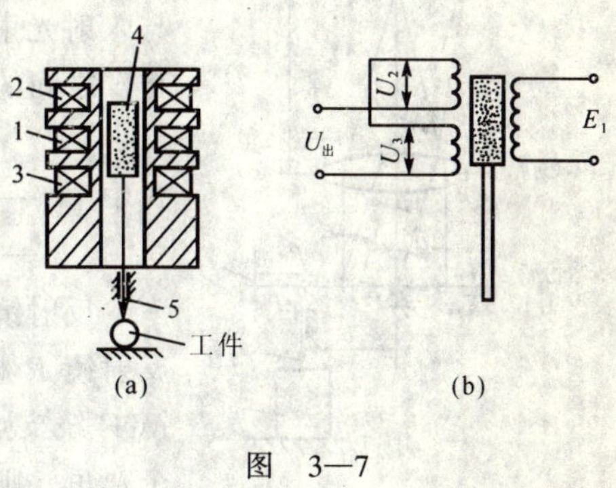

图　3—7

## 三、气动类量仪

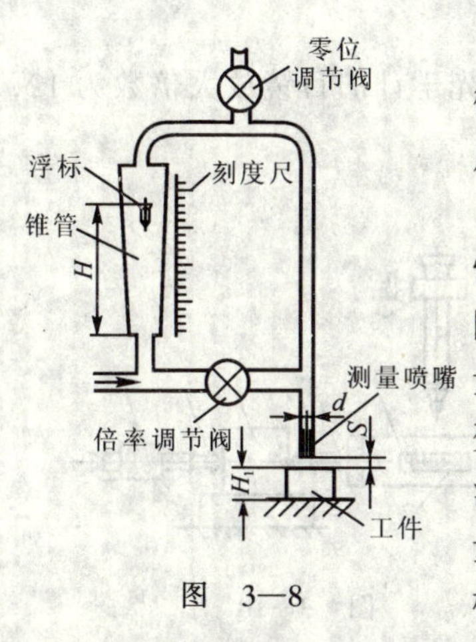

图　3—8

气动量仪是根据流体力学的原理，用压缩空气作介质，将微小直线位移转变成气体的压力变化或流量变化，用流量计或压力计进行读数的仪器。

图 3—8 所示为流量计式气动量仪的原理。清洁、干燥和恒压的空气由锥形玻璃管下端引入，经浮标与玻璃管间的间隙，由锥形玻璃管上端经连接软管再由测量喷嘴进入大气。测量时，工件尺寸发生变化，使测量喷嘴与工件间的间隙 $S$ 发生变化。因而使流过喷嘴的气体流量 $Q$ 也发生变化，从而引起浮标位置发生变化。当流过浮标与锥形管间的空气流量与从测量喷嘴流出的空气流量相等时，浮标就停止不动。此时可从浮标相对于玻璃管上的刻度尺的位置进行读数。

## 四、光学机械类量仪

光学机械类量仪可分为几何光学类量仪和光波干涉类量仪（或物理光学类量仪）。

**1. 几何光学类量仪**

几何光学类量仪是将微小的长度量或物体经光学方法放大以后，进行读数或瞄准的量仪。按几何光学的原理，这类仪器又可分为显微镜类和望远镜类。

(1) 光学计原理

光学计有立式光学计和卧式光学计，其光学原理属于望远镜类，即物镜的像方焦点和目镜的物方焦点重合。仪器原理如图 3—9 所示。由物镜像方焦点 $c$ 发出的光，经物镜后变成

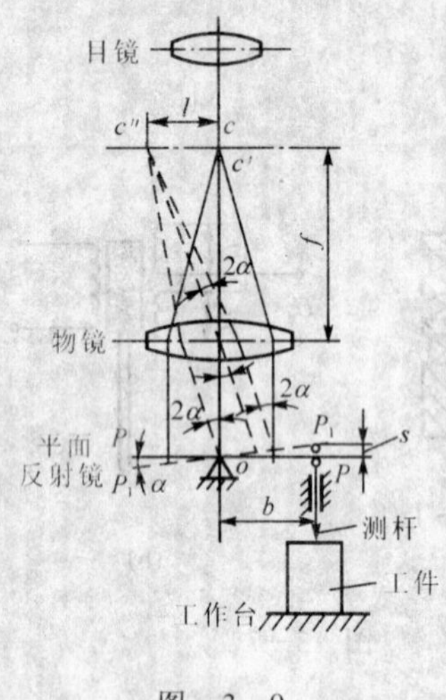


图　3—9

平行光到达平面反射镜 $P$。若反射镜与主光轴垂直，则经平面反射镜反射的光由原路回到发光点 $c$，即发光点与像点 $c'$ 重合。若平面反射镜 $P$ 与主光轴不垂直而偏转一个 $\alpha$ 角，则反射光束与入射光束间的夹角为 $2\alpha$，反射光束返射后汇聚于像点 $c''$。$c$ 与 $c''$ 之间的距离可按下式计算：

$$c'c'' = f\mathrm{tg}2\alpha$$

式中　$f$——物镜的焦距；

$\alpha$——反射镜偏转角度。

反射镜的偏转由光学计的测杆来推动。测杆的一端与平面反射镜 $P$ 相接触。测量时，随着工件尺寸变化，测杆推动反射镜 $P$ 绕支点 $o$ 摆动。当测杆移动一个距离 $s$，反射镜 $P$ 偏转一个 $\alpha$ 角，则其关系为：

$$s = b\mathrm{tg}\alpha$$

式中　$b$——测杆到支点的距离。

这样，测杆的微小移动 $s$ 就可通过正切杠杆机构和自准直光管构成的光杠杆原理，实现将微小位移进行放大，其放大倍数为：

$$K = \frac{cc''}{s} = \frac{f\mathrm{tg}2\alpha}{b\mathrm{tg}\alpha}$$

当 $\alpha$ 很小时，且 $f = 200$mm，$b = 5$mm，则 $K = 80$。由于光学计的目镜放大倍数为 12，故光学计总放大倍数为 960 倍。

（2）测长仪原理

测长仪有卧式和立式两种，其测量部件原理相同。卧式测长仪原理如图 3—10 所示。工件 1 安装在尾座 4 中的测砧 6 与测座 7 中的测轴 5 之间，其尺寸由读数显微镜 3 读出。测轴 5 上安装有一只 100mm 长的毫米刻度尺 2，读数显微镜 3 将毫米刻度尺 2 刻线放大，并用平面螺旋线原理进行细分读数。显微镜的光学原理如图 3—11（a）所示。显微镜的物镜为 4，目镜为 5，光源 6 发出的光照亮刻度尺 3，刻度尺 3 上的毫米刻线经物镜 4 成像以后正好等于固定分划板 2 上的 10 个刻线间距，因此，固定分划板 2 上的每个刻线间距代表 0.1mm。图中 1 是刻有双刻线的平面螺旋线分划板。该分划板可以转动，并在内圆周上均匀地刻有 100 条刻线，平面螺旋线的螺距与固定分划板 2 上的刻线间距相等。因此也代表 0.1mm。测量时，用目镜 5 观察，可见到 3 组刻线：刻度尺 3 上分度值为 1mm 的刻线；固定分划板 2 上分度值为 0.1mm 的刻线和平面螺旋线及其上的圆周刻线，如图 3—11（b）所示。

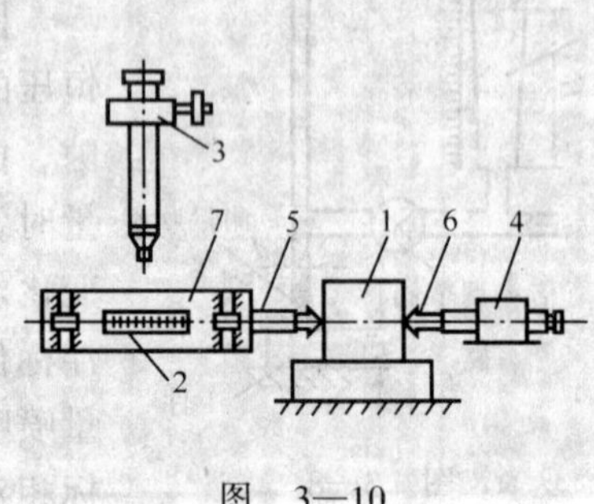


图　3—10

读数装置的读数方法如下：先读毫米读数〔如图 3—11（b）中的 46〕，然后按毫米刻线（如 46）在固定分划板 2 上的位置读出零点几毫米的数（如图中为 0.3），最后转动小滚花轮 7 即平面螺旋线分划板 1，使平面螺旋线的双线将毫米刻度尺刻线夹住，再从圆周分度上读出尾数（如 62$\mu$m），所以图 3—11（b）的读数为 46.362mm。

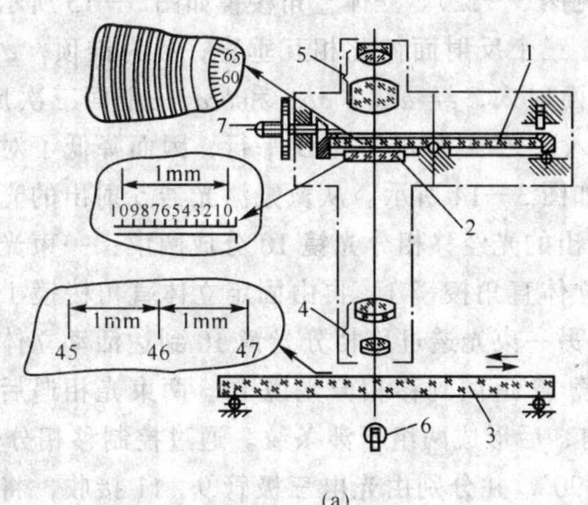


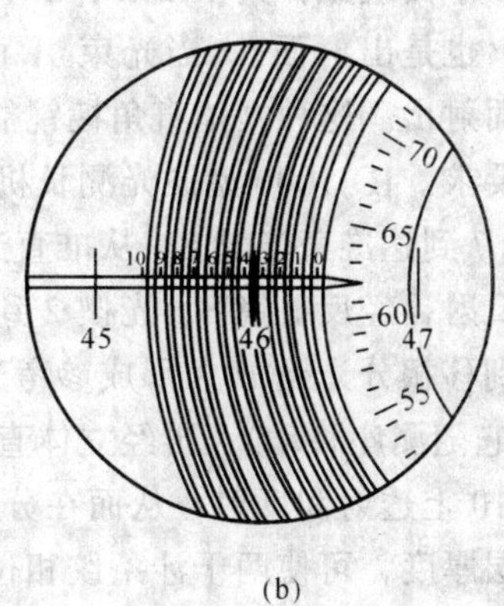


图　3—11

显微镜读数装置应用较广，除在测长仪上应用外，在比长仪上、凸轮轴检查仪上以及万能工具显微镜上均有应用。

**2. 光波干涉类量仪**

这类量仪主要利用光的分振幅法将同一光源的光分成两束，一束为参考光，另一束为测量光，两束光相遇后发生干涉。由于测量光束的光程随被测工件尺寸变化而变化，因此两光束相遇后光程差也发生变化，干涉条纹将产生移动。通过测量干涉条纹的移动即可测得微小直线位移。

(1) 接触干涉仪原理

这种仪器的光学系统如图 3—12 所示。光源 1 发出的光经聚光镜 2、滤色片安装孔 3 射入分光镜 4。光束从分光镜上分成两束：1 束透过分光镜 4、补偿镜 5 到达和仪器测杆相连的反射镜 6，然后从反射镜反射按原光路回到分光镜 4，形成测量光束；另一束光在分光镜上反射至参考镜 7，再由参考镜 7 反射回分光镜 4，形成参考光束。此两束光相遇后产生干涉。从目镜 10 中即可看到干涉条纹。测量开始时，先将滤色片（已知标准波长）装于安装孔 3 上，然后调整反射镜 7 与光轴的倾角，从而调整干涉条纹的宽度和方向，并可定出在此状态下刻度尺 9 的分度值。取下滤色片，再用白光照明，此时在目镜中可看到彩色干涉条纹。其中，零级干涉条纹是一条黑线，则以此黑线作为仪器指针进行读数。由上述光学系统可知，这种仪器是按迈克尔逊干涉仪原理设计的。

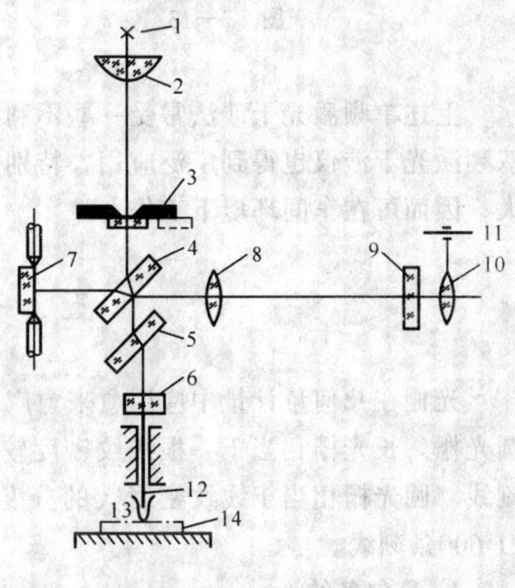


图　3—12

(2) 激光干涉仪原理

这种仪器和接触干涉仪的原理是相同的。由于激光的干涉长度大，故可测范围也大，为使反射镜的移动不因导轨的误差而影响正常的工作，因此将接触干涉仪的平面反射镜 7 和 6

改成立体直角棱镜，并取消了补偿镜 5（见图 3—12）。立体直角棱镜如图 3—13 所示。直角棱镜由 4 个面组成，其中 *abd*、*acd* 和 *bdc* 三个反射面彼此相互垂直，*d* 为锥顶，*abc* 面是入射面（也是出射面）。当光束 *A* 由 *abc* 面射入，经 *acd*、*abd* 和 *bcd* 三个面三次反射后，由 *abc* 面射出。这种立体直角棱镜能保证入射光 *A* 和出射光 *B* 平行，因而降低了对导轨直线度的要求。JDJ1000 型激光测长机光路如图 3—14 所示。从氦氖激光器 5 射出的光束经反射镜 6、7 到达准直光管 8。从准直光管射出的光经移相分光镜 10 分成两束：一束光由移相分光镜反射，经反射镜 3、光楔 2 到固定立体直角棱镜 1，再由固定立体直角棱镜 1 经原光路返回到移相分光镜 10，形成参考光束；另一束光透过移相分光镜 10 到达活动立体直角棱镜 12（它随测座移动），再经立体直角棱镜 12 返回到移相分光镜 10。两束光相遇后在移相分光镜 10 上透射和反射，从而在分光镜前、后形成两组干涉条纹。通过控制移相分光镜 10 的镀膜层厚度，可使两干涉条纹相位相差 90°，并分别由光电三极管 9、11 接收，将光信号转变成电信号输入计数器电路，最后显示出活动立体直角棱镜 12（随仪器测座移动）的直线位移量。图中的光电三极管 4 用于接受激光光强变化信息，用于激光器的稳频。

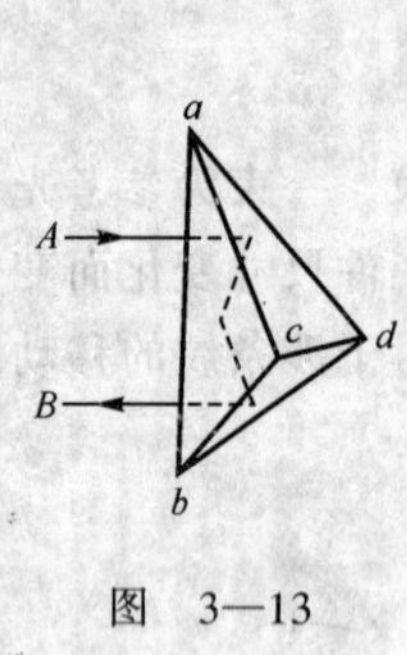


图　3—13

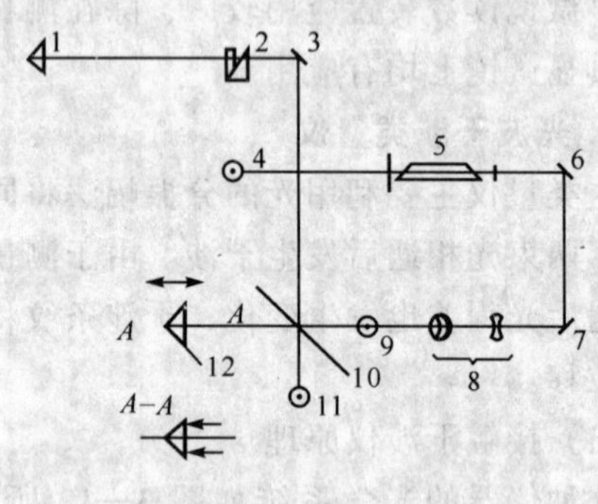


图　3—14

上述单频激光干涉法常受一些不利因素的影响（如稳频状况、测量环境变化等），因此，双频激光干涉仪也得到广泛应用，特别是对较大尺寸的测量，由于它采用差频信号、交流放大，因而可在车间环境下工作。

## 五、光栅类量仪原理

光栅在几何量计量中应用愈来愈广。这里主要指计量光栅，这种光栅一般分为长光栅和圆光栅。长光栅相当于一根线纹密度较大的刻度尺，通常每 1mm 刻 25 条、50 条或 100 条刻线。圆光栅相当于线纹密度大的分度盘，一般在一个圆周上刻上 5 400 条、10 800 条或 21 600条刻线。

### 1. 莫尔条纹

将两块栅距相同的长光栅（或圆光栅）迭放在一起，使两光栅线纹间保持 0.01～0.1mm 的间距，并使两块光栅的线纹相交一个很小角度，即得如图 3—15（a）所示的莫尔条纹。从几何学的观点来看，莫尔条纹就是同类（明的或暗的）线纹交点的连线。由于光栅的衍射现象，实际得到的莫尔条纹如图 3—15（b）所示。

由图 3—15（a）的几何关系可得光栅栅距（线纹间距）*W*、莫尔条纹宽度 *B* 和两光栅

线纹间的交角 $\theta$ 之间的关系为：

$$\operatorname{tg}\theta = \frac{W}{B}$$

当交角很小时，则：

$$B = \frac{1}{\theta}W$$

由于 $\theta$ 角是一个很小的数，因而 $1/\theta$ 是一个较大的数。这样测量莫尔条纹宽度就比测量光栅线纹宽度容易得多，由此可知莫尔条纹起着放大作用。

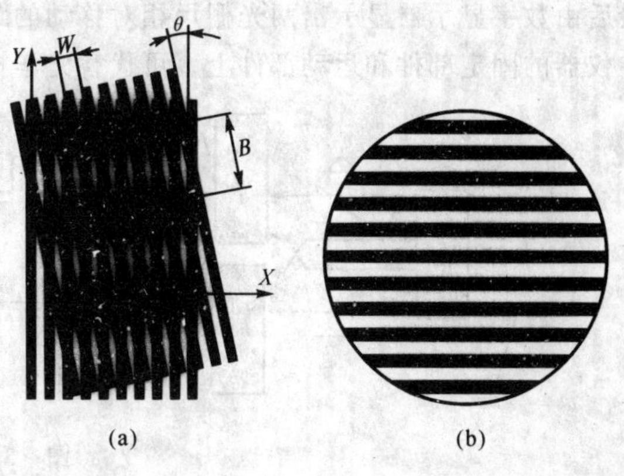


(a)　(b)

图　3—15

在图 3—15（a）中，当两光栅尺在 $X$ 方向产生相对移动时，莫尔条纹在大约与 $X$ 相垂直的 $Y$ 方向也产生移动。当光栅移动一个栅距时，莫尔条纹随之移动一个条纹间距。当光栅尺按相反方向移动时，莫尔条纹的移动方向也相反。

莫尔条纹还具有平均作用。由图 3—15（a）可知，每条莫尔条纹都是由许多光栅线纹的交点组成。当线纹中有一条线纹有误差时（间距不等、歪斜或弯曲），这条有误差的线纹和另一光栅线纹的交点位置将产生变化。但是一条莫尔条纹是由许多光栅线纹的交点组成，因此一条线纹交点的位置变化对一条莫尔条纹来说影响就非常小，因而莫尔条纹具有平均效应。

**2. 计数原理**

光栅计数装置种类较多，读数头结构、细分方法等也各不相同。图 3—16（a）是一种简单的光栅头示意图，图 3—16（b）是其数显装置。光源 1 发出的光经透镜 2 成一束平行光，这束光穿过标尺光栅 4 和指示光栅 3 后形成莫尔条纹。在指示光栅后安放一个四分硅光电池 5。调整指示光栅相对于标尺光栅的夹角 $\theta$，使条纹宽度 $B$ 等于四分硅光电池的宽度。当莫尔条纹信号落到光电池上后，则由四分硅光电池引出 4 路光电信号，且相邻两信号的相位相差 90°。当标尺光栅相对于指示光栅移动时，可逆计数器就能进行计数。其计数电路方框图如图 3—17 所示。由硅光电池引出的 4 路信号分别送入两个差动放大器，然后差动放大器分别输出相位相差 90°的两路信号，再经整形、倍频和微分后，经门电路到可逆计数器，

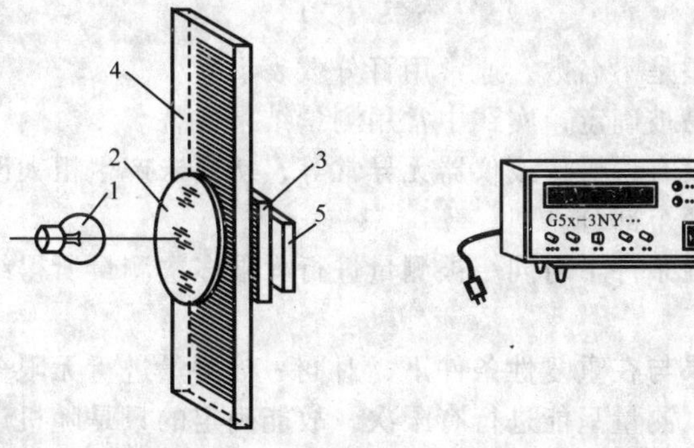


（a）光栅头示意图　（b）读数装置

图　3—16

最后由数字显示器显示出两光栅尺相对移动的距离。工作时，标尺光栅和指示光栅分别安装在仪器的固定部件和运动部件上，可代替光学标尺。

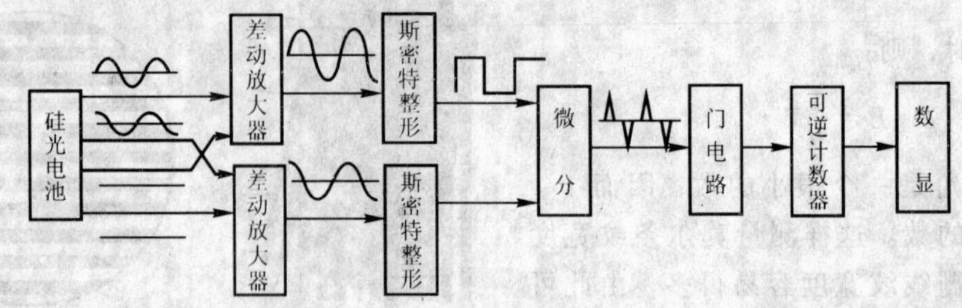


图　3—17

由于硅光电池的弱点，目前接收莫尔条纹信号的光电元件常采用光电三极管，此时的指示光栅应采用“相位指示光栅”，即指示光栅上的光栅线纹应刻划成四组，每组线纹依秩相差 1/4 线纹间距，从而形成在相位上依秩相差 1/4 的四组不同光强的光信号；并分别由四个光电管接收，输出在相位上依秩相差 1/4 的四路电信号，从而代替了四分硅光电池的应用。

# §3—5　测量误差和数据处理

## 一、测量误差的基本概念

测量结果减去被测量的真值称为测量误差。若用 $\delta$、$l$ 和 $L$ 分别表示测量误差、测量结果和被测量的真值，则测量误差可表示如下：

$$\delta = l - L$$

由于 $l$ 可能大于 $L$，也可能小于 $L$，因此测量误差 $\delta$ 可能是正值或负值。其绝对值的大小可反应测量结果与被测量真值之间的一致程度。测量结果与被测量真值之间的一致程度，称为测量准确度。

上述测量误差 $\delta$ 又称绝对误差，在工作中还常遇见另一个误差的概念，即相对误差，测量误差除以测量的真值称为相对误差。

$$\text{相对误差}\ f = \frac{\delta}{L}$$

由上式可知，相对误差是不名数，通常用百分数表示。

一般被测量的真值不易被确定，实践中常用测量结果代替。

在正常的测量中（即没有误操作或仪器无异常等，从而未产生粗大误差）测量误差一般包含系统误差和随机误差两个部分。

系统误差，指在重复性条件下对同一被测量进行无限多次测量所得结果的平均值与被测量的真值之差。

随机误差，指测量结果与在重复性条件下，对同一被测量进行无限多次测量所得结果的平均值之差。实际工作中，测量只能进行有限次，故能确定的只是随机误差的估计值。

例如，用千分尺测量一个零件尺寸。在重复性条件下对该零件进行 $n$ 次测量，获得 $n$ 个测量结果，而零件的真值可用六等量块和该零件进行比较测量而获得（即约定真值）。该零件测量的系统误差就等于由千分尺测量获得的 $n$ 个测量结果的算术平均值，与量块值之差；随机误差等于 $n$ 个测量结果中任一个测量结果与算术平均值之差。

在一般习惯用语中，常用正确度高低说明系统误差的大小，用精密度高低说明随机误差的大小。即系统误差小正确度高，反之，正确度低；随机误差分散小精密度高，反之，精密度低。

## 二、随机误差

**1. 随机误差的正态分布**

当一个被测量在重复性条件下，进行无限多次测量时，得到 $l_1$，$l_2$，…，$l_i$…等一系列测量结果，若这些测量结果符合正态分布，则由概率论可知，其分布密度可用正态分布曲线进行描述，即

$$y=f(l)=\frac{1}{\sigma\sqrt{2\pi}}\mathrm{e}^{-\frac{(l-L)^2}{2\sigma^2}}$$

或

$$y=f(\delta)=\frac{1}{\sigma\sqrt{2\pi}}\mathrm{e}^{-\frac{\delta^2}{2\sigma^2}} \tag{3—1}$$

式中 $y$——概率分布密度；

$l$——随机变量；

$\sigma$——标准偏差；

e——常数，自然对数的底；

$L$——数学期望（作为真值）；

$\delta$——随机误差。

式（3—1）的图形如图 3—18 所示。

随机误差的分布多属正态分布。此外还有均匀分布、反正弦分布、三角形分布、偏心分布以及 $t$ 分布等。请参阅有关误差理论的书藉，这里不再叙述。

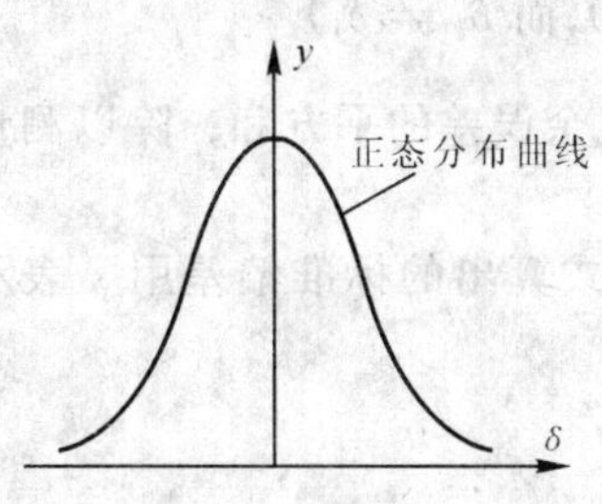


图 3—18 正态分布曲线

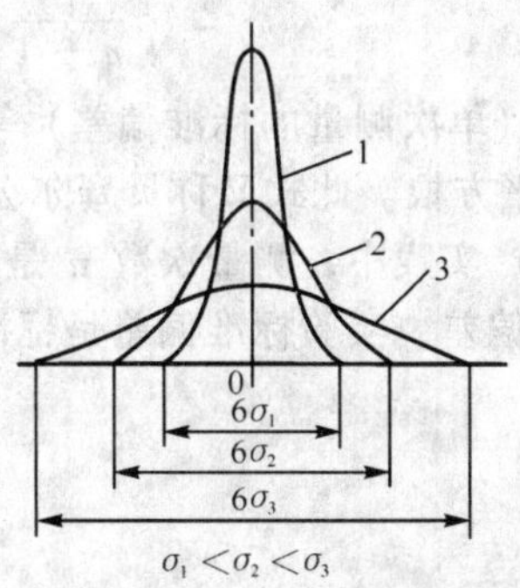


图 3—19 三种不同标准偏差的正态分布曲线

**2. 标准偏差**

由式（3—1）可知，当 $\sigma$ 值减小，则 e 的指数$\left(-\frac{\delta^2}{2\sigma^2}\right)$的绝对值增大，曲线下降快，变得更陡。当在 $\delta=0$ 时，正态分布的概率密度最大，即 $y_{\max}=\frac{1}{\sigma\sqrt{2\pi}}$。此时 $\sigma$ 值减小，则 $y_{\max}$增大，分布曲线的中部变高，正态分布曲线也变得更陡，随机误差的分布愈集中。反之，$\sigma$ 增大，正态分布曲线变平坦，随机误差的分布愈分散，测量的精密度愈低。因此，可用标准偏差 $\sigma$ 的大小来说明测量结果的分散性。图 3—19 表示三种不同标准偏差的正态分布

曲线，即 $\sigma_1<\sigma_2<\sigma_3$。

由概率论可知，标准偏差按下式计算：

$$\sigma=\sqrt{\frac{\delta_1^2+\delta_2^2+\cdots\cdots+\delta_n^2}{n}}=\sqrt{\frac{\sum_{i=1}^{n}\delta_i^2}{n}} \tag{3—2}$$

上式说明，在重复性测量条件下（等精度测量），单次测量的标准偏差 $\sigma$ 等于该系列测量结果的随机误差平方和除以测量次数 $n$ 所得商的平方根。

由于 $\delta=l-L$，而式中 $L$ 为真值，一般不易确定，因而随机误差 $\delta$ 也不易确定，实践中常采用残余误差 $\nu$ 计算标准偏差，即：

$$\nu=l-\overline{L} \tag{3—3}$$

式中 $\overline{L}$——$l_i$ 的算术平均值。

当系列测量时，可得：

$$\begin{aligned}\delta_i=l_i-L&=(l_i-\overline{L})+(\overline{L}-L)\\&=\nu_i+\delta L\end{aligned} \tag{3—4}$$

式中 $\delta L$——算术平均值与真值之差。

对式（3—4）的系列值求和，得：

$$\delta L=\frac{1}{n}\sum_{i=1}^{n}\delta_i \qquad (\text{因}\sum_{i=1}^{n}\nu_i=0) \tag{3—5}$$

对式（3—4）的系列式求平方和，得：

$$\sum_{i=1}^{n}\delta_i^2=\sum_{i=1}^{n}\nu_i^2+n\cdot\delta L^2 \quad (\text{因 }2\delta L\sum_{i=1}^{n}\nu_i^2=0)$$

将式（3—5）平方后代入上式，经整理后得：

$$\sigma=\sqrt{\frac{\sum_{i=1}^{n}\nu_i^2}{n-1}} \qquad (\text{因}\frac{1}{n^2}\sum_{i,j=1}^{n}\delta_i\delta_j=0,\text{而 }\delta_i\neq\delta_j) \tag{3—6}$$

即 $\sigma$（单次测量的标准偏差）等于系列测量结果的残余误差的平方和，除以测量次数减 1 的商的平方根。此式又称贝塞尔公式。

在生产实践中，测量次数 $n$ 是有限的，由贝塞尔公式算出的标准偏差用 $s$ 表示，称为实验标准偏差，实验标准偏差是标准偏差的无偏差估计。

$$s=\sqrt{\frac{\sum_{i=1}^{n}\nu_i^2}{n-1}}$$

或

$$s=\sqrt{\frac{\sum_{i=1}^{n}(l_i-\overline{L})^2}{n-1}} \tag{3—7}$$

**3．随机误差的分布界限**

由正态分布可知，理论上随机误差的分布是在 $-\infty$ 到 $+\infty$ 之间，这在实际应用中是无意义的。那么实际应用中随机误差的分布范围如何？这点和它相对应的概率有关。若概述用 $p$ 表示，则当随机误差分布在 $-\infty$ 到 $+\infty$ 之间时，$p=1$，如下式所示：

$$p=\int_{-\infty}^{+\infty}y\cdot\mathrm{d}\delta=\int_{-\infty}^{+\infty}\frac{1}{\sigma\sqrt{2\pi}}\mathrm{e}^{-\frac{\delta^2}{2\sigma^2}}\mathrm{d}\delta=1$$

如果讨论误差落在区间（$-\delta$，$+\delta$）之间的概率时，则将计算下式：

$$p = \int_{-\delta}^{+\delta} y \mathrm{d}\delta = \int_{-\delta}^{+\delta} \frac{1}{\sigma\sqrt{2\pi}} \mathrm{e}^{-\frac{\delta^2}{2\sigma^2}} \mathrm{d}\delta$$

将上式进行变量置换，设 $t = \frac{\delta}{\sigma}$，$\mathrm{d}t = \frac{\mathrm{d}\delta}{\sigma}$，

则

$$p = \frac{1}{\sqrt{2\pi}} \int_{-t}^{+t} \mathrm{e}^{-\frac{t^2}{2}} \mathrm{d}t$$

上式变成了标准正态分布的形式，其积分值可查概率函数积分值表。由于函数是对称的，因此表中列出的积分值是由 $0 \sim t$ 的区间的积分值 $\phi(t)$，而 $-t$ 到 $+t$ 区间的积分 $p = 2\phi(t)$。当 $t$ 值给定时，$\phi(t)$ 值可由概率函数积分表中查出。

表 3—3 列出了 $t=1$，2，3 和 4 等几个特殊的积分值。并求出误差 $\delta$ 不超出的界限和相应的概率 $p$，误差 $\delta$ 超出界限的相应的概率 $p' = 1-p$。从表中列出的数据可得到下列结果：若在重复性条件下进行 $n$ 次测量，获得了随机误差的正态分部和分布特征参数标准偏差 $\sigma$ 时，那么，当 $t=1$，即 $\delta=\sigma$ 时（界限值为 $-\sigma \sim +\sigma$），有 68% 的测量次数落在界限内；当 $t=2$，即 $\delta=2\sigma$ 时（界限值为 $-2\sigma \sim +2\sigma$），有 95.4% 的测量次数落在界限内；当 $t=3$，即 $\delta=3\sigma$ 时（界限值为 $-3\sigma \sim +3\sigma$），有 99.73% 的测量次数落在界限内，如图 3—20 所示。由此可知 $t$ 和误差出现的概率 $p$ 有关，常将 $t$ 称为置信系数或置信度。当置信系数 $t=3$，$\delta=3\sigma$ 时，置信概率 $p$ 已接近于 1，因此常将 $\delta = \pm 3\sigma$ 作为随机误差的误差界限。

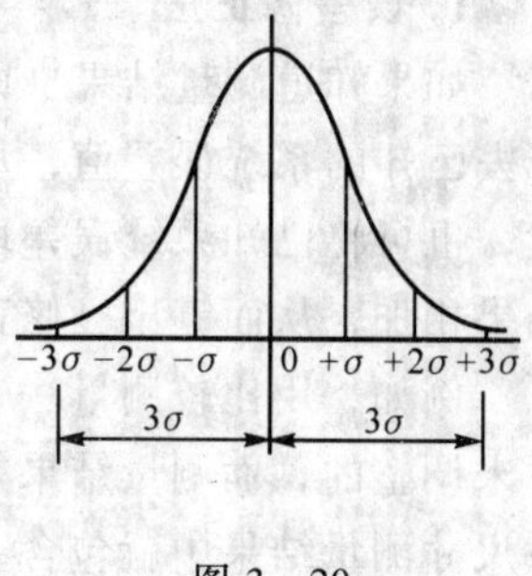

图 3—20

**表 3—3**

| 1 | 2 | 3 | 4 | 5 |
|---|---|---|---|---|
| $t$ | $\delta$ | $\phi(t)$ | 不超出 $\delta$ 的概率 $p$ | 超出 $\delta$ 的概率 $p'=1-p$ |
| 1 | $\sigma$ | 0.341 3 | 0.682 6 | 0.317 4 |
| 2 | $2\sigma$ | 0.477 2 | 0.954 4 | 0.045 6 |
| 3 | $3\sigma$ | 0.498 65 | 0.997 3 | 0.002 7 |
| 4 | $4\sigma$ | 0.499 968 | 0.999 36 | 0.000 64 |

**4. 算术平均值**

对某被测量在重复性条件下，进行 $n$ 次测量时，由于随机误差的存在，其获得的测量结果不完全相同，此时应以算术平均值作为最后的测量结果，即

$$\overline{L} = \frac{1}{n}(l_1 + l_2 + \cdots\cdots + l_n) = \frac{1}{n}\sum_{i=1}^{n} l_i$$

由正态分布的基本性质可知，当测量次数 $n$ 增大时，算术平均值愈趋近于真值。因此，用算术平均值作为最后测量结果比用其他任一测量值作为测量结果更可靠。若算术平均值的实验标准偏差用 $s_{\overline{L}}$ 表示，单次测量的实验标准偏差用 $s$ 表示，则两者有下列关系（其证明见下述函数误差）：

$$s_{\overline{L}} = \frac{s}{\sqrt{n}} \tag{3—8}$$

由上式可知：$n$ 总是大于 1 的，因此 $s_{\bar{L}}$总比 $s$ 小，这说明用重复测量取平均值作测量结果，可减少测量结果分散性提高测量的精密度。

## 三、系统误差

系统误差是指在重复性测量条件下，对同一被测量进行无限多次测量所得的结果的平均值与被测量的真值之差。这就是说系统误差是测量误差中去除了随机误差的那一部分误差分量。按理说这部分误差的大小和正负都是可能求得的，但由于条件的限制，有的系统误差还是不能完全知道。为了提高测量的准确度，减少测量误差中系统误差分量，实践中常采用误差修正法、误差抵偿法和误差分离法来消除或减小系统误差对测量结果的影响。

**1. 误差修正法**

如果知道测量结果（即未修正的结果）中包含的系统误差大小和符号，则可用测量结果减去已知的系统误差值，从而获得不含（或少含）系统误差的测量结果（已修正结果）。当然，也可将已知系统误差取相反的符号，变为修正值，并用代数法将此修正值与未修正测量结果相加，从而算出已修正的结果。

例如，用比较测量法（相对测量法）测量零件的尺寸。此时，比较仪的零位是用量块尺寸来调整的，而测量结果是由量块尺寸加比较仪的读数而求得。由于量块尺寸存在误差，零件尺寸测量结果中就包含有由此量块的误差而引入的系统误差。为了修正此系统误差，可用高一等级的量块（作约定真值），对此量块尺寸进行检定，获得量块尺寸误差，将此误差取相反的符号获得修正值，并用代数法将此修正值加到零件测量结果中，从而得已修正的测量结果。

误差修正法在高准确度测量中，应用比较广泛，此时所使用的测量仪器（如各类坐标测量机）的示值，均有误差修正表，以便在测量时对误差进行修正。

**2. 误差抵偿法**

实践中，有的误差修正值难于获得。但通过分析发现，在有的测量结果中包含的系统误差值和另一个测量结果中包含的系统误差值的大小相等，符号则相反。因此可用此两测量结果相加取平均值，可抵消其系统误差。

例如，在度盘测量中，由于度盘安装偏心的存在，使度盘分度值的测量产生系统误差，此系统误差值随度盘转过角度的不同而成周期变化。此时，如果在度盘相距 180°的转角位置上，装上两个读数头，由两个读数头读出的角度值相加取平均，则能抵消由偏心引起的系统误差。设测量开始时，第一个读数头对准度盘的 0°，第二个读数头对准度盘的 180°。当度盘转过 $\varphi$ 角时，第一个读数头的读数为 $0° + \varphi_0$，第二个读数头的读数为 $180° + \varphi_{180°}$。两次读数之差分别为 $\varphi_0$ 和 $\varphi_{180°}$，由于偏心的存在 $\varphi_0 = \varphi + \Delta\varphi$（$\Delta\varphi$ 为系统误差），$\varphi_{180°} = \varphi - \Delta\varphi$，将两者相加取平均则得转角 $\varphi$，从而抵消了系统误差。误差抵偿法还常用在螺纹测量中，当测量螺纹时，被测螺纹在安装中，其轴心与仪器纵向导轨移动方向不平行，则在测量螺纹的中径、螺距和牙形半角时均可能出现系统误差。为了消除这些误差，可采用在螺牙的左、右牙侧上进行测量或在轴线两侧螺牙的左、右牙侧上进行测量，取相应的测量值的平均值，则可抵消其系统误差（详见实验指导书）。

**3．误差分离法**

误差分离法常用在形状误差测量中。例如在圆度仪上测量零件的圆度误差和在大型加工机床上在位测量大型轴类零件的圆度误差。此时，圆度仪的主轴的回转轴系和机床回转主轴的轴系的误差，均可带入被测零件的测量结果而产生测量的系统误差。这种系统误差可采用误差分离法（例如：反向法、多步法和多测头法）将测量结果中的回转轴系误差分离开，从而获得准确的测量结果。

消除和减少系统误差是提高测量准确度的有效方法。

## 四、函数误差

在某些零件的几何参数测量中，采用直接测量比较困难，常采用间接测量方法。例如对于圆弧形零件的测量。若需测量圆弧的直径，则可测量圆弧上的一段弦长 $L$ 和弦高 $h$，然后按下述公式写出直径 $D$ 的函数式，求出直径 $D$。

$$D=\frac{L^2}{4h}+h$$

由于测量 $L$ 和 $h$ 时，均可能出现系统误差和随机误差，那么函数值 $D$ 的误差是多少？

**1．函数的系统误差**

设函数的一般表达式为：

$$y=f\ (x_1,\ x_2,\ \cdots,\ x_t)$$

当直接测量值 $x_1$，$x_2$，…，$x_t$ 有系统误差 $\delta_{x_1}$，$\delta_{x_2}$，…，$\delta_{x_t}$ 存在时，函数值的系统误差为 $\delta_y$。因为多元函数的增量（将误差值视为增量）可近似地用函数全微分表示，则：

$$\delta_y=\frac{\partial f}{\partial x_1}\delta_{x_1}+\frac{\partial f}{\partial x_2}\delta_{x_2}+\cdots+\frac{\partial f}{\partial x_t} \tag{3—9}$$

上式表示：函数的系统误差等于该函数对各自变量（直接测量值）在给定点上的偏导数与其相应直接测量值的系统误差的乘积之和。

偏导数 $\frac{\partial f}{\partial x_i}$ 又称为灵敏系数（或误差传递系数）（$i=1$，2，…，$t$）。

**2．函数的随机误差**

由式（3—9）可知 $\frac{\partial f}{\partial x_i}$ 是不变量（当 $i$ 确定时）。根据概率论可知：当 $\delta_{x_1}$，$\delta_{x_2}$，…，$\delta_{x_t}$ 为彼此独立的随机误差时，函数的随机误差的实验方差可按下式计算：

$$s_y^2=\left(\frac{\partial f}{\partial x_1}\right)^2 s_{x_1}^2+\left(\frac{\partial f}{\partial x_2}\right)^2 s_{x_2}^2+\cdots+\left(\frac{\partial f}{\partial x_t}\right)^2 s_{x_t}^2$$

式中，$s_y^2$，$s_{x_1}^2$，$s_{x_2}^2$，…，$s_{x_t}^2$，分别为 $\delta_y$，$\delta_{x_1}$，$\delta_{x_2}$，…，$\delta_{x_t}$ 的方差。

则函数的实验标准偏差为：

$$s_y=\sqrt{\left(\frac{\partial f}{\partial x_1}\right)^2 s_{x_1}^2+\left(\frac{\partial f}{\partial x_2}\right)^2 s_{x_2}^2+\cdots+\left(\frac{\partial f}{\partial x_t}\right)^2 s_{x_t}^2} \tag{3—10}$$

当直接测量量彼此不独立而相关时，则式（3—10）应增加相关系数项，这里不再多述。

例：用弦长弓高法测量圆形零件的直径。

（1）若测得弦长 $L=100$mm，弓高 $h=20$mm，其系统误差分别为 $\delta_L=5\mu$m，$\delta_h=4\mu$m，

计算 $D$ 的直径，系统误差，已修正测量结果。

1）测量结果

$$D=\frac{L^2}{4h}+h=\frac{100^2}{4\times 20}+20=145\text{mm}$$

2）系统误差

$$\frac{\partial f}{\partial L}=\frac{2L}{4h}=\frac{2\times 100}{4\times 20}=2.5$$

$$\frac{\partial f}{\partial h}=-\frac{L^2}{4h^2}+1.0=\frac{-100^2}{4\times 20^2}+1.0=-5.25$$

$$\delta_y=2.5\times 5+(-5.25)\times 4=-8.5\mu\text{m}$$

修正值 = －（－8.5）$\mu$m = 8.5$\mu$m

3）已修正结果

$$D=145+0.0085=145.0085\text{mm}$$

（2）若 $L$ 和 $h$ 的实验标准偏差分别为：$s_L=0.7\mu\text{m}$，$s_h=0.3\mu\text{m}$，计算 $D$ 的实验标准偏差。按式（3—10）：

$$s_D=\sqrt{\left(\frac{\partial f}{\partial L}\right)^2 s_L^2+\left(\frac{\partial f}{\partial h}\right)^2 s_h^2}$$

$$=\sqrt{(2.5)^2\times 0.7^2+(-5.25)^2\times 0.3^2}=2.35\mu\text{m}$$

例：求算术平均值的实验标准偏差

因算术平均值 $\overline{L}=(l_1+l_2+\cdots+l_n)\dfrac{1}{n}$

$$=\frac{1}{n}l_1+\frac{2}{n}l_2+\cdots+\frac{1}{n}l_n$$

将 $\overline{L}$ 作为 $l_i$ 的函数，由式（3—10）得：

$$s_{\overline{L}}=\sqrt{\left(\frac{1}{n}\right)^2 s_{L_1}^2+\left(\frac{1}{n}\right)^2 s_{L_2}^2+\cdots+\left(\frac{1}{n}\right)^2 s_{L_n}^2}$$

由于是重复性条件下（等精度）测量，故

$$s_{L_1}=s_{L_2}=\cdots\cdots=s_{L_n}=s$$

得

$$s_{\overline{L}}=\frac{s}{\sqrt{n}} \tag{3—11}$$

即算术平均值的实验标准偏差 $s_{\overline{L}}$ 要比单次测量的实验标准偏差小 $\sqrt{n}$ 倍，因此算术平均值测量结果比单次测量结果的精密度高，分散性小。

## 五、重复性条件下测量结果处理

下面通过例子讨论在重复性条件下（等精度）测量结果的数据处理。如在正常情况下，对同一零件某一个尺寸在重复性条件下进行系列测量，若系统误差已被消除，得测量列 $L_i$ 列于表（3—4），试写出测量结果。

（1）计算算术平均值

$$\overline{L}=\frac{1}{n}\sum_{i=1}^{n}l_i=30.048\text{mm}$$

(2) 计算残余误差

$$\nu_i = l_i - \overline{L}$$

将计算结果列于表 (3—4)。

(3) 求单次测量的实验标准偏差

$$s = \sqrt{\frac{1}{n-1}\sum_{i=1}^{n}\nu_i^2} = \sqrt{\frac{0.000\,07}{9}} = 0.002\,8\text{mm}$$

(4) 求算术平均值的实验标准偏差

$$s_{\overline{L}} = \frac{s}{\sqrt{10}} = \frac{0.002\,8}{\sqrt{10}} = 0.000\,88\text{mm}$$

$$= 0.88\mu\text{m}$$

(5) 测量结果表示

若用实验标准偏差表示标准不确定度 $u$ ($l$), 则

单次测量表示: $L = l_i$ (测量结果任一个, 如 30.050), 标准不确定度 $u$ ($l$) $= 2.8\mu$m

算术平均值测量结果表示: $\overline{L} = 30.048$mm, 标准不确定度 $u$ ($\overline{L}$) $= 0.88\mu$m

表 3—4

mm

| 序号 | $l_i$ | $\nu_i = l_i - \overline{L}$ | $\nu_i^2$ |
|---|---|---|---|
| 1 | 30.049 | +0.001 | 0.000 001 |
| 2 | 30.047 | −0.001 | 0.000 001 |
| 3 | 30.048 | 0 | 0 |
| 4 | 30.046 | −0.002 | 0.000 004 |
| 5 | 30.050 | +0.002 | 0.000 004 |
| 6 | 30.051 | +0.003 | 0.000 009 |
| 7 | 30.043 | −0.005 | 0.000 025 |
| 8 | 30.052 | +0.004 | 0.000 016 |
| 9 | 30.045 | −0.003 | 0.000 009 |
| 10 | 30.049 | +0.001 | 0.000 001 |
| | $\overline{L} = \frac{\sum l_i}{n} = 30.048$ | $\sum_{i=1}^{n}\nu_i = 0$ | $\sum_{i=1}^{n}\nu_i^2 = 0.000\,07$ |

## §3—6 测量误差产生的原因及其减少措施

几何量测量中, 测量误差的产生与下列因素有关: 基准件的误差、计量器具的误差、测量方法的误差、环境条件引起的误差、对准误差以及测量力引起的误差等。

### 一、基准件误差

任何基准都不可避免地存在误差, 其误差必然会带入测量结果中。例如, 在立式光学计

上用2级量块作基准测量 $\phi$20mm 的塞规，由于尺寸为 20mm 的 2 级量块的制造公差为 ±0.6μm，因而测得值中就有可能带入 0.6μm 的测量误差。又如，用比较法测量线纹尺和用齿轮综合检查仪测量齿轮，其基准线纹尺的刻线误差以及标准齿轮的误差将分别带入测量值中。因此，在选择基准件时，一般都希望基准件的准确选高一些。但是，基准件的准确太高也不经济，为此在生产实践中，一般取基准件的误差占总测量误差的1/5～1/3。

## 二、计量器具的误差

计量器具的误差主要分为原理误差和制造误差。

**1. 原理误差**

在量仪设计中，经常采用近似机构代替理论上所要求的运动机构，用均匀刻度的刻度尺近似地代替理论上要求非均匀刻度的刻度尺等所造成的误差称原理误差。

**2. 仪器制造和装配调整误差**

仪器零件的制造误差和装配调整误差都会产生仪器误差。例如仪器读数装置中刻度尺、刻度盘的刻度误差和装配时的偏斜或偏心引起的误差；仪器传动装置中杠杆、齿轮副、螺旋副的制造误差以及装配误差；光学系统的制造、调整误差；导轨的直线度、平行度误差都会影响仪器的示值误差和稳定性。引起仪器制造、装配误差的因素很多，情况比较复杂、也难以消除掉。最好的方法是对仪器进行检定，掌握它的示值误差，并列出修正表，以消除其系统误差。另外，用多次重复测量取平均值的方法减小其随机误差。

## 三、测量方法误差

方法误差指测量时选用的测量方法不完善引起的误差。采用的测量方法不同，产生的测量误差也不一样。例如，测量大型零件的直径，可采用弦长弓高法进行间接测量，也可用大千分尺进行直接测量，其测量误差是不一样的。直接测量与间接测量相比较，前者的误差只取决于被测参数本身测量时的计量器具与测量环境和条件所引起的误差；而后者除取决于与被测参数有关的各个间接测量参数的计量器具与测量环境和条件所引起的误差外，还取决于它们之间的函数关系所带来的计算误差。

## 四、环境条件引起的误差

测量的环境条件包括温度、湿度、气压、振动以及灰尘等。在这些因素中，温度是主要的，其余因素只在精密测量时才考虑。例如，用光波波长作基准进行绝对测量时，若气压、湿度偏离标准状态，则光波波长将发生变化。

测量时，由于室温偏离标准温度（20℃），且基准件和被测件的温度不同，线膨胀系数也不同时，测量误差可按下式进行计算：

$$\begin{aligned}\Delta &= L\ (\alpha\Delta t - \alpha_0\Delta t_0)\\ &= L\ [\ (\alpha - \alpha_0)\ \Delta t + \alpha_0\ (\Delta t - \Delta t_0)] \end{aligned} \tag{3—12}$$

式中　$L$——被测长度；

$\alpha_0$、$\alpha$——分别为基准件和被测件的线膨胀系数；

$\Delta t_0$、$\Delta t$——分别为基准件和被测件对标准温度的偏离。

为了减少温度引起的测量误差，一般高准确度测量均在恒温条件下进行，并要求被测工件与计量器具温度一致。

## 五、对准误差

测量时既要对准工件，也要对准读数装置（指刻线式读数）。

对于接触测量，对准工件的工作主要决定于测量头的正确选择。当工件为平面时，一般选用球测头；当工件为圆柱形时，一般选用刀口形测头；当工件为球形时，一般选用平面形测头。

对于非接触测量，如投影测量中的影像法对准，其对准误差与影像的清晰程度、分划板刻线的宽度、光学系统的放大倍数、工件形状、照明情况以及操作水平有关。

在接触测量中，测量力的存在也是产生测量误差的原因之一，它使仪器内部的零件产生弹性变形，使测头与被测件产生压陷，从而引起测量误差。此外，测量人员的技术熟练程度、连续工件时间长短以及心情等，都是产生测量误差的原因。

在分析误差时，应找出产生误差的主要因素，采取措施减少误差的影响，保证测量准确。

# 第四章 形状和位置公差及检测

## §4—1 概 述

零件在加工过程中，由于机床—夹具—刀具系统存在一定的几何误差，以及加工中出现的受力变形、热变形、振动和磨损等的影响，使被加工零件的几何要素不可避免地产生误差。这些误差包括尺寸偏差、形状误差（包括宏观几何形状误差、波度和表面粗糙度）和位置误差，如图 4—1 所示。

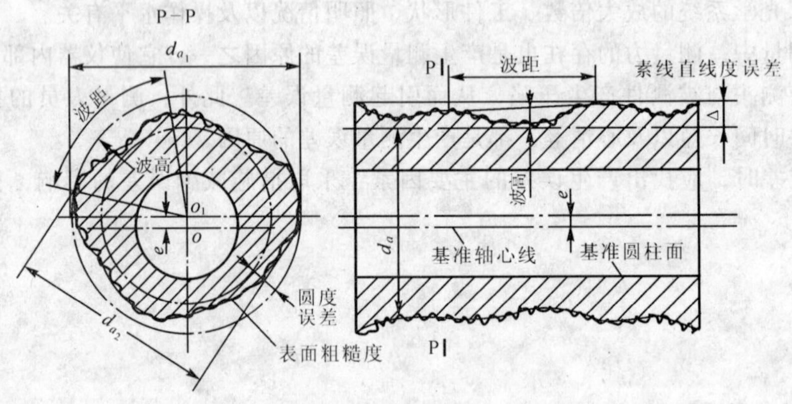


图 4—1 零件的几何误差

$d_a$、$d_{a_1}$、$d_{a_2}$—实际尺寸；$e$—偏心

形状和位置误差（以下简称形位误差）对零件的使用功能有很大的影响。例如，光滑圆柱形工件，由于存在形状误差，在间隙配合中，会使间隙分布不均匀，加快局部磨损，从而降低零件的工作寿命；在过盈配合中，则会使过盈量各处不一致，影响联接强度。总之，零件的形位误差对机器或仪器的工作精度、寿命等性能均有很大的影响。对精密、高速、重载、高温、高压下工作的机器或仪器的影响更为突出。因此，为了满足零件装配后的功能要求，及保证零件的互换性和经济性，必须对零件的形位误差予以限制，即对零件的几何要素规定必要的形状和位置公差（简称形位公差）。

我国现行的形位公差标准为：《形状和位置公差 通则、定义、符号和图标表示法》（GB/T 1182—1996），《形状和位置公差 未注公差值》（GB/T 1184—1996），《形状和位置公差 检测规定》（GB1958—1980），《公差原则》（GB/T 4249—1996）及《形状和位置公差 最大实体要求、最小实体要求和可逆要求》（GB/T 16671—1996）等。

形位公差共 14 项，列于表 4—1。

为了介绍形位公差，首先对几个与几何要素有关的术语说明如下：

表 4—1

<table>
<tr><th>分类</th><th>项目</th><th>符号</th><th colspan="2">分类</th><th>项目</th><th>符号</th></tr>
<tr><td rowspan="24">形状公差</td><td rowspan="4">直线度</td><td rowspan="4">—</td><td rowspan="24">位置公差</td><td rowspan="9">定向</td><td rowspan="3">平行度</td><td rowspan="3">//</td></tr>
<tr></tr>
<tr></tr>
<tr><td rowspan="3">垂直度</td><td rowspan="3">⊥</td></tr>
<tr><td rowspan="4">平面度</td><td rowspan="4">⏥</td></tr>
<tr></tr>
<tr><td rowspan="3">倾斜度</td><td rowspan="3">∠</td></tr>
<tr></tr>
<tr><td rowspan="4">圆度</td><td rowspan="4">○</td></tr>
<tr><td rowspan="9">定位</td><td rowspan="3">同轴度</td><td rowspan="3">◎</td></tr>
<tr></tr>
<tr></tr>
<tr><td rowspan="4">圆柱度</td><td rowspan="4">⌭</td><td rowspan="3">对称度</td><td rowspan="3">⌯</td></tr>
<tr></tr>
<tr></tr>
<tr><td rowspan="3">位置度</td><td rowspan="3">⌖</td></tr>
<tr><td rowspan="4">线轮廓度</td><td rowspan="4">⌒</td></tr>
<tr></tr>
<tr><td rowspan="6">跳动</td><td rowspan="3">圆跳动</td><td rowspan="3">↗</td></tr>
<tr></tr>
<tr><td rowspan="4">面轮廓度</td><td rowspan="4">⌓</td></tr>
<tr><td rowspan="3">全跳动</td><td rowspan="3">⌰</td></tr>
<tr></tr>
<tr></tr>
</table>

构成零件几何特征的点、线、面称为要素，如图 4—2 所示。图中：1—球面；2—圆锥面；3—端面；4—圆柱面；5—锥顶；6—素线；7—轴线；8—球心。

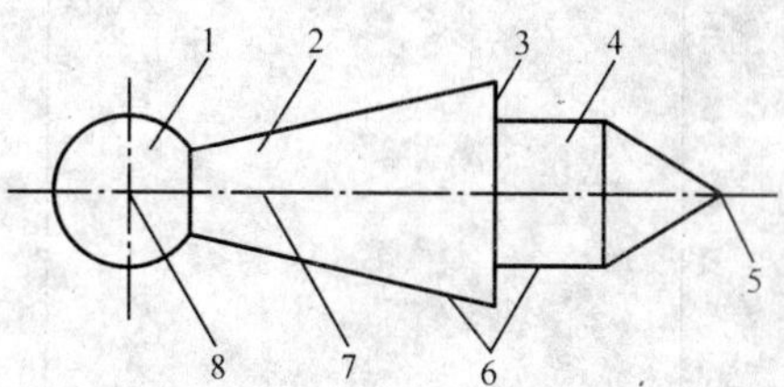


图　4—2

要素可分为：

**1. 理想要素与实际要素**

（1）理想要素

指具有几何学意义的要素。它是按设计要求，由图纸上给定的点、线、面的理想状态。

（2）实际要素

指零件上实际存在的要素，即加工后得到的要素。通常由测得的要素来代替。由于存在测量误差，故测得要素并非该要素的真实状况。

**2. 单一要素与关联要素**

按该要素与其他要素是否存在功能关系又可分为：

（1）单一要素

指仅对其本身给出形状公差的要素。

（2）关联要素

指对其他要素有功能关系的要素，即规定位置公差的要素。

# §4—2　形状公差

## 一、形状公差

形状公差是单一实际要素的形状所允许的变动全量。

形状公差用形状公差带表达。形状公差带是限制实际要素变动的区域，零件实际要素在该区域内为合格。形状公差带包括公差带的形状、方向、位置和大小等四因素。形状公差值用公差带的宽度或直径来表示，而公差带的形状、方向、位置和大小则随要素的几何特征及功能要求而定。

## 二、各项形状公差及其公差带

尽管零件的形状种类繁多，但构成零件几何形状的要素不外乎是直线、曲线、平面、回转面和曲面等几种。形状公差共 6 项，其公差带、示例及说明见表 4—2。

**表 4—2**

| 项目 | 公差带定义 | 示例及说明 |
|---|---|---|
| 直线度 | (1) 在给定平面内<br>公差带是距离为公差值 $t$ 的两平行直线间的区域 | 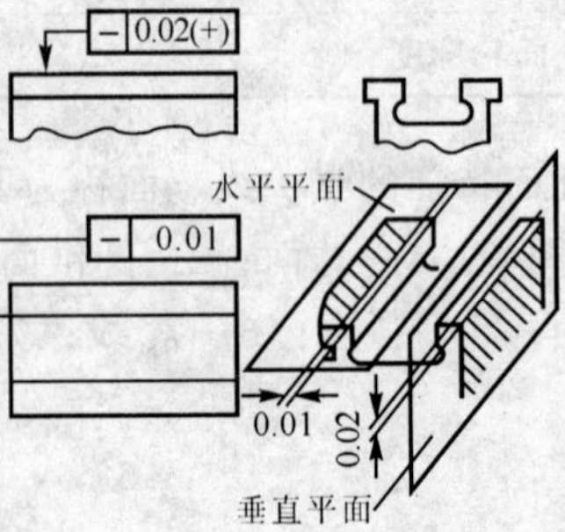<br>图（a）<br>如图（a）所示，导轨导向面的直线度公差为 0.01mm，即导轨完工后，任一水平面与导轨导向面相截形成的实际轮廓线，只允许落在该水平面上距离为公差值 0.01mm 的两平行直线之间。导轨支承面直线度公差的含义相同，但其公差值后注有（+），表示导轨支承面实际轮廓线只许中间外凸，即误差值只允许正值。同样，若误差值只允许负值，则在公差值后附注（-）。以下相同 |
| | (2) 在给定方向上<br>①给定一个方向<br>公差带是距离为公差值 $t$ 的两平行平面之间的区域，见图（c） | 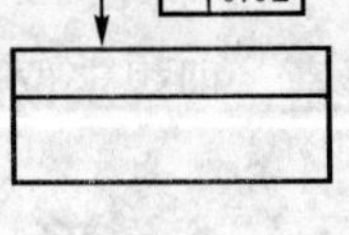<br>图（b）<br>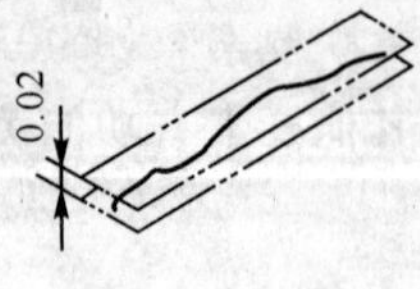<br>图（c） |
| | ②给定两个方向<br>公差带是正截面尺寸为公差值 $t_1 \times t_2$ 四棱柱内的区域，见图（e） | 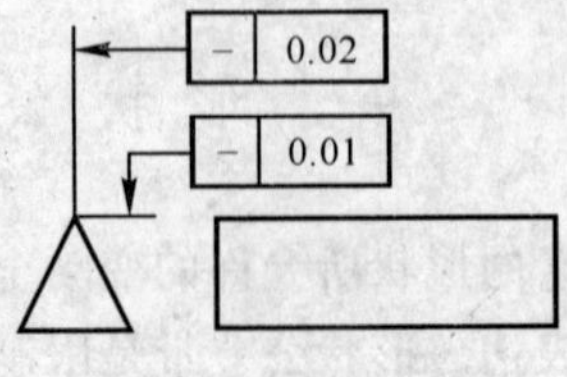<br>图（d）<br>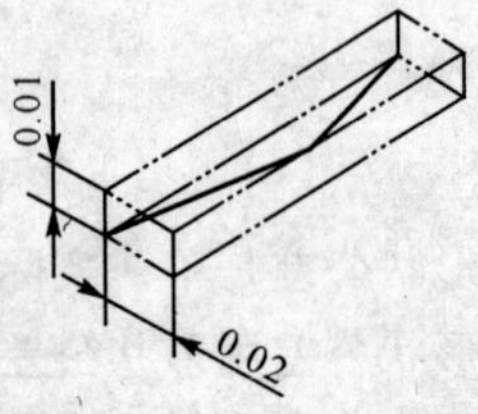<br>图（e） |

续表

| 项目 | 公差带定义 | 示例及说明 |
| --- | --- | --- |
| 直线度 | (3) 在任意方向上<br>公差带是直径为公差值 $t$ 的圆柱面内的区域，见图 (g) | 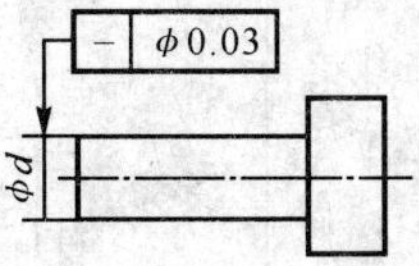 图 (f) 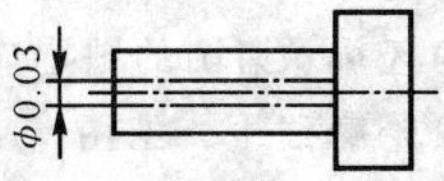　图 (g)<br>标准中规定，在形位公差值前加注“$\phi$”，表示其公差带为一圆柱体。当被测要素为轴线或中心平面时，指引线的箭头应与该要素的尺寸线对齐，见图 (f) |
| 平面度 | 公差带是距离为公差值 $t$ 的两平行平面间的区域，见图 (h) | 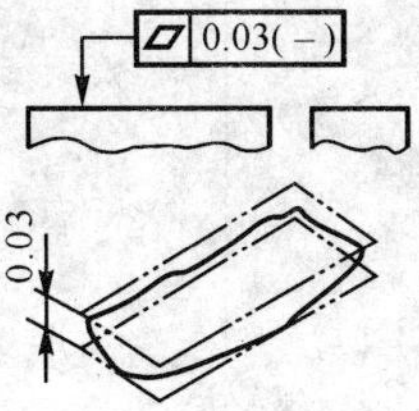 图 (h) 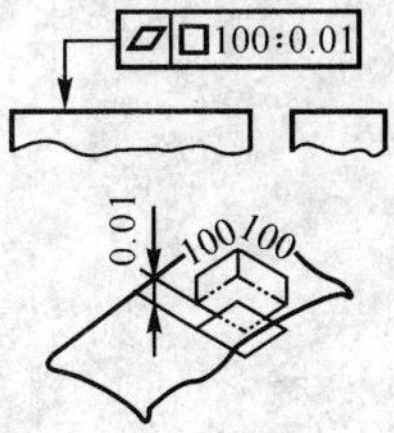　图 (i)<br>若图纸上所标注的形位公差无附加说明，则表示被测范围为指引线箭头所指的整体轮廓要素或中心要素，见图 (h)。反之，若在公差值前加注尺寸范围，则表示所注公差值是对被测要素任一给定范围（或长度）的要求，见图 (i) |
| 圆度 | 公差带是垂直于轴线的任一正截面上半径差为公差值 $t$ 的两同心圆间的区域，见图 (k) | 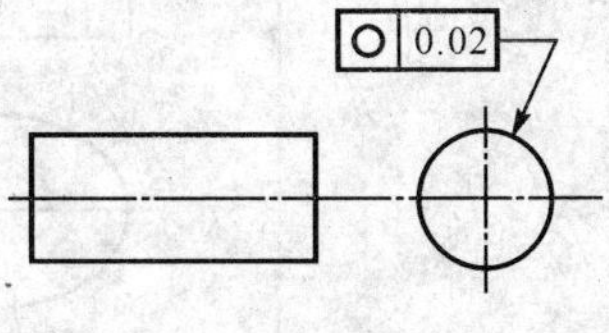 图 (j) 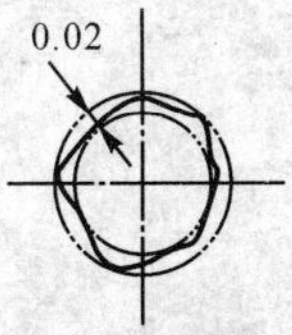　图 (k) |
| 圆柱度 | 公差带是半径差为公差值 $t$ 的两同轴圆柱面之间的区域，见图 (m) | 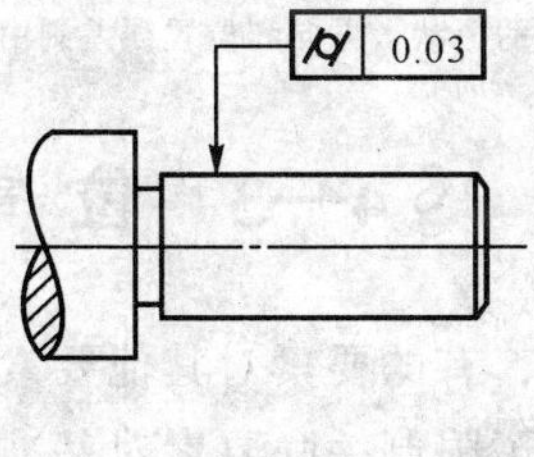 图 (l) 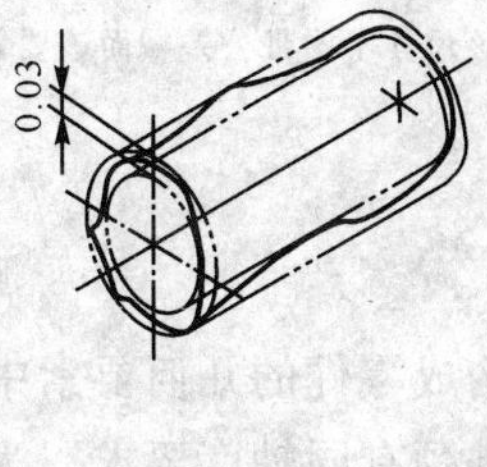　图 (m) |

续表

| 项目 | 公差带定义 | 示例及说明 |
| --- | --- | --- |
| 线轮廓度 | 公差带是包络一系列直径为公差值 $t$ 的圆的两包络线之间的区域。诸圆的圆心应位于理想轮廓线上，见图（o），而该轮廓的理想形状由图中标注的理论正确尺寸（如 R 25、R 10、22）确定 | 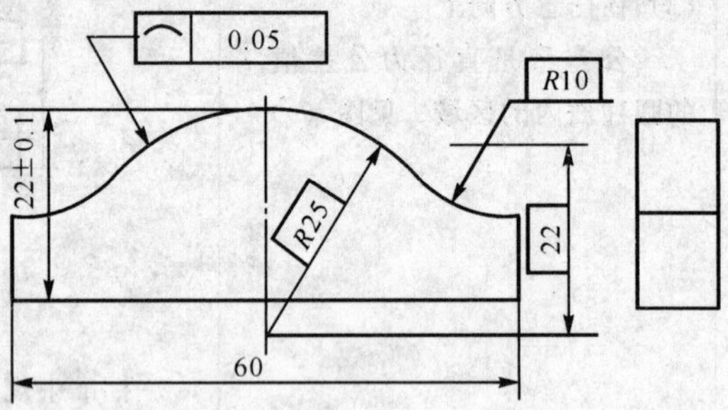 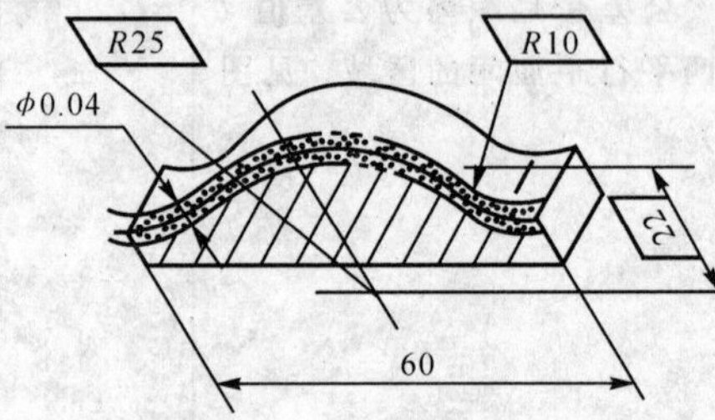 0.05　R10　22±0.1　R25　22　60<br>图（n）<br>R25　R10　φ0.04　22　60<br>图（o） |
| 面轮廓度 | 公差带是包络一系列直径为公差值 $t$ 的球的两包络面之间的区域。诸球球心应位于理想轮廓面上，见图（q） | 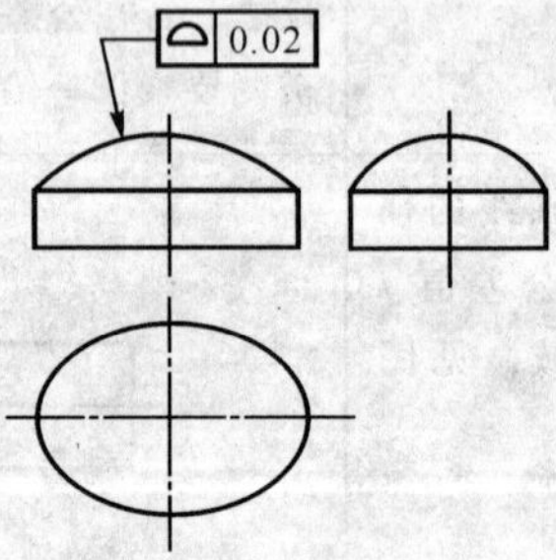 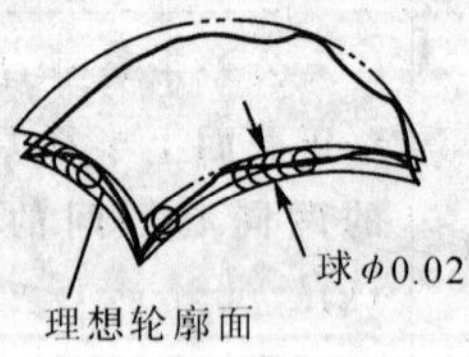 0.02<br>图（p）<br>球φ0.02　理想轮廓面<br>图（q） |

注："理论正确尺寸"是用以确定被测要素的理想形状、方向、位置的尺寸。它仅表达设计时对被测要素的理想要求，故该尺寸不附带公差，而该要素的形状、方向和位置误差则由给定的形位公差来控制。

## §4—3 位置公差

构成零件的几何要素中，有的要素对其他要素（基准）有方位要求，如机床主轴后轴颈对前轴颈有同轴度要求。为了限制关联要素对基准的方位误差，应按零件的功能要求，规定必要的位置公差。

位置公差是指关联实际要素的位置对基准所允许的变动全量。位置公差带是限制关联实际要素变动的区域。被测实际要素位于此区域内为合格。

根据关联要素对基准的功能要求的不同，位置公差又分为定向公差、定位公差和跳动公差三类。

## 一、定向公差

定向公差是指关联实际要素对基准在方向上允许的变动全量。根据零件的工作条件，零件上某些要素对基准在方向上会有精度要求，此时用定向公差对关联要素的方向误差加以限制。这类公差包括平行度、垂直度及倾斜度三种。

当两要素互相平行时，用平行度公差限制被测要素对基准的方向误差。当两要素互相垂直时，用垂直度公差限制被测要素对基准的方向误差。当两要素夹角在 0°～90°之间的某一角度时，用倾斜度公差限制被测要素对基准的方向误差。

根据被测要素的功能要求及几何特征，定向公差可分为给定一个方向、给定两个方向或任意方向三种。

各项定向公差的公差带、示例及说明见表 4—3。

**表 4—3**

| 项　目 | 公　差　带　定　义 | 示　例　及　说　明 |
| --- | --- | --- |
| 平行度 | (1) 在给定方向上<br>①给定一个方向<br>公差带是距离为公差值 $t$，且平行于基准要素的两平行平面之间的区域，见图 (b) | 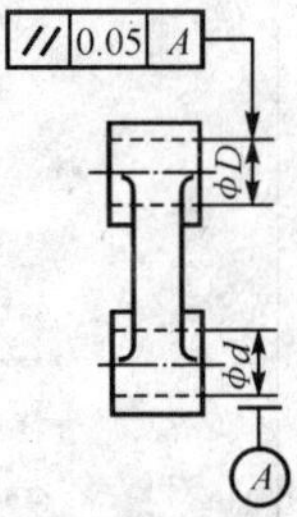 基准轴线<br>图 (a) 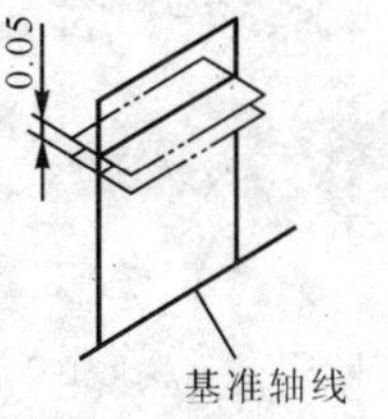　图 (b) |
| | ②给定两个方向<br>公差带是正截面尺寸为公差值 $t_1 \times t_2$，且平行于基准要素的四棱柱内的区域，见图 (d) | 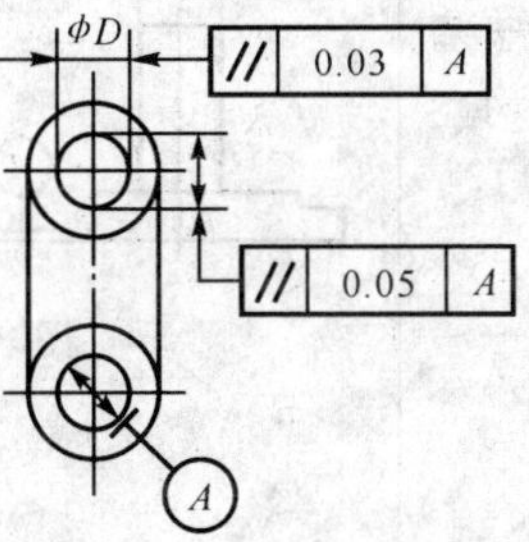 图 (c) 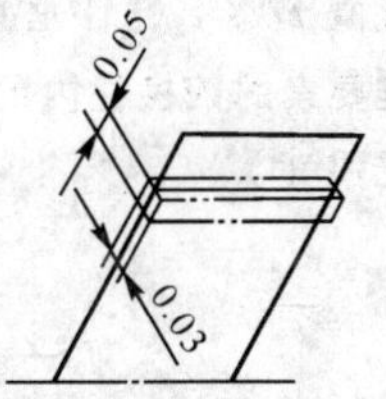　图 (d) |

续表

| 项 目 | 公 差 带 定 义 | 示 例 及 说 明 |
|---|---|---|
| 平行度 | (2) 在任意方向上<br>公差带是直径为公差值 $t$，且平行于基准要素的圆柱面内的区域，见图 (f) | 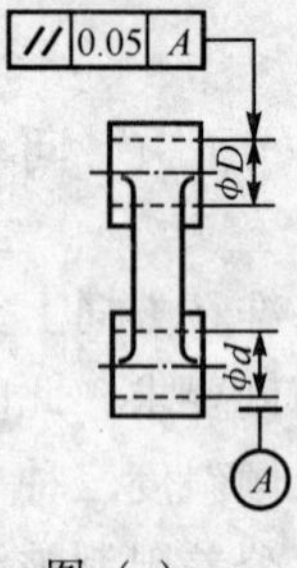 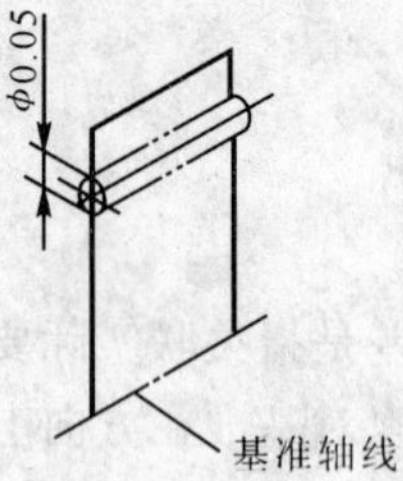 // 0.05 A　$\phi D$　$\phi d$　A<br>图 (e)<br>$\phi 0.05$　基准轴线<br>图 (f) |
| 垂直度 | (1) 在给定方向上<br>①给定一个方向<br>公差带是距离为公差值 $t$，且垂直于基准要素的两平行平面之间的区域，见图 (h) | 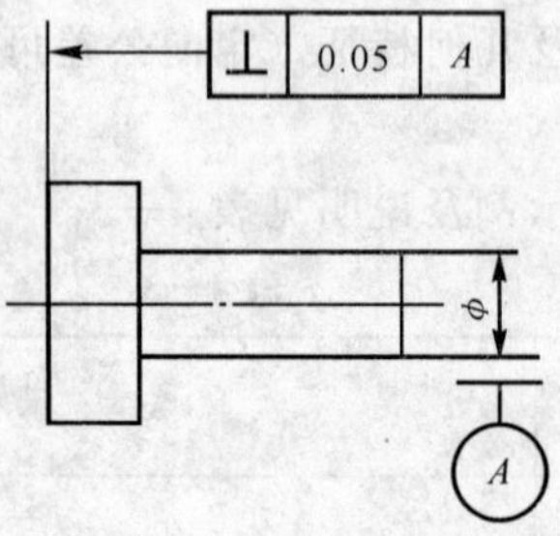 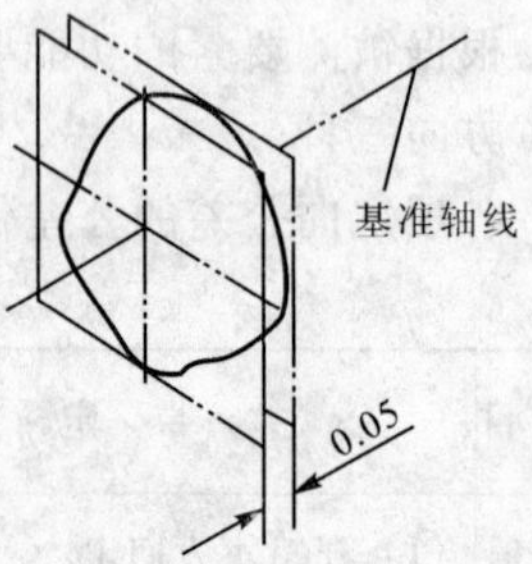 ⊥ 0.05 A　$\phi$　A<br>图 (g)<br>基准轴线　0.05<br>图 (h) |
| | ②给定两个方向<br>公差带是正截面为公差值 $t_1 \times t_2$，且垂直于基准要素的四棱柱内的区域，见图 (j) | 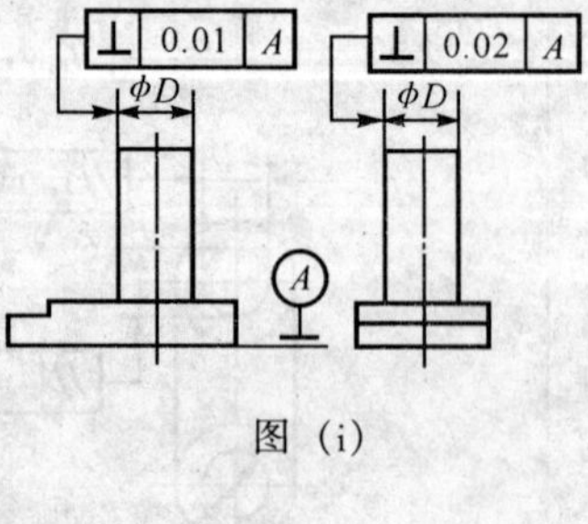 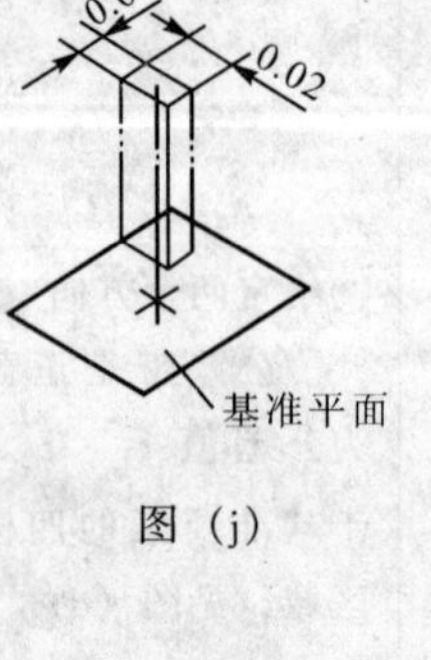 ⊥ 0.01 A　⊥ 0.02 A　$\phi D$　$\phi D$　A<br>图 (i)<br>0.01　0.02　基准平面<br>图 (j) |

续表

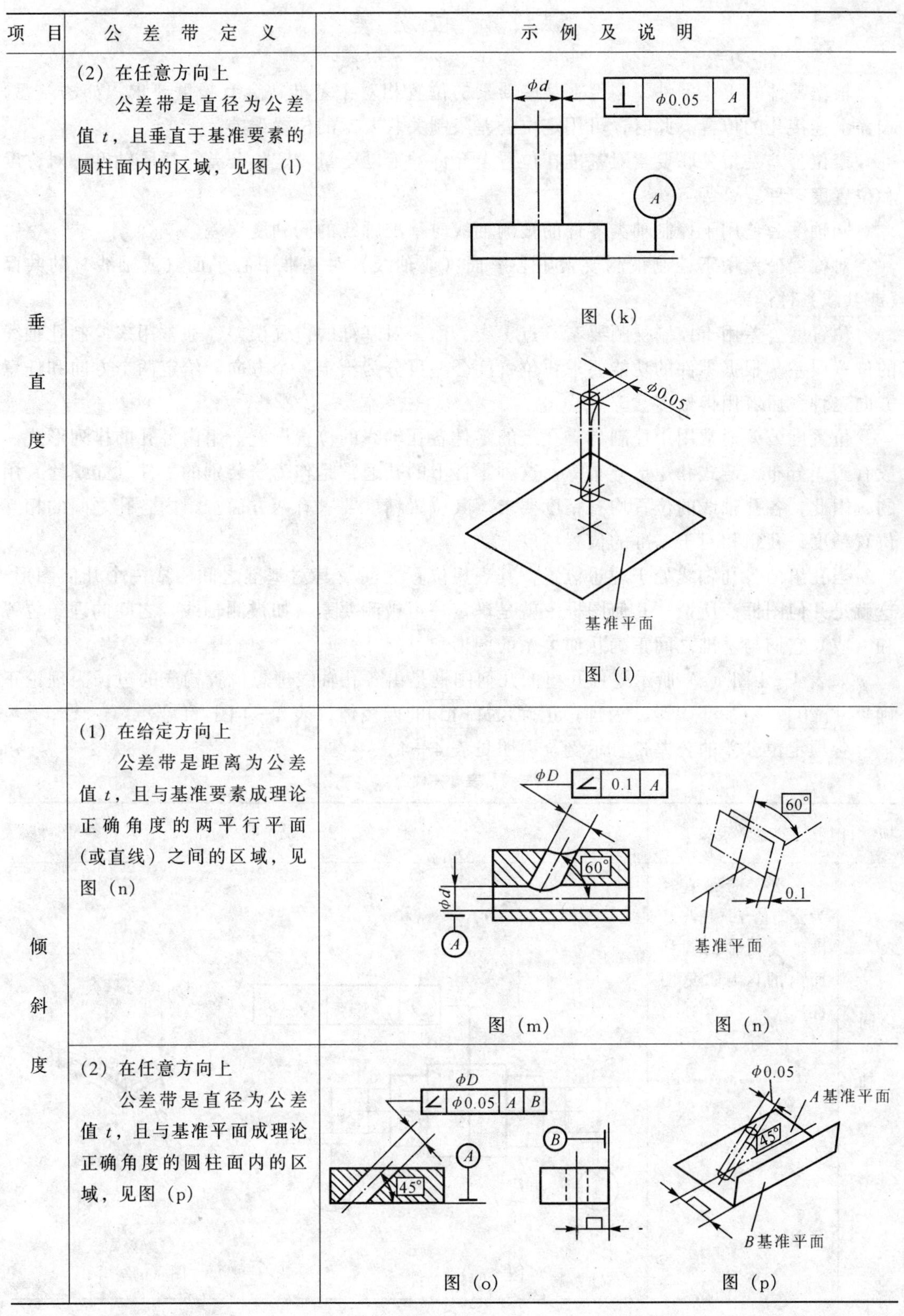

| 项目 | 公差带定义 | 示例及说明 |
|---|---|---|
| 垂直度 | (2) 在任意方向上<br>公差带是直径为公差值 $t$，且垂直于基准要素的圆柱面内的区域，见图 (l) | $\phi d$　⊥ \| $\phi$0.05 \| A<br>图 (k)<br>$\phi$0.05　基准平面<br>图 (l) |
| 倾斜度 | (1) 在给定方向上<br>公差带是距离为公差值 $t$，且与基准要素成理论正确角度的两平行平面(或直线)之间的区域，见图 (n) | $\phi D$　∠ \| 0.1 \| A　60°　$\phi d$　A<br>图 (m)<br>60°　0.1　基准平面<br>图 (n) |
| | (2) 在任意方向上<br>公差带是直径为公差值 $t$，且与基准平面成理论正确角度的圆柱面内的区域，见图 (p) | $\phi D$　∠ \| $\phi$0.05 \| A \| B　A　45°　B<br>图 (o)<br>$\phi$0.05　A 基准平面　45°　B 基准平面<br>图 (p) |

## 二、定位公差

根据零件的工作条件，零件上某些要素的位置相对于基准常会有精度要求，如法兰盘、端盖上连接孔的位置。此时，可用定位公差限制关联要素的位置误差。

定位公差是指关联要素对基准在位置上允许的变动全量。定位公差包括同轴度、对称度和位置度三种。

同轴度公差用于控制轴类零件的被测轴线对基准轴线的同轴度误差。

对称度公差用于控制被测要素中心平面（或轴线）对基准中心平面（或轴线）的共面（或共线）性误差。

位置度公差用于控制被测要素（点、线、面）对基准的位置误差，通常用来控制孔轴线的位置误差。根据零件的功能要求，位置度公差可分为给定一个方向、给定两个方向和任意方向三种，后者用得最多。

位置度公差通常用于控制具有孔组的零件各孔轴线的位置误差。组内各孔的排列形式一般有圆周分布、链式和矩形分布等。这种零件上的孔通常是作为安装别的零件（如螺栓）用的，因此，各孔轴线的位置均有精度要求。其位置精度要求有两方面：组内各孔之间的相互位置精度；孔组相对于基准的位置精度。

当孔组内各孔轴线处于理想位置，其理想位置之间及其对基准之间构成一个几何图形，这就是几何图框。所谓“几何图框”就是确定一组被测要素（如被测轴线）之间的理想位置和（或）它们与基准之间正确几何关系的图形。

如表 4—4 图（e）所示零件孔组的几何图框是由各孔轴线理想位置构成的边长为理论正确尺寸[20]，距基准 $B$、$C$ 为理论正确尺寸[15]的四棱体［表 4—4 图（f）］。

各项定位公差的公差带、示例及说明见表 4—4。

**表 4—4**

| 项目 | 公差带定义 | 示例及说明 |
|---|---|---|
| 同轴度 | 公差带是直径为公差值 $t$，且与基准轴线同轴的圆柱面内的区域，见图(b) | 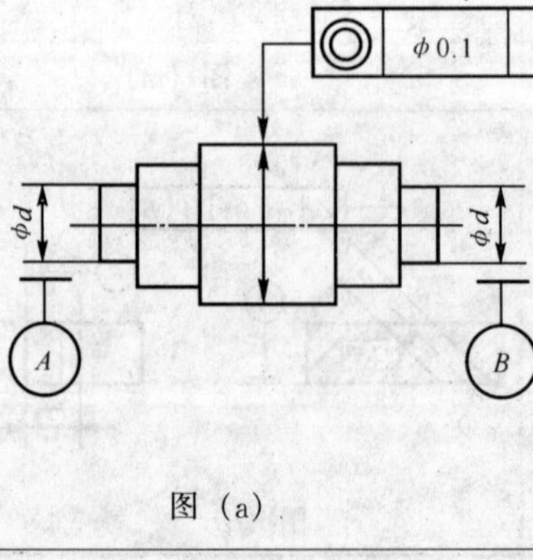 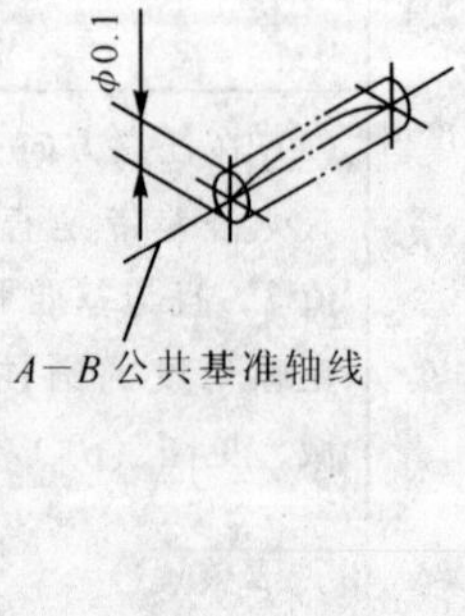 $\phi d_1$；◎ $\phi 0.1$ A−B；$\phi d$；$\phi d$；A；B<br>图（a）<br>$\phi 0.1$；A−B 公共基准轴线<br>图（b） |

续表

| 项　目 | 公差带定义 | 示 例 及 说 明 |
| --- | --- | --- |
| 对称度 | 公差带是距离为公差值 $t$，且相对于基准中心平面（或中心线、轴线）对称配置的两平行平面（或直线）之间的区域，见图（d） | 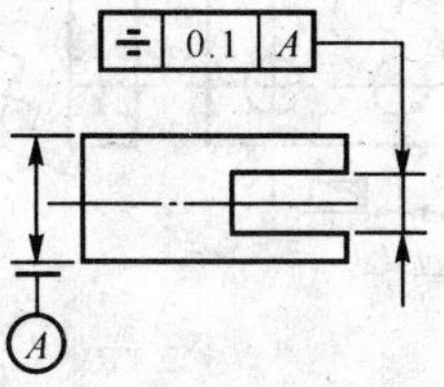 图（c） 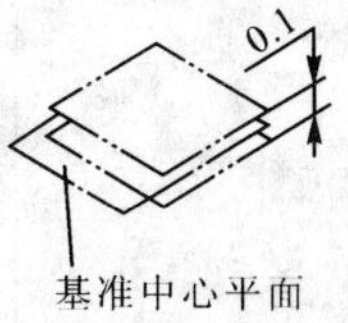　图（d）<br>图（c）所示为零件上槽的对称度公差。其公差带为相对于基准中心平面对称配置，且距离为公差值 0.1mm 的两平行平面之间的区域，见图（d） |
| 位置度 | (1) 用理论正确尺寸定位<br>公差带是以轴线的理想位置为轴线，直径为公差值 $t$ 的圆柱面内的区域，见图（f） | 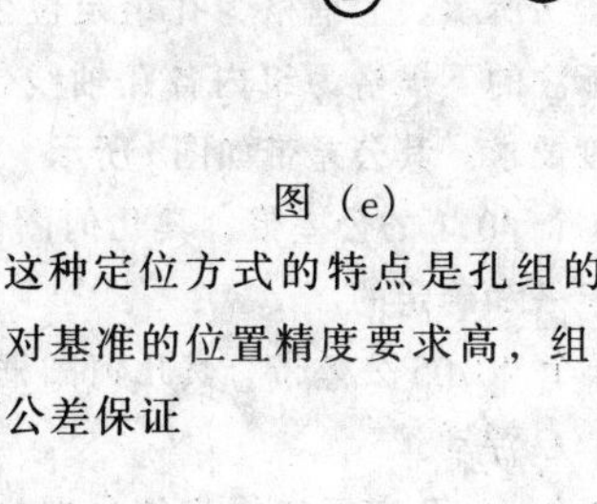 图（e） 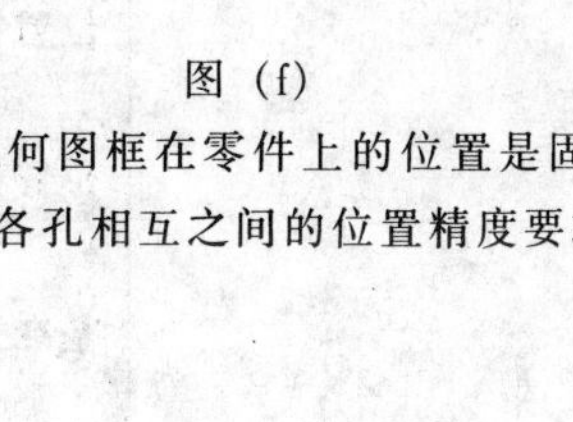　图（f）<br>这种定位方式的特点是孔组的几何图框在零件上的位置是固定的，孔组对基准的位置精度要求高，组内各孔相互之间的位置精度要求由位置度公差保证 |

续表

| 项 目 | 公差带定义 | 示例及说明 |
| --- | --- | --- |
| 位置度 | (2) 用尺寸公差定位 | 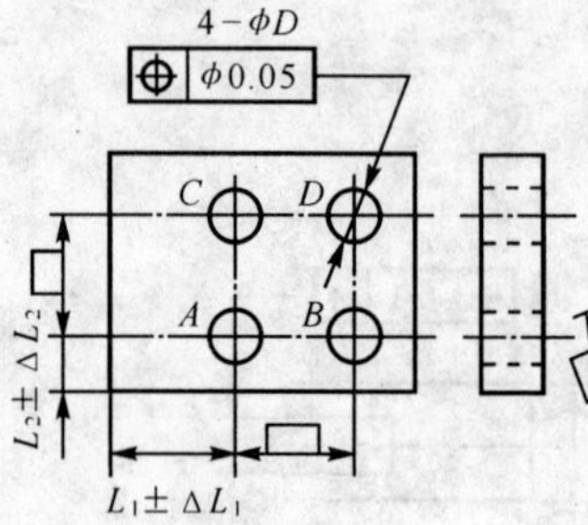 图 (g) 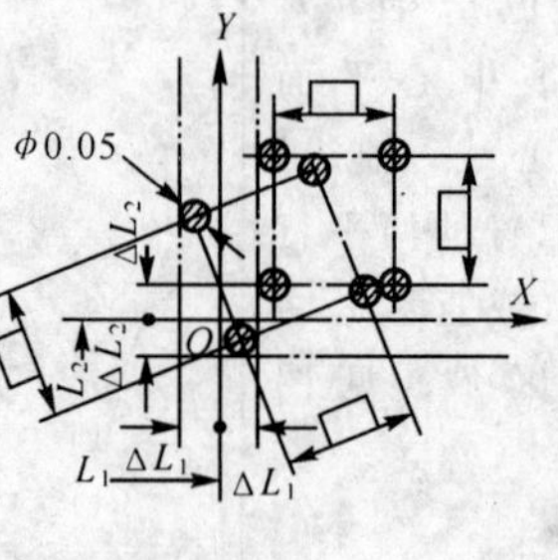　图 (h)<br>其公差带如图 h 所示。对各孔实际轴线的位置精度要求为:<br>①$A$、$B$、$C$ 三孔轴线受尺寸公差带控制。$A$ 孔实际轴线必须在 $2\Delta L_1 \times 2\Delta L_2$ 长方形公差带内，$B$ 孔实际轴线在 $Y$ 方向上，必须在 $\pm\Delta L_2$ 公差带内，$C$ 孔实际轴线在 $X$ 方向上，必须在 $\pm\Delta L_1$ 公差带内<br>②四孔轴线还受位置度公差带控制，故 $A$，$B$，$C$ 三孔实际轴线必须位于两公差重迭部分，$D$ 孔实际轴线落在位置度公差带内方为合格<br>③孔组几何图框可相对于两基准平面浮动，不受尺寸公差带限制 |
| | (3) 复合位置度 | 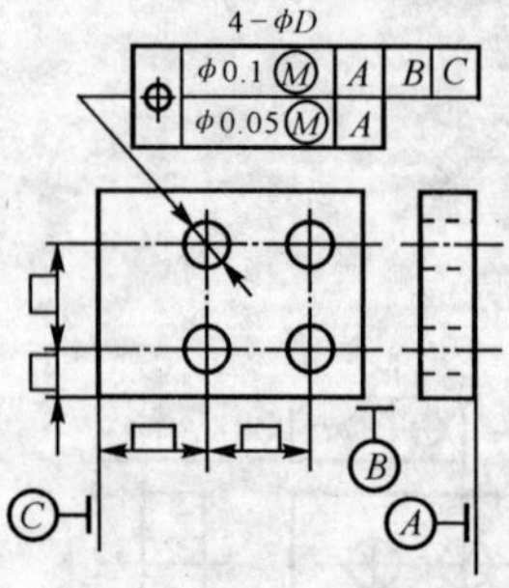 图 (i) 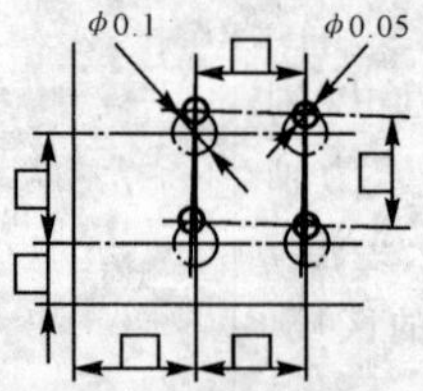　图 (j)<br>复合位置度就是由两个位置度公差联合控制孔组各孔实际轴线的位置，如图 $i$ 所示。上框格为孔组定位公差，表示孔组对基准的位置精度要求；标注的下框格为组内各孔轴线位置度公差，表示组内各孔轴线的位置精度要求。其公差带如图 j 所示。这种公差标注的含义为:<br>①4 个 $\phi 0.1$ 的公差带，其几何图框相对于基准 $A$，$B$，$C$ 确定，其位置是唯一和确定的<br>②4 个 $\phi 0.05$ 公差带，其几何图框仅相对于基准 $A$ 定向，可相对于基准 $B$、$C$ 浮动<br>③4 个 $\phi D$ 孔实际轴线必须分别位于 $\phi 0.1$ 和 $\phi 0.05$ 两公差带重迭部分方为合格 |

根据零件的功能要求，位置度和对称度可采用延伸公差带。有关延伸公差带的概念及标注方法可参阅《形状和位置公差　位置度公差》（GB 13319—1991）附录 A。

## 三、跳 动 公 差

跳动公差是以特定的检测方式为依据而给定的公差项目。它的检测简单实用又具有一定的综合控制功能，能将某些形位误差综合反映在检测结果中，因而在生产中得到广泛的应用。

跳动公差分为圆跳动与全跳动两类。而圆跳动又分为径向圆跳动、端面圆跳动与斜向圆跳动三项；全跳动分为径向全跳动和端面全跳动。各项跳动公差的公差带、示例及说明见表 4—5。

**表 4—5**

| 项　目 | 公 差 带 定 义 | 示 例 及 说 明 |
|---|---|---|
| 圆跳动 | （1）径向圆跳动<br>公差带是在垂直于基准轴线的任一测量平面内，半径差为公差值 $t$，且圆心在基准轴线上的两同心圆之间的区域，见图（b） | 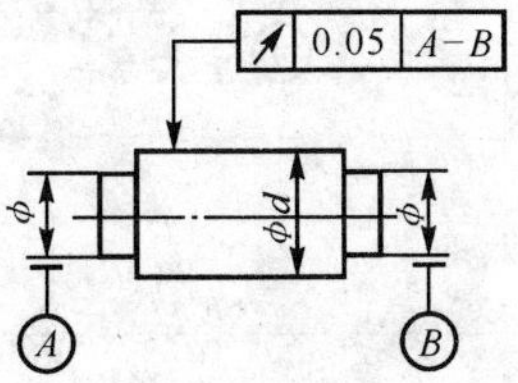 图（a） 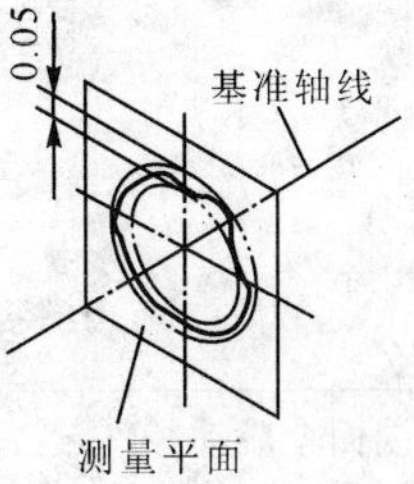　图（b） |
| | （2）端面圆跳动<br>公差带是在与基准轴线同轴的任一直径位置上的测量圆柱面上，沿母线方向宽度为公差值 $t$ 的圆柱面区域，见图（d） | 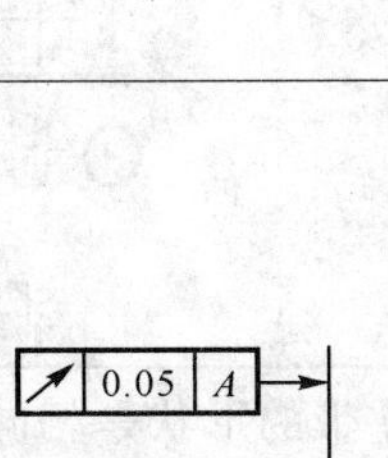 图（c） 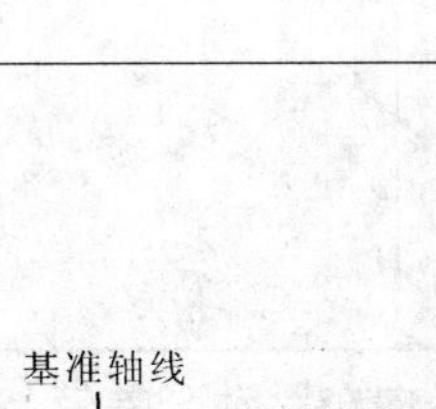　图（d） |

续表

| 项目 | 公差带定义 | 示例及说明 |
|---|---|---|
| 圆跳动 | (3) 斜向圆跳动<br>公差带是在与基准轴线同轴的任一测量圆锥面上，沿母线方向宽度为公差值 $t$ 的圆锥面区域，见图（f） | 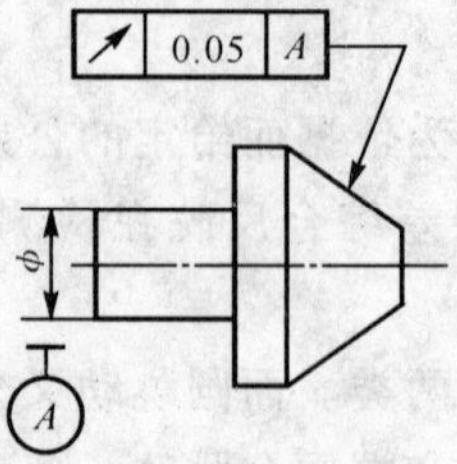 图（e） 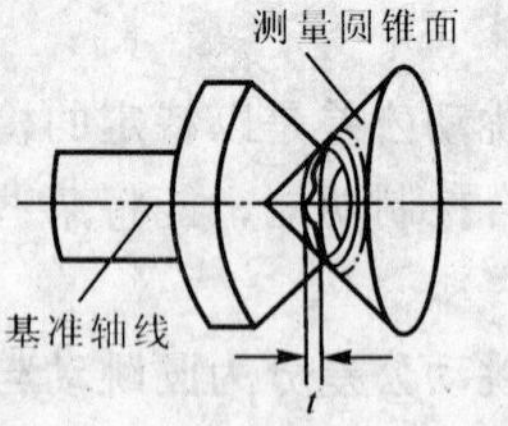 图（f） |
| 全跳动 | (1) 径向全跳动<br>公差带是半径差为公差值 $t$，且与基准轴线同轴的两圆柱面之间的区域，见图（h） | 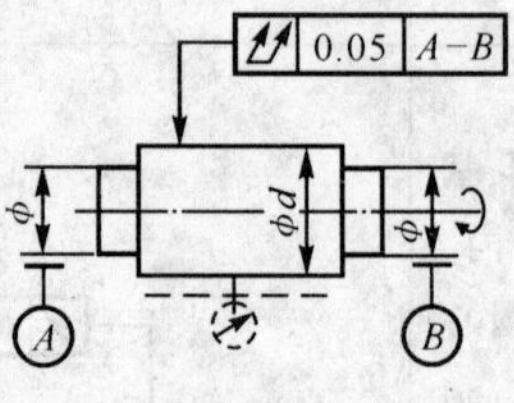 图（g） 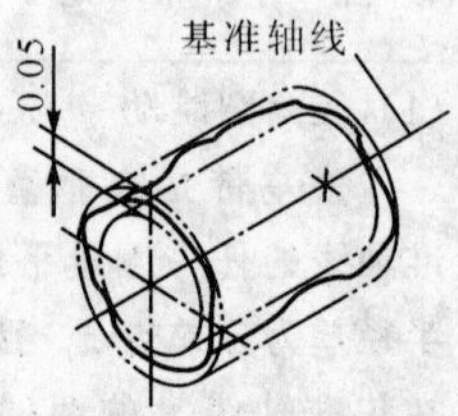 图（h） |
| | (2) 端面全跳动<br>公差带是距离为公差值 $t$，且与基准轴线垂直的两平行平面之间的区域，见图（j） | 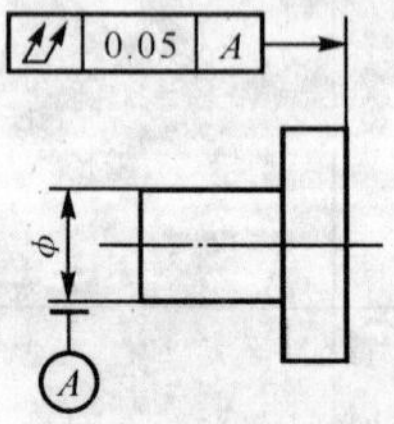 图（i） 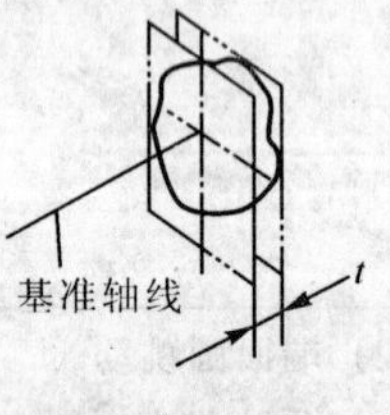 图（j） |

径向全跳动公差带与圆柱度公差带的形状是相同的，但前者的轴线与基准轴线同轴，后者的轴线是浮动的，随圆柱度误差的形状而定。径向全跳动是被测圆柱面的圆柱度误差和同轴度误差的综合反映。

端面全跳动的公差带与端面对轴线的垂直度公差带是相同的，因而两者控制位置误差的效果也是一样的。

## §4—4 公差原则

在设计零件时，根据零件的功能要求，对零件的重要几何要素，常常需要同时给定尺寸公差、形位公差等。那么，它们之间的关系如何呢？确定尺寸公差与形位公差之间相互关系所遵循的原则称为公差原则。

## 一、术语和定义

为了正确理解和应用公差原则，对有关术语和定义介绍如下：

**1. 作用尺寸**

(1) 体外作用尺寸：指被测要素在给定长度上，与实际内表面体外相接的最大理想面或与实际外表面体外相接的最小理想面的直径或宽度。

因而对单一要素，体外作用尺寸即作用尺寸。

(2) 体内作用尺寸：指被测要素在给定长度上，与实际内表面体内相接的最小理想面或与实际外表面体内相接的最大理想面的直径或宽度。

无论体外作用尺寸或体内作用尺寸，对关联要素，其理想面的轴线或中心平面必须与基准保持图样上给定的几何关系。

**2. 实效尺寸**

实效尺寸分为最大实体实效尺寸和最小实体实效尺寸。

(1) 最大实体实效尺寸：为最大实体实效状态下所具有的边界尺寸。它等于最大实体尺寸减（或加）中心要素的形状公差或定向、定位公差。

$$D_{MV} = D_M - t \tag{4—1a}$$

$$d_{MV} = d_M + t \tag{4—1b}$$

式中　$D_{MV}$、$d_{MV}$——孔、轴最大实体实效尺寸；

$D_M$、$d_M$——孔、轴的最大实体尺寸；

$t$——中心要素的形状公差或定向、定位公差。

(2) 最小实体实效尺寸：为最小实体实效状态下所具有的边界尺寸。它等于最小实体尺寸加（或减）中心要素的形状公差或定向、定位公差。

$$D_{LV} = D_L + t \tag{4—2a}$$

$$d_{LV} = d_L - t \tag{4—2b}$$

式中　$D_{LV}$、$d_{LV}$——孔、轴最小实体实效尺寸；

$D_L$、$d_L$——孔、轴最小实体尺寸；

$t$——中心要素的形状公差或定向、定位公差。

**3. 理想边界**

由于零件实际要素总是存在尺寸偏差和形位误差的，故其功能将取决于二者的综合效果。所谓“理想边界”是指具有一定尺寸大小和正确几何形状的理想包容面，用于综合控制实际要素的尺寸偏差和形位误差。理想边界相当于一个与被测要素相偶合的理想几何要素(图 4—3)。

对于关联要素，其理想边界除具有一定的尺寸大小和正确几何形状外，还必须与基准保持图样上给定的几何关系〔图 4—3（b)〕。

理想边界分为下列 4 种：

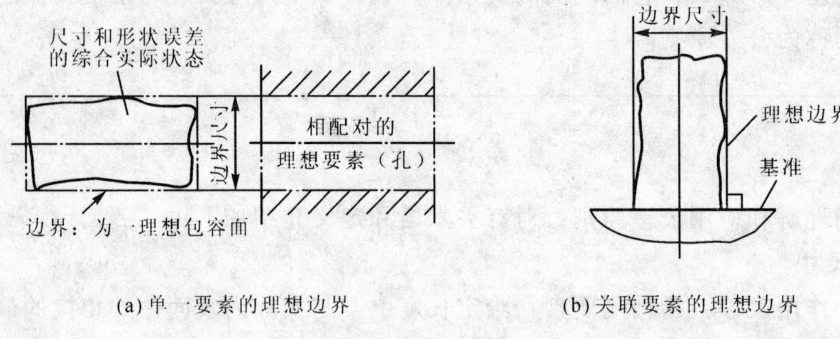


(a) 单一要素的理想边界　　(b) 关联要素的理想边界

图 4—3

(1) 最大实体边界：指尺寸为最大实体尺寸且具有正确几何形状的理想包容面。

(2) 最小实体边界：指尺寸为最小实体尺寸且具有正确几何形状的理想包容面。

(3) 最大实体实效边界：指尺寸为最大实体实效尺寸且具有正确几何形状的理想边界。

(4) 最小实体实效边界：指尺寸为最小实体实效尺寸且具有正确几何形状的理想边界。

## 二、公 差 原 则

**1. 独立原则**

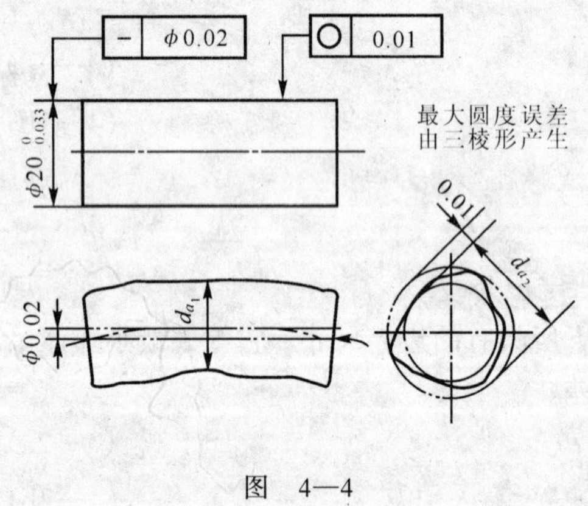


图 4—4

独立原则是指图样上给定的形位公差与尺寸公差是彼此独立相互无关的，并应分别满足要求。具体说，遵守独立原则时，尺寸公差仅控制局部实际尺寸的变动量，而不控制要素的形位误差。另一方面，图标上给定的形位公差与被测要素的局部实际尺寸无关，不论其局部实际尺寸大小如何，被测要素均应在给定的形位公差带内，并且其形位误差允许达到最大值。

图 4—4 所示零件为遵循独立原则。该轴的局部实际尺寸必须位于 19.967～20mm 之间，并且不论轴的局部实际尺寸为多少，其形状误差均应在相应给定的形状公差内。

**2. 相关要求**

相关要求是指图样上给定的形位公差与尺寸公差相互有关的要求。根据被测实际要素遵守的理想边界的不同，又分为下列 4 种：

(1) 包容要求

被测要素遵循包容要求（泰勒原则）时，要求实际要素遵守最大实体边界，即要求实际要素处处不得超越最大实体边界，而实际要素的局部实际尺寸不得超越最小实体尺寸。

包容要求仅用于形状公差。当遵循包容要求时，应在被测要素的尺寸极限偏差或公差带代号后加注符号Ⓔ〔图 4—5 (a)〕。

如图 4—5 (a) 所示零件，要求该轴的实际轮廓必须在直径为 $\phi$10mm（最大实体尺寸）的最大实体边界内，其局部实际尺寸不得小于 $\phi$9.964mm（最小实体尺寸）。

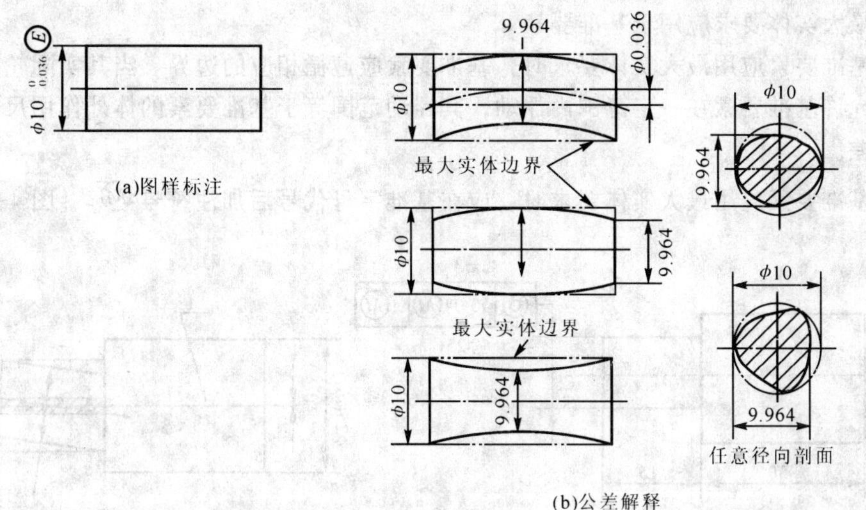


图　4—5

（2）最大实体要求

零件要素应用最大实体要求时，要求实际要素遵守最大实体实效边界，即要求其实际轮廓处处不得超越该边界，当其实际尺寸偏离最大实体尺寸时，允许其形位误差值超出图样上给定的公差值，而要素的局部实际尺寸应在最大实体尺寸与最小实体尺寸之间。

应用最大实体要求的有关要素，应在其相应的形位公差框格内加注符号Ⓜ。

最大实体要求可应用于被测要素，基准要素或同时应用于被测要素与基准要素。

①最大实体要求应用于被测要素

图 4—6（a）所示零件为被测要素应用最大实体要求的示例（在形状公差值后加注符号Ⓜ。）。

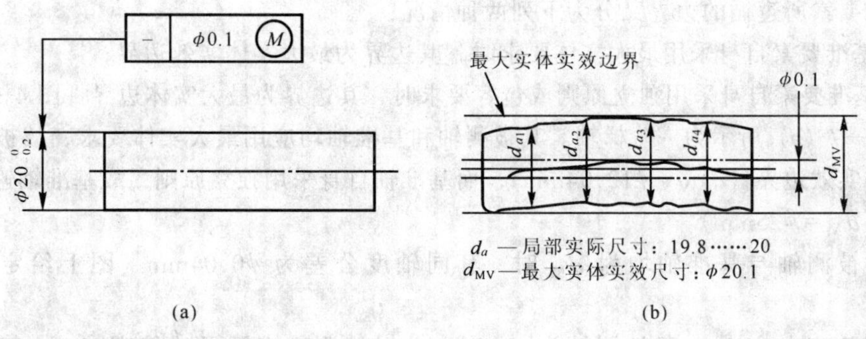


图　4—6

该零件的要求是：轴的实际轮廓必须位于尺寸为 φ20.1mm（$d_{MV}$）的最大实体实效边界内，轴的局部实际尺寸必须在 φ20mm（$d_M$）与 φ19.8mm（$d_L$）之间，图样上给定的轴线直线度公差值 φ0.1mm 是被测轴处于最大实体状态（MMC）时给定的，当实际轴偏离 MMC 时，其直线度公差可以得到补偿。即当实际轴为 $d_L$ 尺寸时，最大补偿量为 0.2mm

（尺寸公差），允许的最大直线度误差为 $\phi0.3$mm（图上给定值加尺寸公差）。

②最大实体要求应用于基准要素

当基准要素应用最大实体要求时，基准要素应遵循相应的边界。当其实际轮廓偏离其边界时，允许基准要素在一定范围内浮动，其浮动范围等于基准要素的体外作用尺寸与其边界尺寸之差。

当基准要素应用最大实体要求时，应在基准字母代号后加注符号Ⓜ。〔图 4—7（a)〕。

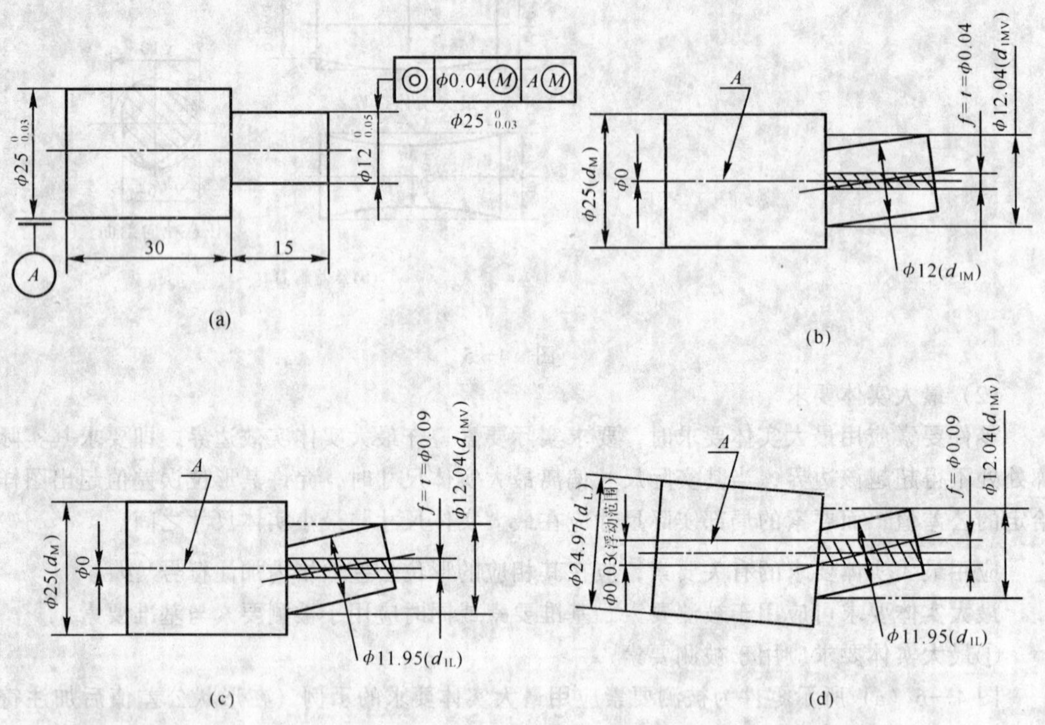


图　4—7

基准要素所遵循的边界又分为下列两种情况：

A. 基准要素自身采用最大实体要求时，其边界为最大实体实效边界；

B. 基准要素自身采用独立原则或包容要求时，其边界为最大实体边界〔图 4—7（a)〕。

图 4—7（a）所示为一阶梯轴。其被测轴和基准轴均应用最大实体要求，故被测轴遵守最大实体实效边界（$d_{MV}=\phi12.04$mm），而基准轴自身采用独立原则，故基准轴遵守最大实体边界（$d_M=\phi25$mm）。

ⓐ当被测轴与基准轴均为 $d_M$ 时，其同轴度公差为 $\phi0.04$mm〔图上给定值，见图(b)〕。

ⓑ当基准轴为 $d_M$，而被测轴为 $d_{1L}$时，此时被测轴实际尺寸偏离 $d_{1M}$，其偏离量为 $\phi0.05$mm（$\phi12-\phi11.95$），该偏离量可补偿给同轴度，此时同轴度允许误差可达 $\phi0.09$mm〔$\phi0.04+\phi0.05$，见图（c)〕。

ⓒ当被测轴与基准轴均为 $d_L$ 时，由于基准实际尺寸偏离了 $d_M$。因而基准轴轴线可有一浮动量。它等于 $\phi0.03$mm（$\phi25-\phi24.97$），即基准轴轴线可在 $\phi0.03$mm 范围内浮动。由于基准轴线可浮动，实质上是被测轴的同轴度误差可得到补偿，此时同轴度允许误差可达

$\phi$0.12mm（$\phi$0.04 + $\phi$0.05 + $\phi$0.03）。

最大实体要求仅用于中心要素。应用最大实体要求的目的是保证装配互换。

③最大实体要求的零形位公差

关联要素要求遵守最大实体边界时，可应用最大实体要求的零形位公差。

关联要素采用最大实体要求的零形位公差时，要求实际要素遵守最大实体边界，即要求其实际轮廓处处不得超越最大实体边界，且该边界应与基准保持图样上给定的几何关系，而实际要素的局部实际尺寸不得超越最小实体尺寸。

图 4—8（a）所示零件采用最大实体要求的零形位公差，其边界是直径为 $\phi$50mm（$d_M$）且与基准平面 $A$ 垂直的最大实体边界。

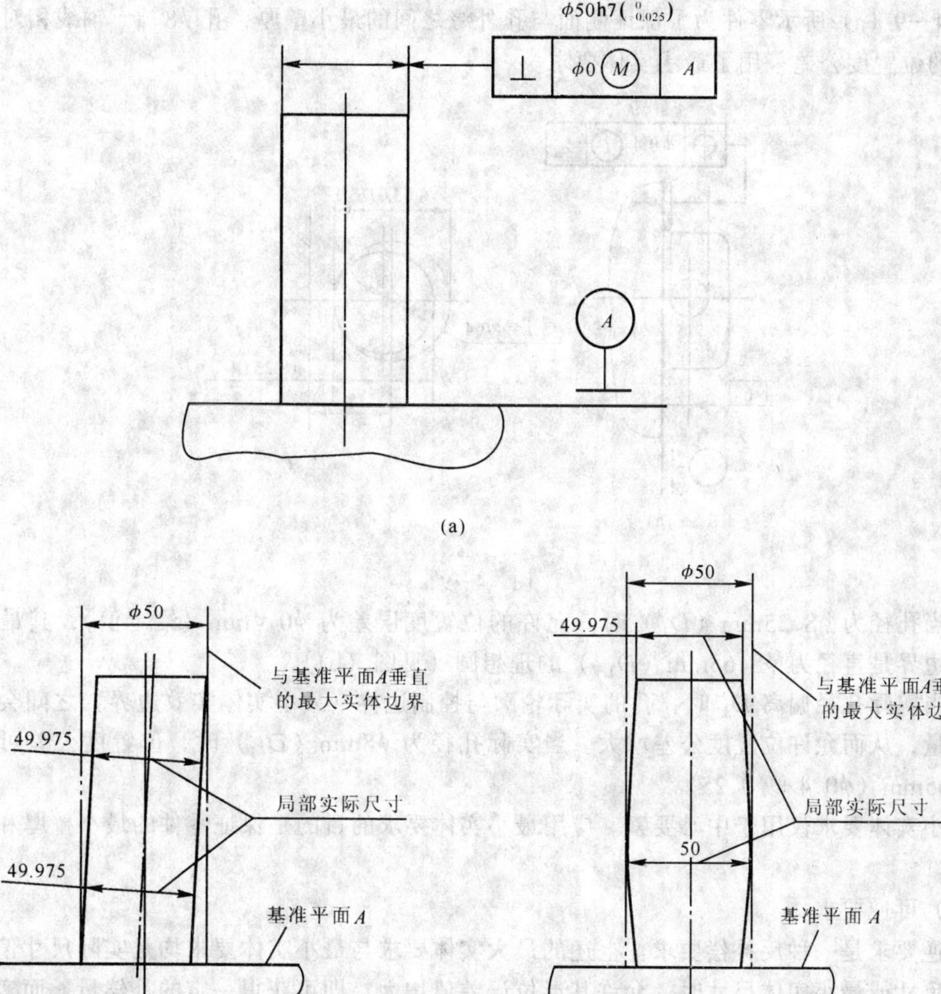


图　4—8

ⓐ当被测轴为 $\phi$50（$d_M$）时，其垂直度公差为 0。

ⓑ当被测轴实际尺寸偏离 $d_M$ 时，允许有一定的垂直度误差，允许的垂直度误差等于被

测轴的尺寸偏差。当被测轴为 $\phi$49.975mm（$d_L$）时，其垂直度公差为 $\phi$0.025mm（轴的尺寸公差）。

(3) 最小实体要求

零件要素应用最小实体要求时，要求实际要素遵守最小实体实效边界，即要求被测要素实际轮廓处处不得超出该边界，即其体内作用尺寸不应超出最小实体实效尺寸（$d_{LV}$），当其实际尺寸偏离最小实体尺寸时，允许其形位误差超出图样上给定的公差值，而其局部实际尺寸必须在最大实体尺寸与最小实体尺寸之间。

最小实体要求可应用于被测要素（在形位公差值后加注符号Ⓛ），也可应用于基准要素（在基准字母代号后加注符号Ⓛ），也可两者同时应用最小实体要求。

图 4—9（a）所示零件为了保证侧面与孔外缘之间的最小壁厚，孔 $\phi8^{+0.25}_{0}$ 轴线相对于零件侧面的位置度公差采用了最小实体要求。

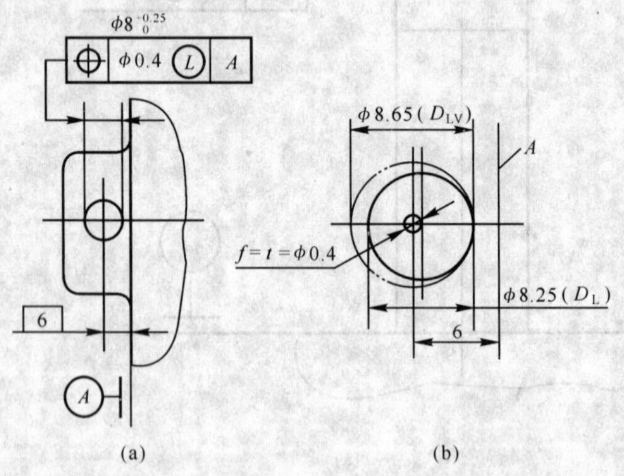


图　4—9

ⓐ当孔径为 $\phi$8.25mm（$D_L$）时，允许的位置度误差为 $\phi$0.4mm（给定值），其最小实体实效边界是直径为 $\phi$8.65mm（$D_{LV}$）的理想圆〔见图（b)〕。

ⓑ当实际孔径偏离 $D_L$ 时，孔的实际轮廓与控制边界（最小实体实效边界）之间会产生一间隙量，从而允许位置度公差增大。当实际孔径为 $\phi$8mm（$D_M$）时，位置度公差可增大至 $\phi$0.65mm（$\phi0.4+\phi0.25$）。

最小实体要求仅用于中心要素。应用最小实体要求的目的是保证零件的最小壁厚和设计强度。

(4) 可逆要求

可逆要求是一种反补偿要求。上述的最大实体要求与最小实体要求均是实际尺寸偏离最大实体尺寸或最小实体尺寸时，允许其形位误差值增大，即可获得一定的补偿量，而实际尺寸受其极限尺寸控制，不得超出。而可逆要求则表示，当形位误差值小于其给定公差值时，允许其实际尺寸超出极限尺寸。但两者综合所形成实际轮廓，仍然不允许超出其相应的控制边界。

可逆要求可用于最大实体要求，也可用于最小实体要求。前者在符号Ⓜ后加注符号Ⓡ，后者在符号Ⓛ后加注符号Ⓡ。

图 4—10（a）所示零件，其轴线对端面 $D$ 的垂直度采用最大实体要求及可逆要求。其最大实体实效边界是直径为 $\phi20.2$mm（$d_{MV}$）并与基准 $D$ 垂直的理想孔。

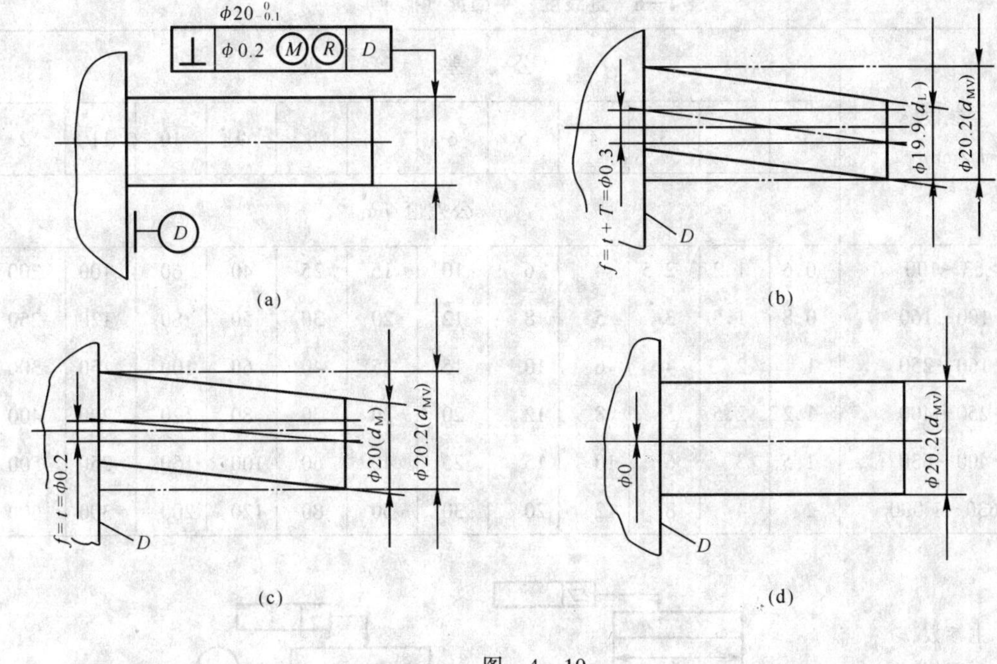


图　4—10

a．当被测轴为 $\phi20$mm（$d_M$）时，其垂直度公差为 $\phi0.2$mm〔给定值，见图（b）〕。

b．实际尺寸偏离 $d_M$ 时，允许其垂直度误差增大。当被测轴为 $\phi19.9$mm（$d_L$）时，垂直度允许误差可达 $\phi0.3$mm〔0.2+0.1，见图（c）〕。

c．当形位误差小于给定值时，也允许轴的实际尺寸超出 $d_M$。当垂直度误差为零时，实际尺寸可达 $\phi20.2$mm〔$d_{MV}$，见图（d）〕。

最大实体要求用可逆要求主要应用于对尺寸公差及配合无严格，仅要求保证装配互换的场合。

可逆要求很少应用于最小实体要求，故从略。

## §4—5　形位公差的选择

零、部件的形位误差对机器或仪器的正常工作有很大的影响，因此，合理、正确地确定形位公差值，对保证机器或仪器的功能要求，提高经济效益是十分重要的。

确定形位公差值的方法有类比法和计算法。通常多按类比法确定公差值。所谓类比法就是参考现有手册和资料，依照经过验证的类似产品的零、部件，通过对比分析，确定其公差值。

总的原则是：在满足零件功能要求的前提下选取最经济的公差值。

按《形位公差》标准的规定：零件所要求的形位公差值若用一般机床加工就能保证时，则不必在图纸上注出，而按 GB/T 1184—1996《形状和位置公差　未注公差值》确定其公差值，且生产中也不需检查。若零件所要求的形位公差值高于或低于 GB/T 1184—1996 规定的公差值时，应在图纸上注出。其值应根据零件的功能要求，并考虑加工经济性和零件结构特点按表 4—6～表 4—10 选取。

**表 4—6 直线度、平面度（摘录）**

| 主参数 L/mm | 公差等级 1 | 2 | 3 | 4 | 5 | 6 | 7 | 8 | 9 | 10 | 11 | 12 |
|---|---|---|---|---|---|---|---|---|---|---|---|---|
| | 公差值/μm | | | | | | | | | | | |
| ＞63～100 | 0.6 | 1.2 | 2.5 | 4 | 6 | 10 | 15 | 25 | 40 | 60 | 100 | 200 |
| ＞100～160 | 0.8 | 1.5 | 3 | 5 | 8 | 12 | 20 | 30 | 50 | 80 | 120 | 250 |
| ＞160～250 | 1 | 2 | 4 | 6 | 10 | 15 | 25 | 40 | 60 | 100 | 150 | 300 |
| ＞250～400 | 1.2 | 2.5 | 5 | 8 | 12 | 20 | 30 | 50 | 80 | 120 | 200 | 400 |
| ＞400～630 | 1.5 | 3 | 6 | 10 | 15 | 25 | 40 | 60 | 100 | 150 | 250 | 500 |
| ＞630～1 000 | 2 | 4 | 8 | 12 | 20 | 30 | 50 | 80 | 120 | 200 | 300 | 600 |

主参数 L 图例

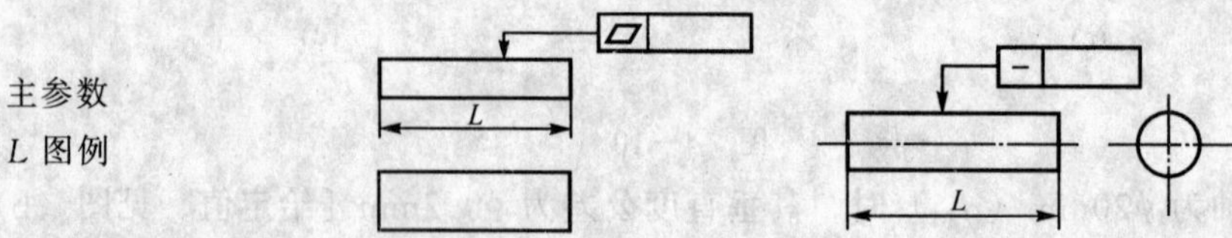


**表 4—7 圆度、圆柱度（摘录）**

| 主参数 d（D）/mm | 公差等级 0 | 1 | 2 | 3 | 4 | 5 | 6 | 7 | 8 | 9 | 10 | 11 | 12 |
|---|---|---|---|---|---|---|---|---|---|---|---|---|---|
| | 公差值/μm | | | | | | | | | | | | |
| ＞18～30 | 0.2 | 0.3 | 0.6 | 1 | 1.5 | 2.5 | 4 | 6 | 9 | 13 | 21 | 33 | 52 |
| ＞30～50 | 0.25 | 0.4 | 0.6 | 1 | 1.5 | 2.5 | 4 | 7 | 11 | 16 | 25 | 39 | 62 |
| ＞50～80 | 0.3 | 0.5 | 0.8 | 1.2 | 2 | 3 | 5 | 8 | 13 | 19 | 30 | 46 | 74 |
| ＞80～120 | 0.4 | 0.6 | 1 | 1.5 | 2.5 | 4 | 6 | 10 | 15 | 22 | 35 | 54 | 87 |
| ＞120～180 | 0.6 | 1 | 1.2 | 2 | 3.5 | 5 | 8 | 12 | 18 | 25 | 40 | 63 | 100 |

主参数 d，（D）图例

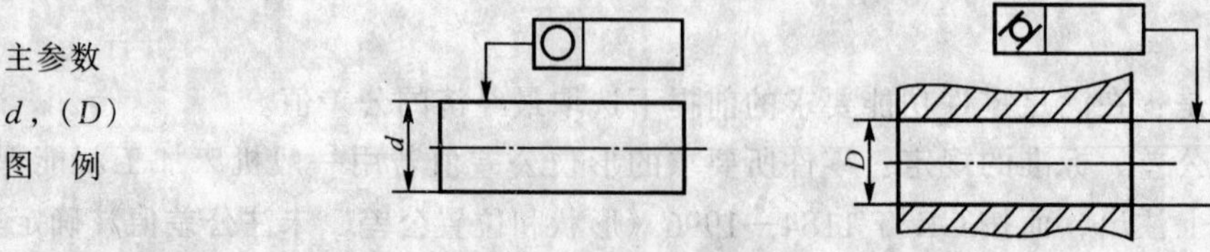

表 4—8　平行度、垂直度、倾斜度（摘录）

| 主参数 $L,d(D)$/mm | 公差等级 | | | | | | | | | | | |
|---|---|---|---|---|---|---|---|---|---|---|---|---|
| | 1 | 2 | 3 | 4 | 5 | 6 | 7 | 8 | 9 | 10 | 11 | 12 |
| | 公差值/μm | | | | | | | | | | | |
| >63～100 | 1.2 | 2.5 | 5 | 10 | 15 | 25 | 40 | 60 | 100 | 150 | 250 | 400 |
| >100～160 | 1.5 | 3 | 6 | 12 | 20 | 30 | 50 | 80 | 120 | 200 | 300 | 500 |
| >160～250 | 2 | 4 | 8 | 15 | 25 | 40 | 60 | 100 | 150 | 250 | 400 | 600 |
| >250～400 | 2.5 | 5 | 10 | 20 | 30 | 50 | 80 | 120 | 200 | 300 | 500 | 800 |
| >400～630 | 3 | 6 | 12 | 25 | 40 | 60 | 100 | 150 | 250 | 400 | 600 | 1 000 |
| >630～1 000 | 4 | 8 | 15 | 30 | 50 | 80 | 120 | 200 | 300 | 500 | 800 | 1 200 |

主参数 $L$，$d$（$D$）图例

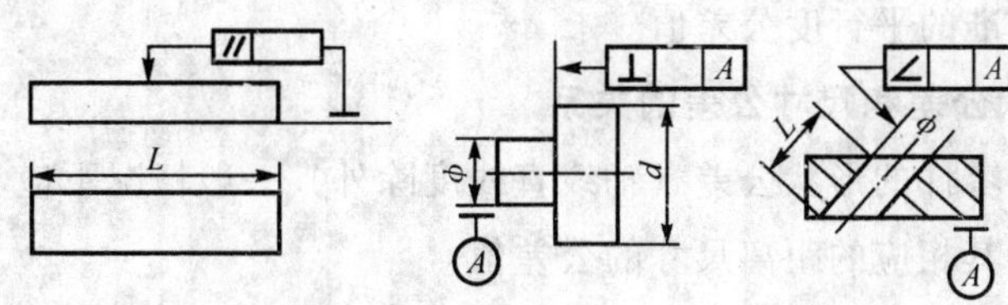


表 4—9　同轴度、对称度、圆跳动、全跳动（摘录）

| 主参数 $d(D),B,L$/mm | 公差等级 | | | | | | | | | | | |
|---|---|---|---|---|---|---|---|---|---|---|---|---|
| | 1 | 2 | 3 | 4 | 5 | 6 | 7 | 8 | 9 | 10 | 11 | 12 |
| | 公差值/μm | | | | | | | | | | | |
| >10～18 | 0.8 | 1.2 | 2 | 3 | 5 | 8 | 12 | 20 | 40 | 80 | 120 | 250 |
| >18～30 | 1 | 1.5 | 2.5 | 4 | 6 | 10 | 15 | 25 | 50 | 100 | 150 | 300 |
| >30～50 | 1.2 | 2 | 3 | 5 | 8 | 12 | 20 | 30 | 60 | 120 | 200 | 400 |
| >50～120 | 1.5 | 2.5 | 4 | 6 | 10 | 15 | 25 | 40 | 80 | 150 | 250 | 500 |
| >120～260 | 2 | 3 | 5 | 8 | 12 | 20 | 30 | 50 | 100 | 200 | 300 | 600 |
| >260～500 | 2.5 | 4 | 6 | 10 | 15 | 25 | 40 | 60 | 120 | 250 | 400 | 800 |

主参数

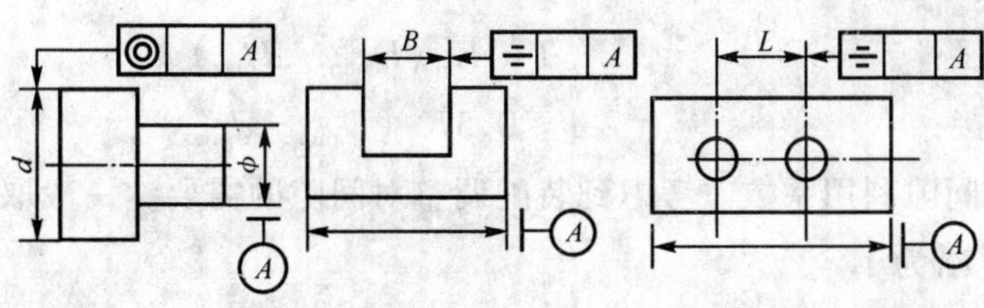

表4—10 位置度数系 μm

| 1 | 1.2 | 1.5 | 2 | 2.5 | 3 | 4 | 5 | 6 | 8 |
|---|---|---|---|---|---|---|---|---|---|
| $1\times10^n$ | $1.2\times10^n$ | $1.5\times10^n$ | $2\times10^n$ | $2.5\times10^n$ | $3\times10^n$ | $4\times10^n$ | $5\times10^n$ | $6\times10^n$ | $8\times10^n$ |

注：(1) 表4—6～10摘自 (GB/T1184—1996)《形状和位置公差 未注公差值》；
(2) 表4—10中的 $n$ 为正整数。

各种形位公差值分为1～12级，其中圆度、圆柱度公差值，为了适应精密零件的需要，增加了一个0级。

按类比法确定形位公差值时，应考虑下列因素：

**1. 形状公差与位置公差的关系**

同一要素上给定的形状公差值应小于位置公差值。如同一平面上，平面度公差值应小于该平面对基准的平行度公差值。

**2. 形状公差和尺寸公差的关系**

圆柱形零件的形状公差（轴线直线度除外）一般情况下应小于其尺寸公差值，平行度公差值应小于其相应的距离尺寸的公差值。

圆度、圆柱度公差值约为同级的尺寸公差值的50%，因而一般可按同级选取。例如，尺寸公差为IT 6，则圆度、圆柱度公差通常也选为6级。但并非圆度、圆柱度公差必须按尺寸公差同级选取，亦可根据零件的功能要求，在邻近级选取，必要时可比尺寸公差等级高半级到2级。

**3. 形状公差与表面粗糙度的关系**

通常表面粗糙度的 $R_a$ 值可约占形状公差值的20%～25%。

**4. 考虑零件的结构特点**

对于刚性较差的零件（如细长轴）和结构特殊的要素（如跨距较大的孔、轴的同轴度公差等），在满足零件功能的前提下，其公差等级可适当降低1～2级。此外，孔相对于轴、或线对线、线对面的平行度相对于面对面的平行度以及线对线或线对面的垂直度相对于面对面的垂直度相比，前者公差值可降低1～2级。

位置度常用于控制螺栓或螺钉连接中孔距的位置误差，其公差值决定于螺栓（或螺钉）与过孔之间的间隙。设螺栓（或螺钉）的最大直径为 $d_{max}$，过孔最小直径为 $D_{min}$，则位置度公差值（$T$）按下式计算：

螺栓连接： $$T \leqslant K\ (D_{min} - d_{max}) \tag{4—3}$$

螺钉连接： $$T \leqslant 0.5K\ (D_{min} - d_{max}) \tag{4—4}$$

式中，$K$ 为间隙利用系数。考虑到装配调整对间隙的需要，一般取 $K$ 为0.6～0.8，若不需调整，则取 $K$ 为1。

按上式算出的公差值，经圆整后应符合国标推荐的位置度数系（表4—10）。

# §4—6　形位误差的检测

## 一、形位误差及其评定

**1. 形状误差及其评定**

形状误差是指被测实际要素对其理想要素的变动量。理想要素的位置应符合最小条件。

在被测实际要素与理想要素作比较以确定其变动量时，由于理想要素所处位置的不同，得到的最大变动量也会不同。因此，评定实际要素的形状误差时，理想要素相对于实际要素的位置，必须有一个统一的评定准则，这个准则就是最小条件。

“最小条件”可分为两种情况：

(1) 轮廓要素（线、面轮廓度除外）

“最小条件”就是理想要素位于零件实体之外与实际要素接触，并使被测要素对理想要素的最大变动量为最小（图 4—11）。图中，$h_1$、$h_2$、$h_3$ 是对应于理想要素处于不同位置得到的最大变动量，且 $h_1<h_2<h_3$……，若 $h_1$ 为最小值，则理想要素在 $A_1$—$B_1$ 处符合最小条件。

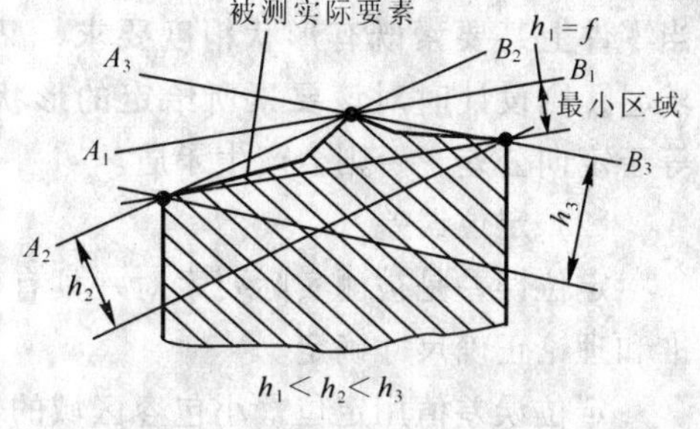


图　4—11

(2) 中心要素

“最小条件”就是理想要素应穿过实际中心要素，并使实际中心要素对理想要素的最大变动量为最小（图 4—12）。图中，理想轴线 $L_1$ 的最大变动量 $\phi d_1$ 为最小，符合最小条件。

形状误差值用最小包容区域的宽度或直径表示。所谓“最小包容区域”是指包容被测实际要素且具有最小宽度或直径的区域（图 4—13）。

最小包容区域的形状与形状公差带相同，而大小、方向及位置则随实际要素而定。

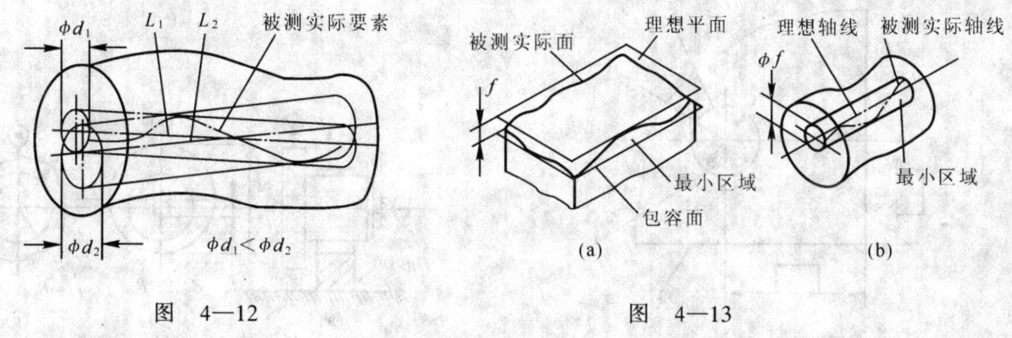


图　4—12　　　　图　4—13

按最小包容区域评定形状误差的方法称为最小区域法。在实际测量时，只要能满足零件功能要求，也允许采用近似的评定方法。例如，常以两端点连线作为评定直线度误差的基准。按近似法评定的误差值通常大于最小区域法评定的误差值，因而更能保证质量。当采用不同的评定方法所获得的测量结果有争议时，应以最小区域法作为评定结果的仲裁依据。若图纸上已给定检测方案，则按给定方案进行仲裁。

**2. 位置误差及其评定**

(1) 定向误差

定向误差是指被测实际要素对一具有确定方向的理想要素的变动量，理想要素的方向由基准确定。

定向误差值用定向最小包容区域的宽度或直径表示。定向最小包容区域是指按理想要素的方向来包容被测实际要素，且具有最小宽度或直径的包容区域（图 4—14）。

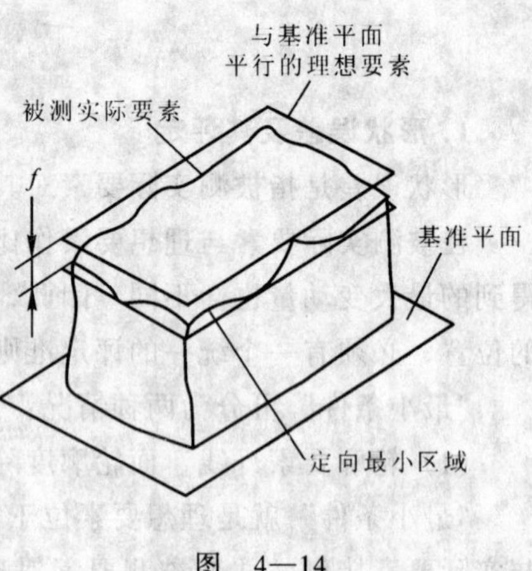

图 4—14

必须指出，确定形状误差值的最小包容区域，其方向随被测实际要素的状况而定，而确定定向误差值的定向最小包容区域的方向则由基准确定，其方向是固定的。因而，定向误差是包含形状误差的。因此，当零件上某要素既有形状精度要求，又有定向精度要求时，则设计时对该要素所给定的形状公差应小于或等于定向公差，否则会产生矛盾。

(2) 定位误差

定位误差是被测实际要素对一具有确定位置的理想要素的变动量，理想要素的位置由基准和理论正确尺寸确定。

定位误差值用定位最小包容区域的宽度或直径表示。定位最小包容区域是指以理想要素定位来包容实际要素，且具有最小宽度或直径的包容区域（图 4—15）。

应注意最小区域、定向最小区域和定位最小区域三者的差异。最小区域的方向、位置一般可随被测实际要素的状态变动；定向最小区域的方向是固定的（由基准确定），而其位置则可随实际要素状态变动；而定位最小区域，除个别情况外，其位置是固定不变的（由基准及理论正确尺寸确定）。因而定位误差包含定向误差。若零件上某要素同时有方向和位置精度要求，则设计时所给定的定向公差应小于或等于定位公差。

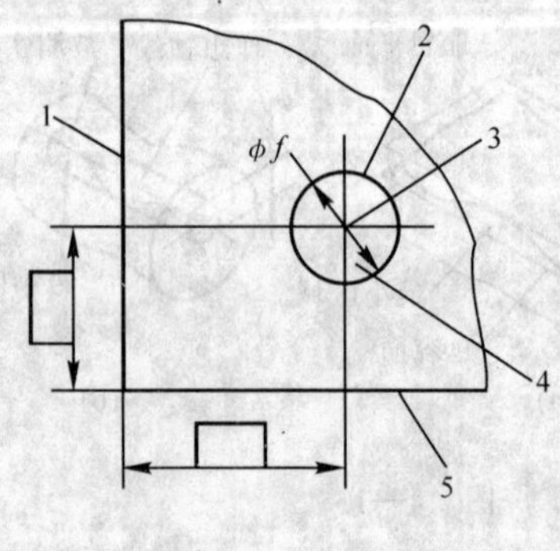

图 4—15

1、5—基准；2—在实际位置上的点；
3—在理想位置上的点；4—定位最小区域

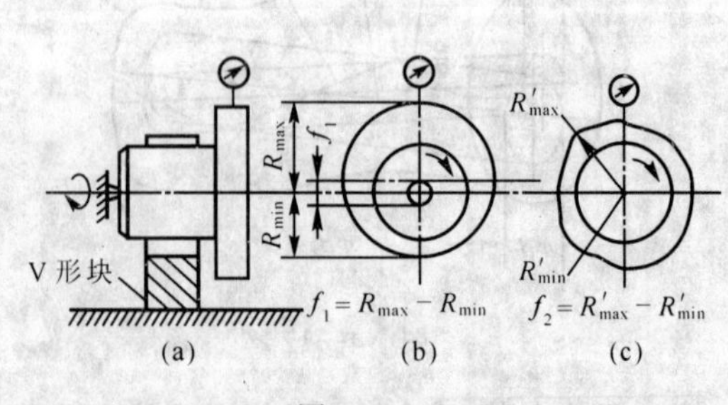

图 4—16

(3) 跳动误差

圆跳动误差为被测实际要素绕基准轴线作无轴向移动旋转一周时，由位置固定的指示器在给定方向上测得的最大读数与最小读数之差（图 4—16）。

全跳动误差为被测实际要素绕基准轴线作无轴向移动回转，同时指示器沿理想素线连续移动（或被测实际要素每回转一周，指示器沿理想要素作间断移动），由指示器在给定方向上测得的最大读数与最小读数之差。

## 二、基准的建立和体现

在位置公差中，基准是指理想基准要素，被测要素的方向或（和）位置由基准确定，因此，在位置公差中，基准具有十分重要的作用。但基准实际要素也是有形状误差的。因此，在位置误差测量中，为了正确反映误差值，基准的建立和体现是十分重要的。

由基准实际要素建立基准时，应以该基准实际要素的理想要素为基准，而理想要素的位置应符合最小条件。由基准实际平面建立基准时，基准平面为处于实体之外与基准实际表面相接触，并符合最小条件的理想平面〔图 4—13（a)〕；同理，由实际直线建立基准直线时，是以处于实体之外与实际线接触，且符合最小条件的理想直线作为基准直线；由实际轴线或中心线建立基准时，应以穿过该实际线，且使实际线到该线的最大偏离量为最小的理想直线为基准轴线或基准中心线〔图 4—13（b)〕。公共基准轴线则为包容两条或两条以上基准实际轴线，且直径为最小的圆柱面的轴线，即为这些基准实际轴线所公有的理想轴线（图 4—17)。

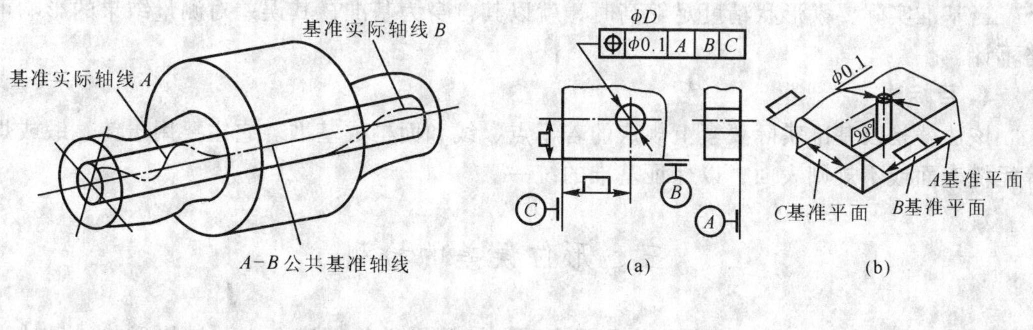


图　4—17　　　图　4—18

在位置公差中，有时往往需要用多个基准才能确定被测理想要素的方位。如图 4—18 所示，被测孔轴线的理想位置，就要用三个相互垂直的基准平面 *A*、*B*、*C* 定位。这三个相互垂直的平面就构成一个基面体系，称为三基面体系。

在三基面体系里，基准平面按功能要有顺序之分，*A* 为第一基准平面，*B* 为第二基准平面，*C* 为第三基准平面。

在三基面体系中，由基准实际面建立基准时，第一基准平面按最小条件建立，即以位于第一基准实际面之外并与之接触，且实际面对其最大变动量为最小的理想平面为第一基准平面；第二基准平面按定向最小条件建立，即在保持与第一基准平面垂直的前提下，在第二基准实际面实体之外与之接触，且实际面对其最大变动量为最小的理想平面为第二基准平面；以同时垂直于第一基准平面和第二基准平面，位于第三基准实际表面体外与该表面至少有一点接触的理想平面为第三基准平面。

在实际应用中，三基面体系不仅可由三个相互垂直的平面构成，也可由一根轴线和与其垂直的平面所构成，如图 4—19（a）所示。图中，基准 $A$（端面）为第一基准平面，基准轴线 $B$ 为第二与第三基准平面的交线〔图 4—19（b)〕。

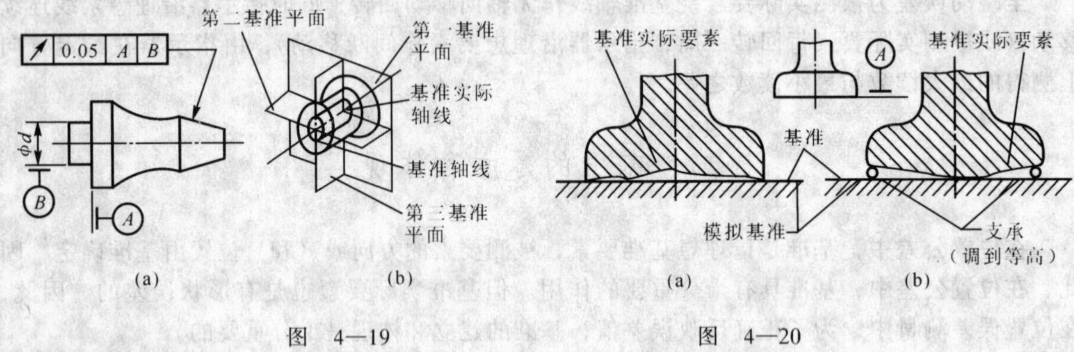


图 4—19　　图 4—20

在位置误差测量中，基准要素可用下列 4 种方法来体现：

**1. 模拟法**

此法就是采用形状精度足够高的精密表面来体现基准，如用精密平板体现基准平面（图 4—20）。

**2. 分析法**

此法是通过对基准实际要素进行测量，然后经过数据处理求出符合最小条件的理想要素作为基准。

**3. 直接法**

当基准实际要素形状精度足够高时，就以其自身为基准，其误差对测量结果的影响可忽略不计。

**4. 目标法**

该法就是以基准实际要素上规定的若干点、线和面构成基准。它主要用于铸、锻或焊接等粗糙表面或不规则表面，以保证基准的统一。

## 三、形位误差的检测

形位公差共有 14 项，每个公差项目均随着被测零件的精度要求、结构形状、尺寸大小和生产批量的不同，其检测方法和设备也不相同，所以检测方法种类繁多。在《检测规定》国标里，把生产实际中行之有效的检测方法作了概括，归纳为 5 种检测原则，并列出了 100 余种检测方案，以供参考。我们可以根据被测对象的特点和有关条件，参照这些检测原则、检测方案，设计出最合理的检测方法。下面对每种检测原则，列举若干种具有代表性的典型检测方法进行介绍。

**1. 与理想要素比较原则**

“与理想要素比较原则”就是将被测实际要素与其理想要素相比较，从而测出实际要素的形位误差值。误差值可直接或间接测得。在生产实际中，这种方法获得广泛的应用。

理想要素通常用模拟方法获得，如用一束光线体现理想直线，一个平板体现理想平面，回转轴系与测量头组合体现一个理想的圆。

（1）平面度误差的测量

按“与理想要素比较原则”检测平面度误差就是以精密平板模拟理想平面，通过调整支承被测零件的千斤顶，把被测面调整到大致与平板平行，并按被测面某一角点把指示表的读数调零，然后，用指示表测出被测面各测点的量值（图4—21），再按基面转换原理，进行基面旋转，即可求得平面度误差。

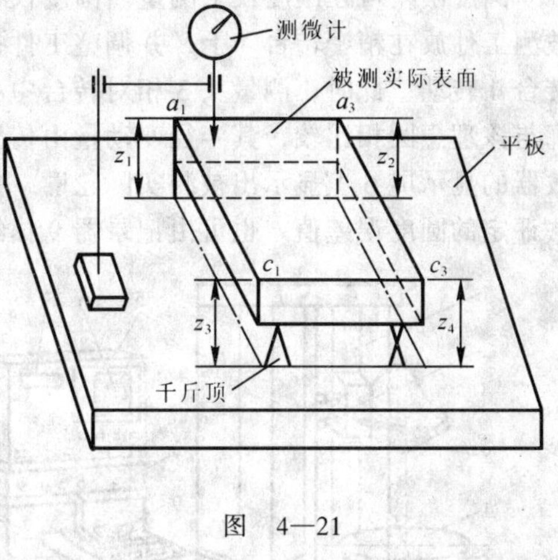


图 4—21

平面度误差的评定方法有下列3种：

①最小区域法

作符合“最小条件”的包容被测实际面的两平行平面，这两包容面之间的距离就是平面度误差。

最小区域的判别准则：两平行平面包容被测实际面时，与实际面至少应有三点或四点接触，接触点属下列3种形式之一者，即属最小区域。

A. 三角形准则：两包容面之一通过实际面最高点（或最低点），另一包容面通过实际面上的三个等值最低点（或最高点），而最高点（或最低点）的投影落在三个最低点（或最高点）组成的三角形内（极限情况可位于三角形某一边线上），如图4—22（a）所示。

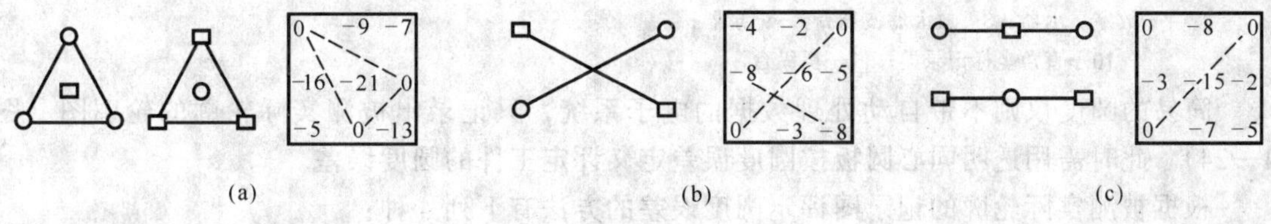


图 4—22

B. 交叉准则：上包容面通过实际面上两等值最高点，下包容面通过实际面上两等值最低点，两最高点连线应与两最低点连线相交〔图4—22（b)〕。

C. 直线准则：包容面之一通过实际面上的最高点（或最低点），另一包容面通过实际面上的两等值最低点（或两等值最高点），而最高点（或最低点）的投影位于两最低点（或两最高点）的连线上〔图4—22（c)〕。

②对角线法

基准平面通过被测实际面的一条对角线，且平行于另一条对角线，实际面上距该基准平面的最高点与最低点之代数差为平面度误差。

③三点法

基准平面通过被测实际面上相距最远且不在一条直线上的三点（通常为三个角点），实际面上距此基准平面的最高点与最低点之代数差即为平面度误差。

由于三点法有误差值不唯一的缺点，故一般采用对角线法。若有争议，或误差值处于公差值边缘时，则用最小区域法作仲裁。

根据被测实际面测得的原始数据，按基面转换原理进行基面旋转，求得被测面的平面度误差值。

(2) 圆度误差的测量

圆度误差可在圆度仪上测量。圆度仪有转轴式和转台式两种。转台式（图 4—23）是将被测工件放在精密转台 4 上，并调整工件，使其中心与转台旋转中心重合，测量时，工件随转台 4 转动，此时，测量头 3 相对转台中心的运动轨迹即为模拟的理想圆，工件被测实际轮廓与该理想圆相比较，其半径变动量由传感器测头 3 测出，经电子系统处理后，在圆扫描示波器的显示屏 6 上显示出被测实际轮廓，并在数字显示器 7 上以数字直接显示出某一评定方法评定的圆度误差值，也可由记录器 9 描绘被测实际轮廓。

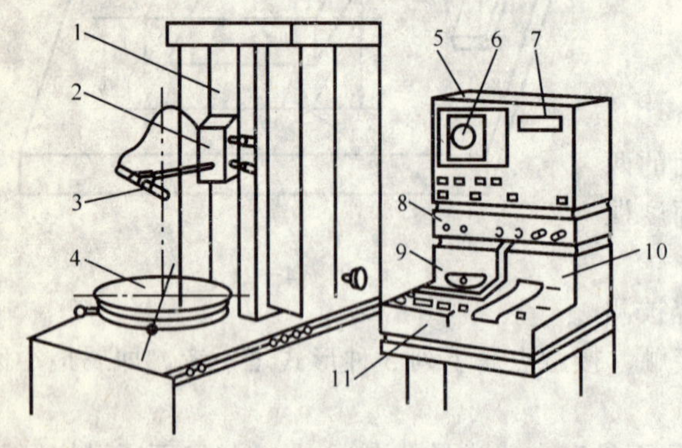


图 4—23

1—仪器主体；2—直线测量架；3—电测头；
4—精密转台；5—分析显示器；6—显示屏幕；
7—数字显示器；8—放大滤波器；9—记录器；
10—直角坐标记录器；11—操纵台

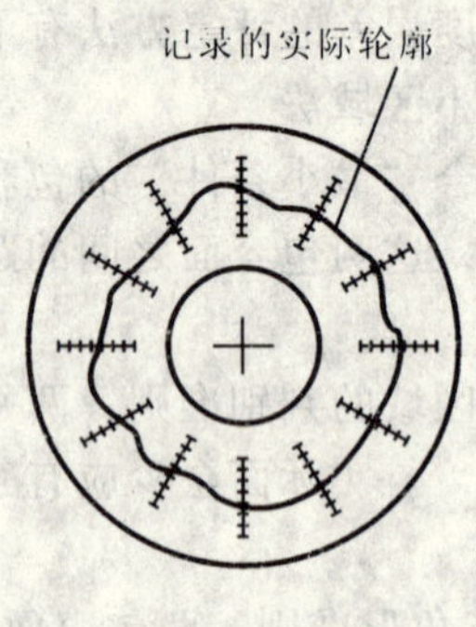


图 4—24

简易的圆度仪则不带自动处理数据的电子系统，只记录出被测实际轮廓的轮廓图（图 4—24）。此时需用透明同心圆板按圆度误差定义评定工件的圆度误差。

根据被测实际轮廓的记录图评定圆度误差的方法有下列 4 种：

①最小区域法

包容被测实际轮廓、且半径差为最小的两同心圆之间的区域即构成最小区域，此两同心圆的半径差即为圆度误差值。

最小区域的判别准则：由两同心圆包容被测实际轮廓时，至少有四个实测点内外相间地位于两个包容圆的圆周上，如图 4—25（a）所示。

②最小外接圆法

作包容实际轮廓、且直径为最小的外接圆，再以该圆的圆心为圆心作实际轮廓的内切圆，两圆的半径差为圆度误差值〔图 4—25（b）〕。

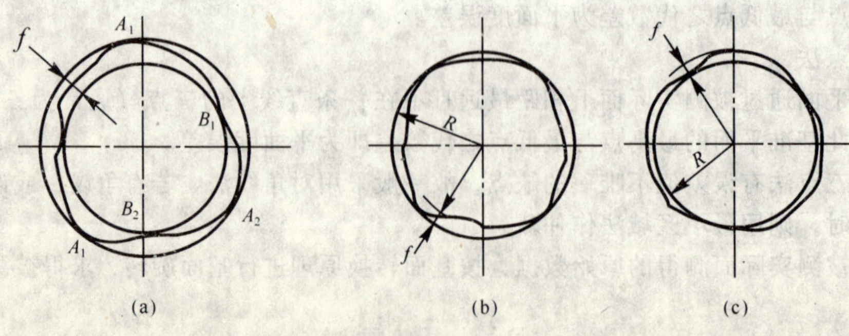


图 4—25

③最大内切圆法

作实际轮廓最大内切圆，再以该圆的圆心为圆心作包容实际轮廓的外接圆，两圆的半径差为圆度误差〔图 4—25（c)〕。

④最小二乘圆

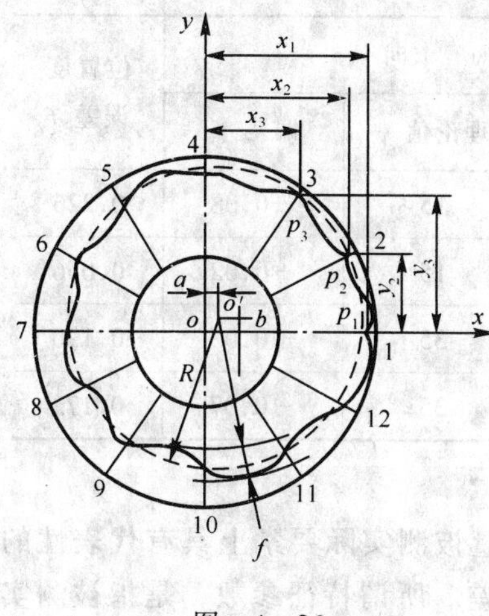

图　4—26

从最小二乘圆圆心作包容实际轮廓的内、外包容圆，两圆的半径差为圆度误差值（图 4—26）。

最小二乘圆定义为：从实际轮廓上各点到该圆的距离平方和为最小，此圆即为最小二乘圆。

$$\sum_{i=1}^{n}(r_i - R)^2 = \min(i = 1,2,3,\cdots,n) \quad (4—5)$$

式中　$r_i$——实际轮廓上第 $i$ 点到最小二乘圆圆心 $o'$的距离；

$R$——最小二乘圆半径。

**2. 测量坐标值原则**

按这种原则测量形位误差时，是利用三坐标测量机或其他坐标测量装置（如万能工具显微镜)，对被测实际要素测出一系列坐标值，再经过数据处理，以求得形位误差值。

图 4—27 是一种带电子计算机的三坐标测量机。测头 5 可沿 $z$ 轴 4 上的 $z$ 导轨上下移动，$z$ 导轨可沿导轨 2（$x$ 轴）左右移动，导轨 2 可沿导轨 3（$y$ 轴）前后移动，因而测头 5 可在 $x$、$y$、$z$ 三个坐标轴的空间移动。在测头下端装上测杆即可测出放在工作台 1 上的工件被测实际要素各测点的空间坐标值。经电子系统处理后，可用数字形式显示出来，或由记录纸记录下来。

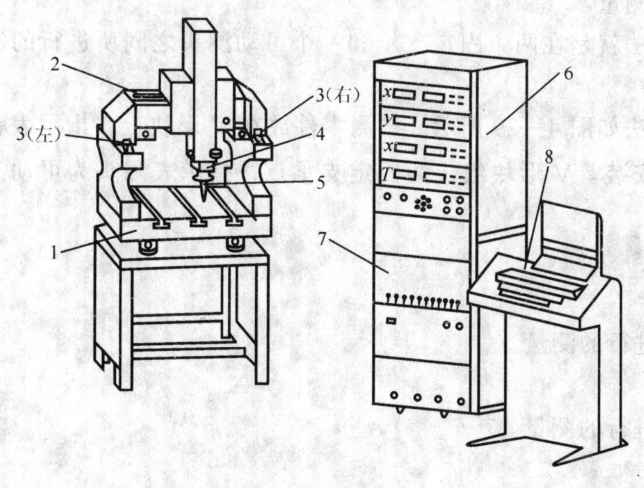

图　4—27

1—工作台；2—$x$ 导轨；3—左、右 $y$ 导轨；
4—$z$ 轴（$z$ 导轨)；5—测头；6—$x$、$y$、$z$ 轴及分度头（$T$）显示器；
7—电子计算机；8—打字机

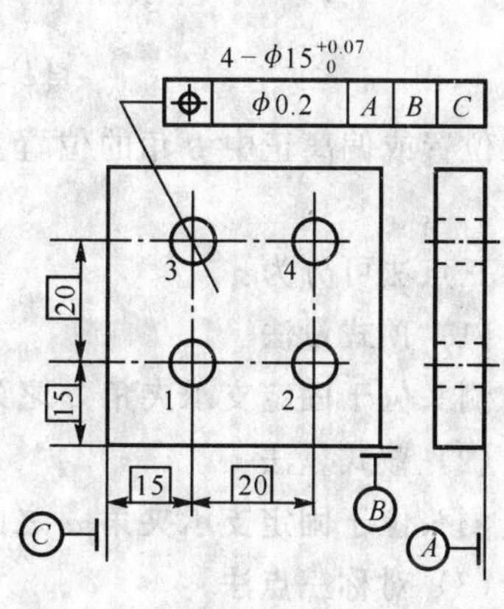

图　4—28

孔组位置度误差就是按此原则进行测量的。以图 4—28 所示的零件为例，以 $A$、$B$、$C$ 面为基准，测出各孔实际轴线的坐标尺寸，然后算出各坐标尺寸的偏差值 $f_x$ 和 $f_y$，按下式

计算各孔实际轴线的位置度误差值 $f$:

$$f=2\sqrt{f_x^2+f_y^2} \tag{4—6}$$

测量和计算结果如表 4—11 所列。

**表 4—11**

| 孔号 | x 向 | | | y 向 | | | 位置度误差 $f$ |
|---|---|---|---|---|---|---|---|
| | 测得值 $x$ | 理论值 $x$ | 偏差 $f_x$ | 测得值 $y$ | 理论值 $y$ | 偏差 $f_y$ | |
| 1 | 15.08 | 15 | +0.08 | 14.92 | 15 | −0.08 | 0.226 |
| 2 | 34.98 | 35 | −0.02 | 15.02 | 15 | +0.02 | 0.056 |
| 3 | 15.09 | 15 | +0.09 | 35.03 | 35 | +0.03 | 0.190 |
| 4 | 34.95 | 35 | −0.05 | 34.93 | 35 | −0.07 | 0.172 |

**3. 测量特征参数原则**

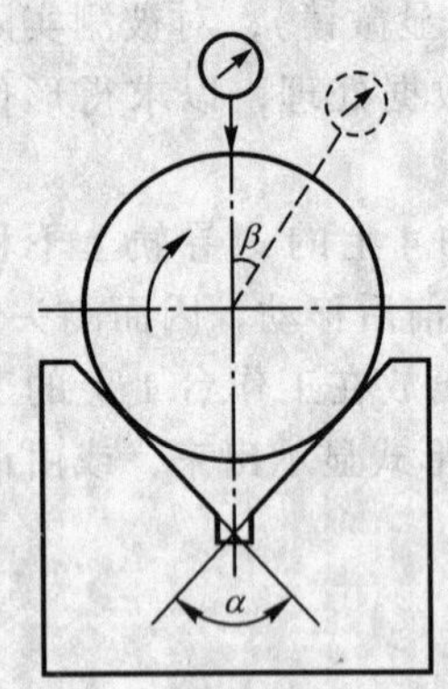


图　4—29

"测量特征参数原则",就是测量被测实际要素上具有代表性的参数(即特征参数)来评定形位误差。所谓特征参数,是指被测实际要素上能反映形位误差、具有代表性的参数。如圆形零件半径的变动量可反映圆度误差,因此,可用半径作为圆度误差的特征参数。

用两点、三点法测量圆度误差。

两点量法就是在直径上对置的一个固定支承和一个可动测头之间所进行的测量。

三点量法就是在两个固定支承和一个可动测头之间所进行的测量。

具体方法如图 4—29 所示。被测零件放在 V 形块上,指示表在正中位置或偏离正中 $\beta$ 角的位置上安装。V 形块组成两固定支承点,指示表测头为可动测头。

三点法可分为:

(1) 顶式量法

测头位于固定支承夹角 $\alpha$ 之外进行的测量。

(2) 鞍式量法

测头位于固定支承夹角 $\alpha$ 之内进行的测量。

(3) 对称三点法

测量方向与两固定支承夹角 $\alpha$ 平分线重合,即 $\beta=0°$。

(4) 非对称三点法

测量方向与两固定支承夹角 $\alpha$ 平分线不重合,即 $\beta\neq0$。

在三点法中,采用下列代号表示测量方法:

2——两点法;

3——三点法;

S——顶式量法；

R——鞍式量法。

**例 4—1**：3 S 60°/30°——非对称顶式三点法，$\alpha=60°$，$\beta=30°$。当 $\beta=0°$时，则不写出，此时就成为对称三点法了。

测量方法：在工件旋转一周中，读出指示表的最大读数差 $\Delta$，由下式计算出圆度误差值 $f$。

$$f=\frac{\Delta}{F} \tag{4—7}$$

式中，$F$ 为反映系数。

反映系数 $F$ 表示此种方法的测得值 $\Delta$ 按什么比例传递（反映）给圆度误差 $f$。反映系数 $F$ 按下式计算（推导从略）：

$$F=\sqrt{\left[\cos n\beta+\frac{\cos\beta}{\sin\frac{\alpha}{2}}\cos\frac{n}{2}(\pi+\alpha)\right]^2+\left[\frac{\sin\beta}{\cos\frac{\alpha}{2}}\sin\frac{n}{2}(\pi+\alpha)-\sin n\beta\right]^2} \tag{4—8}$$

式中　$n$——被测零件棱边数；

$\alpha$——固定支承夹角，即 V 形块角度；

$\beta$——测量角（又称偏角）。

从上式可知：$F$ 是 $\alpha$、$\beta$ 和 $n$ 的函数。因此，可按不同的 $\alpha$、$\beta$ 和 $n$ 的值，按式（4—8）算出相应的 $F$ 值，并制成表格以供查用。

测量时，常会遇到下述两种情况：

（1）棱边数为已知

此时，可按工件的已知棱边 $n$ 和所选用的 V 形块角度 $\alpha$ 和测量偏角 $\beta$，查出相应的反映系数 $F$，并从指示表上读出测量时被测工件的 $\Delta$ 值，再按式（4—7）算出圆度误差值 $f$。

（2）棱边数为未知

此时，可采用组合测量法，即用两点法和三点法或两个不同 V 形块夹角的三点法进行组合测量。并按有关组合测量用表查出平均反映系数 $F_{av}$，并取组合测量中测得的最大值 $\Delta_{max}$，按 $f=\Delta_{max}/F_{av}$ 计算圆度误差。

**4. 测量跳动原则**

此原则主要用于跳动误差的测量，因为跳动公差就是按检查方法定义的。其测量方法是：被测实际要素（圆柱面、圆锥面或端面）绕基准轴线回转过程中，沿给定方向（径向、斜向或轴向）测出其对某参考点或线的变动量（指示表最大读数与最小读数之差）。图 4—16 为径向圆跳动的测量示例。

**5. 控制实效边界原则**

此原则适用于采用最大实体要求的场合，用综合量规检验，把被测实际要素控制在实效边界内。

图 4—30（a）所示为综合量规，图 4—30（b）为被测工件。由图（b）可知，被测要素是均匀分布在直径为 $\phi175$mm 圆周上的孔径为 $\phi15^{+0.3}_{0}$的 6 个孔的轴心线的位置度，且被测要素采用最大实体要求，基准要素 $A$ 也采用最大实体要求，而基准要素 $A$ 本身采用了包容要求。

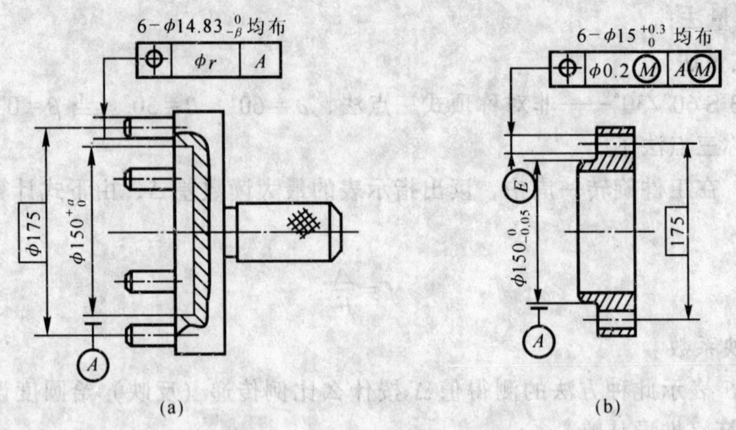


图　4—30

由于综合量规控制被测实际要素的最大实体实效边界，因此，综合量规6个圆柱销的直径的基本尺寸应为 $\phi 14.8$（即被测孔的最大实体实效尺寸），其轴心线的位置与被测要素位置相一致，即它们应均匀分布（即圆周所对中心夹角为60°）于 $\phi 175$mm 的圆周上。综合量规的定位要素与被测要素的基准 $A$ 相对应。由于基准 $A$ 采用了最大实体要求，而基准 $A$ 本身又要求遵守包容要求，因此，综合量规的定位要素的基本尺寸应为 $\phi 150$mm（即基准要素 $A$ 的最大实体尺寸）。有关检验位置度用综合量规的设计、计算及量规的公差、偏差〔如图4—30（a）中的 $\alpha$、$\beta$、$r$〕可参阅 GB 8069—1987《位置量规》。

随着生产和科学技术的发展，误差分离技术在形位误差测量中也逐步得到应用。特别是在大型零件的测量中。由于缺乏大型仪器，此时，常将完工后的零件在机床上进行在位测量，即将机床作为测量仪器本体，再装上多个传感器，利用机床的轴系回转或导轨上滑板的移动进行测量。然后用误差分离的方法分离机床的误差，从而获得零件的精确测量结果。

# 第五章　表面粗糙度

表面粗糙度（旧标准称表面光洁度）是一种微观几何形状误差。它是指在机械加工中，由于切削刀痕、表面撕裂、振动和摩擦等原因在被加工表面上所产生的间距较小的高低不平的几何形状。零件表面的粗糙程度直接影响零件的配合性质、疲劳强度、耐磨性、抗腐蚀性以及密封性等。此外，表面粗糙度对零件的检测要求以及外形的美观也有影响。因此，表面粗糙度是评定机器零件和产品质量的重要指标。我国有关粗糙度的国家标准是 GB3505—1983，GB/T1031—1995 和 GB/T131—1993。旧有的表面光洁度标准 GB1031—1968，GB131—1974，GB1031—1983 和 GB131—1993 已被上述标准所代替。

## §5—1　表面粗糙度评定参数及其数值

### 一、基本术语

**1. 取样长度 $l$**

用于判别具有表面粗糙度特征的一段基准线长度。规定和选取这段长度是为了限制和削弱表面波纹度对表面粗糙度测量结果的影响。

**2. 评定长度 $l_n$**

评定轮廓所必须的一段长度，它可包括一个或几个取样长度。

**3. 中线制**

以中线 $m$ 为基准线评定轮廓的计算制。中线包括轮廓最小二乘中线和轮廓的算术平均中线。

轮廓最小二乘中线指划分轮廓的基准线 $m$，在取样长度内使轮廓上各点的轮廓偏距 $y_i$（轮廓线上的点与基准线 $m$ 之间的距离）的平方和为最小，如图 5—1（a）所示。轮廓的算术平均中线，指在取样长度内与轮廓走向一致，划分轮廓使上、下两边面积相等的基准线，

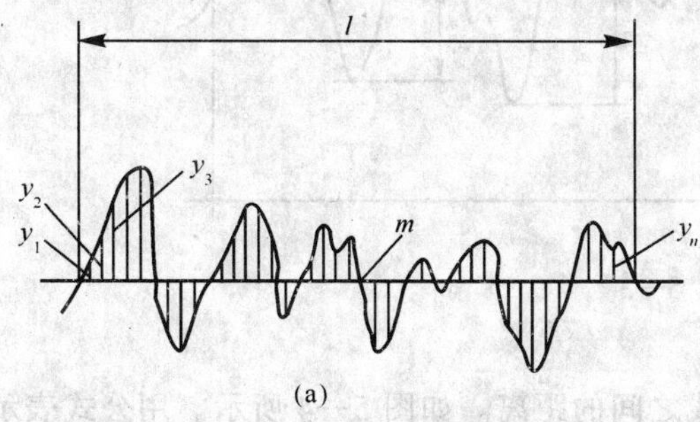

(a)

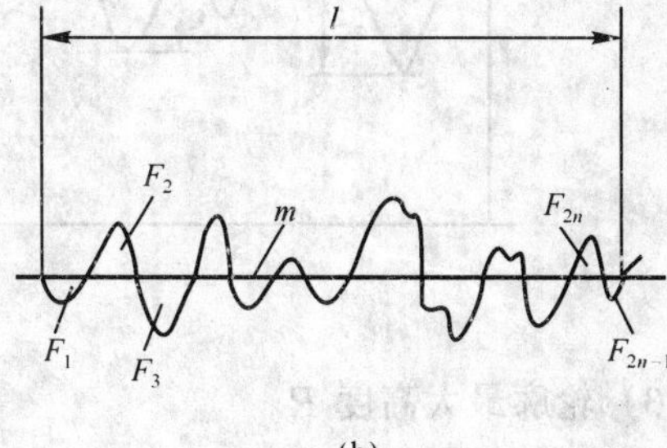

(b)

图　5—1

如图 5—1（b）所示。即 $F_1+F_3+\cdots\cdots+F_{2n-1}=F_2+F_4+\cdots\cdots+F_{2n}$（$n$ 为正整数）。

## 二、评 定 参 数

评定参数共有 6 个，其中高度参数 3 个，间距参数 2 个，综合参数 1 个。

**1. 高度参数**

（1）轮廓算术平均偏差 $R_a$

在取样长度内，轮廓偏距 $y$ 的绝对值的算术平均值，如图 5—2 所示。用公式表示为：

$$R_a=\frac{1}{l}\int_0^l|y|\,dx$$

或近似地

$$R_a=\frac{1}{n}\sum_{i=1}^{n}|y_i|$$

式中　$n$——在取样长度内所测点的数目。

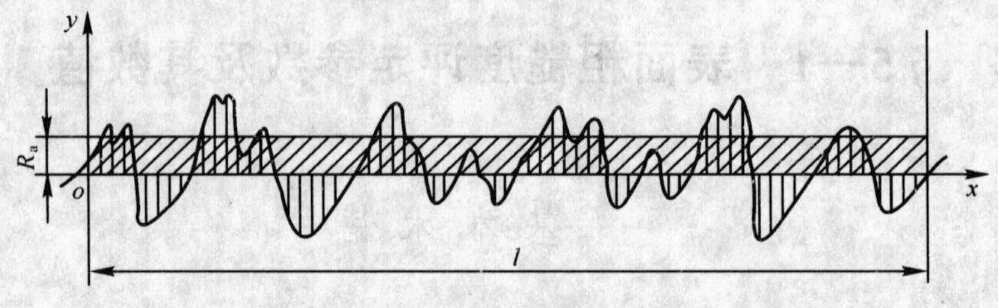


图　5—2

（2）微观不平度十点高度 $R_z$

在取样长度内，5 个最大的轮廓峰高的平均值与 5 个最大的轮廓谷深的平均值之和，如图 5—3 所示。用公式表示为：

$$R_z=\frac{\sum_{i=1}^{5}y_{pi}+\sum_{i=1}^{5}y_{vi}}{5}$$

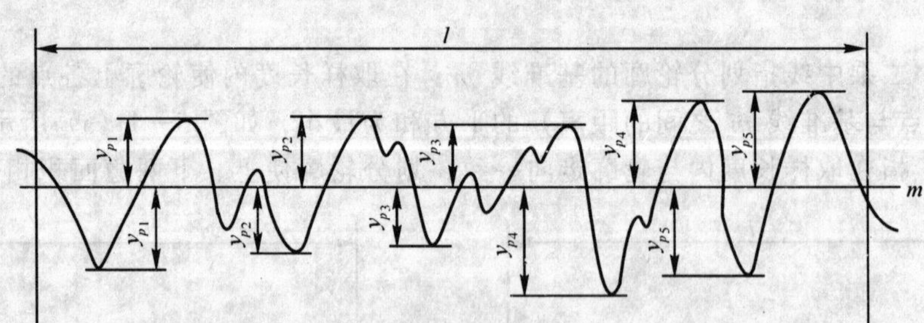


图　5—3

（3）轮廓最大高度 $R_y$

在取样长度内，轮廓峰顶线和轮廓谷底线之间的距离。如图 5—4 所示。用公式表示为：

$$R_y=R_p+R_v$$

在评定表面粗糙度高度参数时，可以在上述三个参数中选取。标准推荐优先选用 $R_a$。

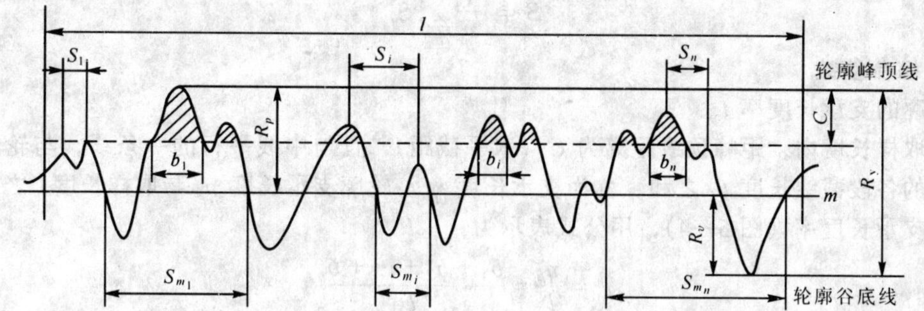


图　5—4

从生产实践中得知，只有高度参数还不能完全反映出零件表面粗糙度的特性。如图 5—5 (a)、(b) 所示，此两表面粗糙度的高度参数差异很小，但疏密度不同，因此表面特性（如密封性）也不同；又如图 5—6 (a)、(b) 和 (c) 所示，此三表面的形状不同，因此它们的耐磨性也不同。为了满足生产中的不同要求，标准又规定了下述三个参数。

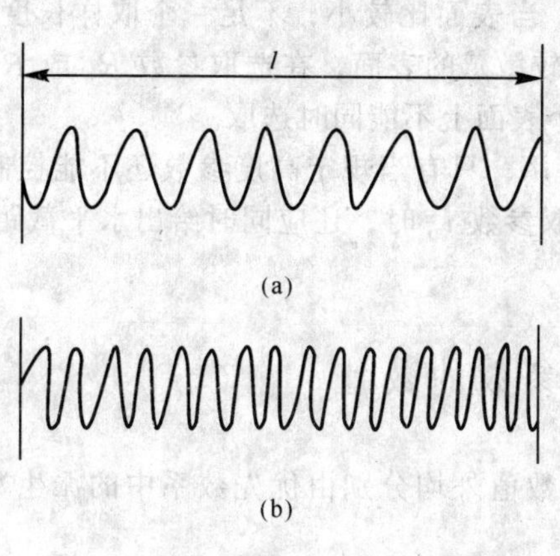


图　5—5

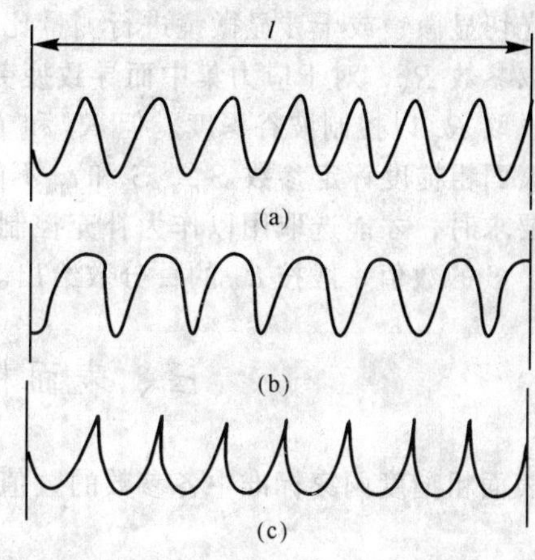


图　5—6

**2. 间距参数**

(1) 轮廓微观不平度的平均间距 $S_m$

含有一个轮廓峰（与中线有交点的峰）和相邻轮廓谷（与中线有交点的谷）的一段中线长度 $S_{m_i}$，称为轮廓微观不平度间距。在取样长度内，轮廓微观不平度间距的平均值，则称为轮廓微观不平度平均间距，如图 5—4 所示。用公式表示为：

$$S_m = \frac{1}{n}\sum_{i=1}^{n} S_{m_i}$$

式中　$n$——在取样长度内间距 $S_{m_i}$ 的个数。

(2) 轮廓单峰平均间距 $S$

两相邻轮廓单峰（两相邻轮廓最高点之间的轮廓部分）的最高点之间的距离投影在中线上的长度 $S_i$ 称为轮廓的单峰间距。在取样长度内轮廓的单峰间距的平均值，称为轮廓单峰平均间距（图 5—4），用公式表示为：

$$S = \frac{1}{n}\sum_{i=1}^{n} S_i$$

**3. 综合参数**

轮廓的支承长度率 $t_p$

在取样长度内，距峰顶线距离为 $C$（水平截距），且与中线平行的一条线，与轮廓相截所得到的各段截线长度 $b_i$ 之和，称为支承长度 $\eta_p$。轮廓支承长度 $\eta_p$ 与取样长度 $l$ 之比，称为轮廓支承长度率（图 5—4），用公式表示为：

$$t_p = \frac{\eta_p}{l} = \frac{b_1 + b_2 + \cdots + b_n}{l}$$

我国表面粗糙度国家标准（GB/T1031—1995）规定，表面粗糙度的要求可从上述六个参数（$R_a$、$R_z$、$R_y$、$S_m$、$S$、$t_p$）中选取。其中高度参数（$R_a$、$R_z$ 和 $R_y$）是基本参数，对表面粗糙度有要求的表面均需选取。当高度参数还不满足表面的功能要求(如对轮廓横向间距的疏密要求或耐磨要求)时，根据需要可再选取间距参数($S_m$ 或 $S$)或综合参数($t_p$)。

在高度参数的选取中推荐优先选用参数 $R_a$，当粗糙度要求特别高或特别低（$R_a<0.025$mm 和 $R_a>0.63\mu$ 或 $R_z<0.1\mu$ 和 $R_z>25\mu$）时，生产中常选用参数 $R_z$，这是因为此时用光切显微镜或干涉显微镜进行测量比较方便。当表面比较小，不足一个取样长度长时，常选取参数 $R_y$，对于应力集中而导致疲劳破坏比较敏感的表面，在选取参数 $R_a$ 或 $R_z$ 时可同时选取 $R_y$ 以控制波谷深度。但 $R_a$ 和 $R_z$ 在一个表面上不能同时选取。

表面粗糙度评定参数 $S_m$、$S$ 和 $t_p$ 不能单独使用，只有当规定高度参数还不能控制表面功能要求时，才能选取用以作为补充控制，当选取参数 $t_p$ 时，还应同时给出水平截距 $C$ 的数值。$C$ 的数值一般按 $R_y$ 的百分数给出。

## 三、表面粗糙度参数的数值

表面粗糙度国家标准中各参数的数值除 $t_p$ 的数值外均分别由优先数系中的派生数系确定。

(1) $R_a$ 它的数值由派生数系 $R10/3$（0.012，……，100）所组成，单位为微米，共 14 个。如表 5—1 所示。

(2) $R_z$、$R_y$ 两者的数值相同，由派生数系 $R10/3$（0.025，……，1 600）所组成，单位为微米，共 17 个，如表 5—2 所示。

(3) $S_m$、$S$ 两者的数值相同，由派生数系 $R10/3$（0.006，……，12.5）所组成，单位毫米，共有 12 个，如表 5—3 所示。

(4) $l$、$l_n$ 两者的数值分别由派生数系 $R10/5$（0.08，……，25）和 $R10/5$（0.4，……，40）所组成，单位为毫米，如表 5—4 所示。由于高度参数与取样长度的取值有关，在表 5—4 中同时列出了高度参数、取样长度和评定长度的对应关系。

**表 5—1**

| | | | | |
|---|---|---|---|---|
| $R_a$ | 0.012 | 0.2 | 3.2 | 50 |
| | 0.025 | 0.4 | 6.3 | 100 |
| | 0.05 | 0.8 | 12.5 | |
| | 0.1 | 1.6 | 25 | |

**表 5—2**

| | | | | | |
|---|---|---|---|---|---|
| $R_z$，$R_y$ | 0.025 | 0.4 | 6.3 | 100 | 1 600 |
| | 0.05 | 0.8 | 12.5 | 200 | |
| | 0.1 | 1.6 | 25 | 400 | |
| | 0.2 | 3.2 | 50 | 800 | |

表 5—3

| | | | |
|---|---|---|---|
| $S_m$，$S$ | 0.006 | 0.1 | 1.6 |
| | 0.012 5 | 0.2 | 3.2 |
| | 0.025 | 0.4 | 6.3 |
| | 0.050 | 0.8 | 12.5 |

表 5—4

| $R_a$/μm | $R_z$，$R_y$/μm | $l$/mm | $l_n$/mm |
|---|---|---|---|
| ≥0.008～0.02 | ≥0.025～0.10 | 0.08 | 0.4 |
| >0.02～0.1 | >0.10～0.50 | 0.25 | 1.25 |
| >0.1～2.0 | >0.50～10.0 | 0.8 | 4.0 |
| >0.2～10.0 | >10.0～50.0 | 2.5 | 12.5 |
| >10.0～80.0 | >50～320 | 8.0 | 40.0 |
| | | 25 | |

（5）$t_p$ 是一个比值，由百分数表示，共 11 个，如表 5—5 所示。

为了便于应用，表 5—6 列出了粗糙度参数 $R_a$、$R_z$ 和 $R_y$ 的数值与原表面光洁度等级的对照。

表 5—5

| $t_p$（%） | 10 | 15 | 20 | 25 | 30 | 40 | 50 | 60 | 70 | 80 | 90 |
|---|---|---|---|---|---|---|---|---|---|---|---|

表 5—6

| 光洁度级别 | $R_a$ | | $R_z$，$R_y$ | |
|---|---|---|---|---|
| | GB1031—1968 最大允许值 | GB/T1031—1995 最大允许值 | GB1031—1968 最大允许值 | GB/T1031—1995 最大允许值 |
| $\nabla_1$ | 80 | 100 | 320 | 400 |
| $\nabla_2$ | 40 | 50 | 160 | 200 |
| $\nabla_3$ | 20 | 25 | 80 | 100 |
| $\nabla_4$ | 10 | 12.5 | 40 | 50 |
| $\nabla_5$ | 5 | 6.3 | 20 | 25 |
| $\nabla_6$ | 2.5 | 3.2 | 10 | 12.5 |
| $\nabla_7$ | 1.25 | 1.6 | 6.3 | 6.3 |
| $\nabla_8$ | 0.63 | 0.8 | 3.2 | 3.2 |
| $\nabla_9$ | 0.32 | 0.4 | 1.60 | 1.6 |
| $\nabla_{10}$ | 0.16 | 0.2 | 0.80 | 0.8 |
| $\nabla_{11}$ | 0.08 | 0.1 | 0.40 | 0.4 |
| $\nabla_{12}$ | 0.04 | 0.05 | 0.20 | 0.2 |
| $\nabla_{13}$ | 0.02 | 0.025 | 0.10 | 0.1 |
| $\nabla_{14}$ | 0.01 | 0.012 | 0.05 | 0.05 |

# §5—2 表面粗糙度的标注

## 一、表面粗糙度的基本符号

√——用去除材料的方法获得的表面，如车、铣、刨、电火花加工等；

√——用不去除材料的方法获得的表面，如铸、锻、冷轧等；

√——用任何方法获得的表面；

√、√、√——在上述三个符号上均可加一个小圆，表示所有表面具有相同的表面粗糙度要求。

## 二、基本符号周围有关的标注

表面粗糙度的标注如图 5—7（a）所示。图中代号 $a$ 的位置标注高度参数。当选用参数 $R_a$ 时，$R_a$ 代号可以省略，只标出参数值。当选用参数 $R_z$ 或 $R_y$ 时，除标出参数值外，$R_z$ 或 $R_y$ 代号也应标出。高度参数的数值只有一个时，为高度参数值的上限值，若有两个时，则分别为上、下限值；图中代号 $b$ 的位置标注加工方法、镀涂或其他表面处理等；图中代号 $c$ 的位置标注取样长度 $l$ 的数值、若取样长度按表 5—4 选取，则标注可以省去；图中代号 $e$ 的位置标注加工余量；图中代号 $f$ 的位置标注间距参数 $S_m$, $S$ 和综合参数 $t_p$；图中代号 $d$ 的位置标注加工纹理方向的符号或代号，图 5—7(b)列出了部分加工纹理方向的符号。

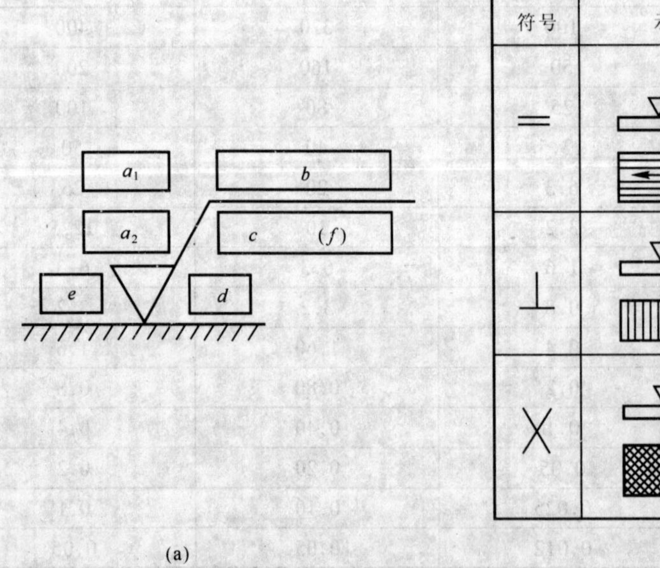

(a)

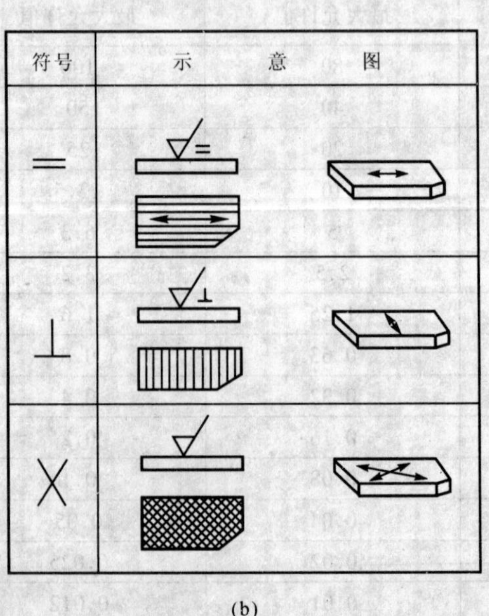

(b)

图 5—7

表面粗糙度在零件上的标注如图 5—8 所示。

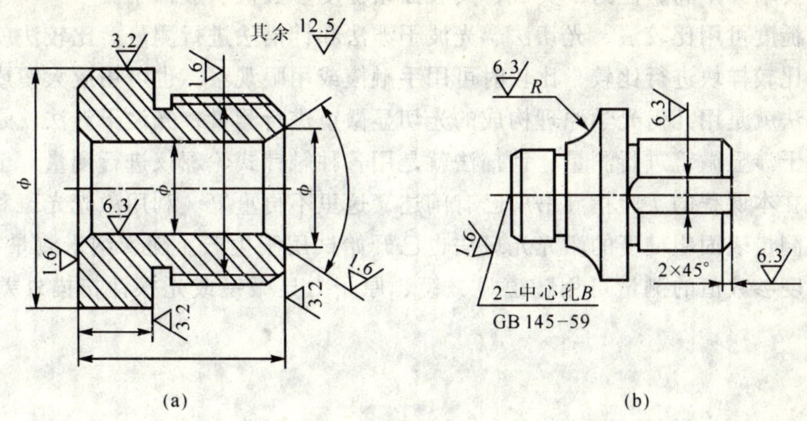


图　5—8

## §5—3　表面粗糙度参数值的选择

零件表面粗糙度参数值的选择既要满足零件表面的功能要求，也要考虑到经济性。具体选用时可参照一些经过验证的实例，用类比法来确定。对高度参数一般按如下原则选择：

(1) 在满足功能要求的情况下，尽量选用较大的表面粗糙度参数值。

(2) 同一零件上，工作表面的粗糙度参数值小于非工作面的粗糙度参数值。

(3) 摩擦表面比非摩擦表面的粗糙度参数值要小；滚动摩擦表面比滑动摩擦表面的粗糙度参数值要小；运动速度高，单位压力大的摩擦表面应比运动速度低，单位压力小的摩擦表面的粗糙度参数值要小。

(4) 运动精度要求高的表面比运动精度要求低的表面的粗糙度参数值要小；接触刚度要求高的表面比接触刚度要求低的表面的粗糙度参数值要小；承受腐蚀工作环境下的零件表面比不承受腐蚀工作环境下的零件表面粗糙度参数值要小。

(5) 受循环载荷的表面及易引起应力集中的部位（如圆角、沟槽），表面粗糙度参数值要小。

(6) 配合性质要求高的结合表面、配合间隙小的配合表面以及要求连接可靠、受重载的过盈配合表面等，都应取较小的粗糙度参数值。

(7) 配合性质相同，零件尺寸越小时，表面粗糙度参数值应越小；同一公差等级，小尺寸比大尺寸、轴比孔的表面粗糙度参数值应小。

通常尺寸公差和表面形状公差值小时，表面粗糙度参数值也小，其对应关系如下述一组表达式：

$T\approx 0.6\text{IT}$　　则 $R_a\leqslant 0.05\text{IT}$　　$R_z\leqslant 0.2\text{IT}$

$T\approx 0.4\text{IT}$　　$R_a\leqslant 0.025\text{IT}$　　$R_z\leqslant 0.1\text{IT}$

$T\approx 0.25\text{IT}$　　$R_a\leqslant 0.012\text{IT}$　　$R_z\leqslant 0.05\text{IT}$

$T<0.25\text{IT}$　　$R_a\leqslant 0.15T$　　$R_z\leqslant 0.6T$

式中，IT 为尺寸公差，T 为形状公差。

但是，在某些情况下，如机器、仪器上的手柄，手轮和仪器上的某些外表部位，其尺寸和形状精度要求并不高，但为了美观，其表面粗糙度参数值一般都小。

表面粗糙度可用比较法、光切法、光波干涉法和针描法进行测量。比较法就是将被测表面和相应的比较样块进行比较，比较时可用手触摸或用眼观察，也可用放大镜或比较显微镜进行；光切法就是用几何光学原理构成的光切显微镜进行测量；光波干涉法就是用光波干涉原理构成的干涉显微镜进行测量；针描法就是用各种触针式轮廓仪进行测量。上述测量方法和仪器原理在本课程的实验指导书中已有阐述，这里不再重复。利用激光光斑和光电转换电压比的原理测量表面粗糙度的激光光斑法也已开始试用于生产。随着纳米测量技术的发展，更小的粗糙度参数值的测量可用隧道显微镜、原子力显微镜或光探针扫描外差干涉仪等进行。

# 第六章 滚动轴承的互换性

## §6—1 概 述

滚动轴承是机械中广泛使用的一种标准化部件。与滑动轴承相比，它具有摩擦力矩小、消耗功率小、起动容易和更换简便等优点(图6—1)。滚动轴承通常由外圈、内圈、滚动体和保持架4部分组成，用以支承轴类零件转动。轴承的外径 $D$ 和内径 $d$ 是配合的基本尺寸，分别和壳体孔及轴颈配合。滚动轴承的外圈内滚道、内圈外滚道与滚动体之间，由于大都采用分组装配，所以它们之间的互换性通常为不完全互换性。

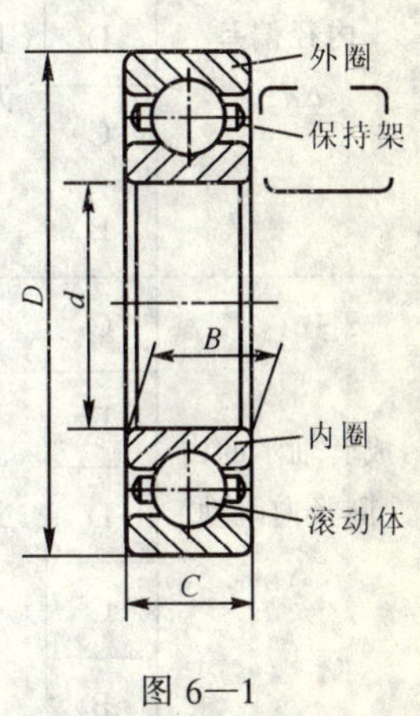

图6—1

滚动轴承是由专业化工厂生产的，为了实现滚动轴承的互换性要求，制订了滚动轴承的公差标准。它不仅规定了滚动轴承的尺寸精度、旋转精度、测量方法，还规定了与轴承相配的壳体孔和轴颈的尺寸精度、配合、形位公差和表面粗糙度等。

## §6—2 滚动轴承的精度等级及其应用

按滚动轴承公差标准（GB 307.1—1984）的规定，轴承按其基本尺寸公差和旋转精度分为5个精度等级，分别用G，E，D，C，B表示，G级精度最低，B级精度最高。

滚动轴承基本尺寸精度是指内圈的内径、外圈的外径和宽度尺寸的公差。由于轴承内、外圈为薄壁结构，在制造以及存放中易变形（常呈椭圆形），但在装配后一般都能得到矫正。因此，为便于制造，允许内、外圈有一定的变形（允许的变形在国家标准中用单一直径偏差和单一直径变动量来控制），详见GB307.1—1984。为保证轴承与结合件的配合性质，所限制的仅是内、外圈在其单一平面内的平均直径（用 $d_{mp}$ 和 $D_{mp}$ 表示），亦即轴承的配合尺寸，其计算式为：

内径：

$$d_{mp}=(d_{s\max}+d_{s\min})/2$$

外径：

$$D_{mp}=(D_{s\max}+D_{s\min})/2$$

式中 $d_{s\max}$，$d_{s\min}$——加工后实测到的最大、最小单一内径；

$D_{s\max}$，$D_{s\min}$——加工后实测到的最大、最小单一外径。

合格的轴承，其内、外圈的直径必须使 $d_{mp}$，$D_{mp}$ 在允许的尺寸范围内。

滚动轴承的旋转精度是指内、外圈的径向跳动、端面跳动及滚道的侧向摆动等。

**表 6—1 向心轴承（圆锥滚子轴承除外）内圈公差** μm

| 偏差或公差 | 精度等级 | 偏差或允许跳动 | 内径基本尺寸 $d$/mm | | | | | |
|---|---|---|---|---|---|---|---|---|
| | | | >10～18 | >18～30 | >30～50 | >50～80 | >80～120 | >120～180 |
| 单一平面平均内径偏差 $\Delta d_{mp}$ | G | 下偏差（上偏差为零） | -8 | -10 | -12 | -15 | -20 | -25 |
| | E | | -7 | -8 | -10 | -12 | -15 | -18 |
| | D | | -5 | -6 | -8 | -9 | -10 | -13 |
| | C | | -4 | -5 | -6 | -7 | -8 | -10 |
| | B | | -2.5 | -2.5 | -2.5 | -4 | -5 | -7 |
| 成套轴承的内圈径向跳动 $K_{ia}$ | G | 最大 | 10 | 13 | 15 | 20 | 25 | 30 |
| | E | | 7 | 8 | 10 | 10 | 13 | |
| | D | | 4 | 4 | 5 | 5 | 6 | 8 |
| | C | | 2.5 | 3 | 4 | 4 | 5 | 6 |
| | B | | 1.5 | 2.5 | 2.5 | 2.5 | 2.5 | 2.5 |

**表 6—2 向心轴承（圆锥滚子轴承除外）外圈公差** μm

| 偏差或公差 | 精度等级 | 偏差或允许跳动 | 外径基本尺寸 $D$/mm | | | | | |
|---|---|---|---|---|---|---|---|---|
| | | | >18～30 | >30～50 | >50～80 | >80～120 | >120～150 | >150～180 |
| 单一平面平均外径偏差 $\Delta D_m$ | G | 下偏差（上偏差为零） | -9 | -11 | -13 | -15 | -18 | -25 |
| | E | | -8 | -9 | -11 | -13 | -15 | -18 |
| | D | | -6 | -7 | -9 | -10 | -11 | -13 |
| | C | | -5 | -6 | -7 | -8 | -9 | -10 |
| | B | | -4 | -4 | -4 | -5 | -5 | -7 |
| 成套轴承的外圈径向跳动 $K_{ea}$ | G | 最大 | 15 | 20 | 25 | 35 | 40 | 45 |
| | E | | 9 | 10 | 13 | 18 | 20 | 23 |
| | D | | 6 | 7 | 8 | 10 | 11 | 13 |
| | C | | 4 | 5 | 5 | 6 | 7 | 8 |
| | B | | 2.5 | 2.5 | 4 | 5 | 5 | 5 |

表 6—1 和表 6—2 给出了国家标准规定的轴承内、外径的极限偏差及径向跳动值（其他的精度指标数值见国家标准）。

选择滚动轴承的精度等级，主要考虑以下两方面：一是根据机器功能对轴承部件的旋转精度要求，例如当机床主轴的径向跳动要求为 0.01mm 时，多选用 D 级轴承；若径向跳动要求为 0.001～0.005mm 时，多选用 C 级轴承。二是转速的高低，转速高时，由于与轴承配合的旋转轴（或壳体孔）可能随轴承的跳动而跳动，势必造成旋转不平稳，产生振动和噪声，因此转速高时，应选用精度高的轴承。

G 级轴承用在旋转精度要求不高的一般机构中，在机械制造中应用最广泛，如普通机床和汽车、拖拉机的变速机构，普通电机、水泵、压缩机的旋转机构等。

E、D、C 级轴承应用于转速较高和旋转精度也要求较高的机械中，如机床的主轴、精密仪器和机械中使用的轴承。

B 级轴承应用于旋转精度和转速很高的机械中，如坐标镗床主轴、高精度仪器和各种高精度磨床主轴所使用的轴承。

## §6—3　滚动轴承内、外径的公差带及其特点

滚动轴承为标准化的部件，根据标准件的特点，滚动轴承内圈与轴的配合采用基孔制，外圈与壳体孔的配合应采用基轴制，以便实现完全互换性。

图 6—2 为轴承内、外径的公差带图。由图可见，各级轴承的单一平面平均外径 $D_{mp}$ 的公差带的上偏差均为零，与一般基轴制相同。单一平面平均内径 $d_{mp}$ 的公差带，其上偏差亦为零，而下偏差均为负值，和一般基孔制的规定不同，这样的公差带分布是考虑到轴承与轴颈配合的特殊需要，当它与一般过渡配合的轴相配时，可以获得小量的过盈，从而满足了轴承内孔与轴的配合要求，同时又可按标准偏差来加工轴。

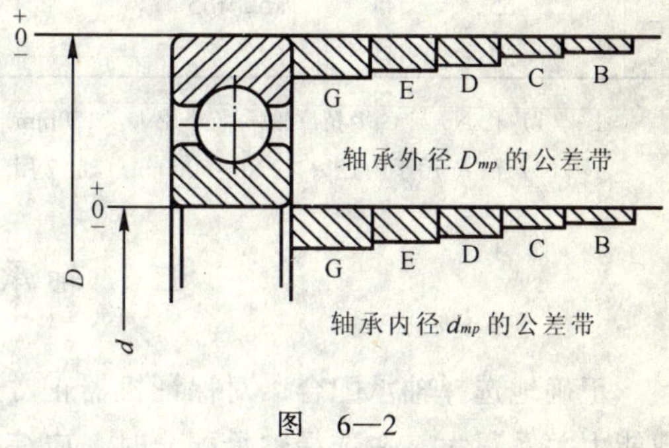

图　6—2

## §6—4　滚动轴承与轴和壳体孔的配合及选用

GB275—1984 规定了与轴承内、外径相配合的轴和壳体孔的尺寸公差带、形位公差、表面粗糙度以及配合选用的基本原则。

### 一、轴和壳体孔的尺寸公差带

如在§6—3 节所述，轴承内径与轴颈的配合采用基孔制，外径与壳体孔的配合采用基轴制。与轴承相配合的轴颈、壳体孔的公差带都是从极限与配合国家标准中选出来的，见表 6—3。

在表 6—3 中，应该注意的是由于轴承内径 $d_{mp}$ 公差带在零线以下，所以同一个轴的公差带（如 m5）与轴承内径形成的配合，要比它与一般基准孔形成的配合（如 H6/m5）紧得多。有的由间隙配合变为过渡配合，有的由过渡配合变成了过盈配合。至于轴承外径与壳体孔的配合，虽然轴承外径 $D_{mp}$ 的公差带位置与一般基准轴相同，但因 $D_{mp}$ 的公差值是特殊规定的，所以同一个孔的公差带（如 M6）与轴承外径形成的配合，与一般圆柱体的基轴制配合（如 M6/h5）也不完全相同。

**表 6—3　与滚动轴承各级精度相配合的轴和壳体孔公差带**

| 轴承精度 | 轴公差带 | | 壳体孔公差带 | | |
|---|---|---|---|---|---|
| | 过渡配合 | 过盈配合 | 间隙配合 | 过渡配合 | 过盈配合 |
| G | h9 | | H8 | | |
| | h8 | r7 | G7，H7 | J7，Js7，K7，M7，N7 | P7 |
| | g6，h6，j6，js6 | k6，m6，n6，p6，r6 | H6 | J6，Js6，K6，M6，N6 | P6 |
| | g5，h5，j5 | k5，m5 | | | |
| E | | r7 | H8 | | |
| | g6，h6，j6，js6 | k6，m6，n6，p6，r6 | G7，H7 | J7，Js7，K7，M7，N7 | P7 |
| | g5，h5，j5 | k5，m5 | H6 | J6，Js6，K6，M6，N6 | P6 |
| D | | k6，m6 | G6，H6 | Js6，K6，M6 | |
| | h5，j5，js5 | k5，m5 | | Js5，K5，M5 | |
| C | h5，js5 | k5，m5 | | K6 | |
| | h4，js4 | k4 | H5 | Js5，K5，M5 | |

注：（1）孔 N6 与 G 级精度轴承（外径 $D<150$mm）和 E 级精度轴承（外径 $D<315$mm）的配合为过盈配合；

（2）轴 r6 用于内径 $d>120\sim500$mm；轴 r7 用于内径 $d>180\sim500$mm。

## 二、轴承配合的选择

正确地选择轴承配合，对保证机器正常运转，提高轴承的使用寿命，充分利用轴承的承载能力关系很大。在选择轴承配合时，应综合考虑以下因素：轴承的工作条件；作用在轴承上负荷的大小、方向和性质；轴承类型和尺寸；与轴承相配的轴和壳体孔的材料和结构，工作温度，装卸和调整等。

**1. 负荷类型**

（1）局部负荷：作用于轴承上的合成径向负荷与套圈相对静止，即负荷方向始终不变地作用在套圈滚道的局部区域上，该套圈所承受的这种负荷类型，称为局部负荷。例如轴承承受一个方向不变的径向负荷 $R_g$，此时，固定不转的套圈所承受的负荷类型即为局部负荷，如图 6—3（a）、（b）所示。

（2）循环负荷：作用于轴承上的合成径向负荷与套圈相对旋转，即合成径向负荷顺次地作用在套圈的整个圆周上，该套圈所承受的这种负荷类型称为循环负荷。例如轴承承受一个方向不变的径向负荷 $R_g$，旋转套圈所承受的即为循环负荷，如图 6—3（a）、（b）所示。

（3）摆动负荷：作用于轴承上的合成径向负荷与所承载的套圈在一定区域内相对摆动，即其合成负荷向量经常变动地作用在套圈滚道的部分圆周上，该套圈所承受的负荷类型，称

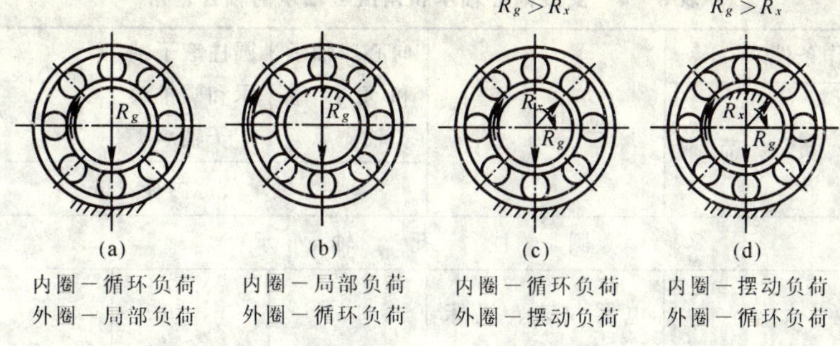


图　6—3

为摆动负荷。

例如轴承承受一个方面不变的径向负荷 $R_g$ 和一个较小的旋转径向负荷 $R_x$，两者的合成径向负荷 $R$，其大小与方向都在变动。但合成径向负荷 $R$ 仅在非旋转套圈 $\overset{\frown}{AB}$ 一段滚道内摆动（图 6—4），该套圈所承受的负荷类型，即为摆动负荷，如图 6—3(b)、(c)所示。

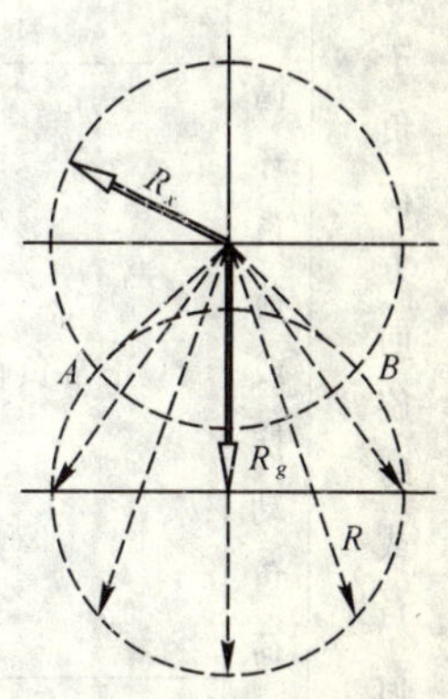


图　6—4

承受局部负荷应选较松的过渡配合，或间隙较小的配合，以便让套圈滚道间的摩擦力矩带动套圈转位，使套圈受力均匀，延长轴承的使用寿命。承受循环负荷应选过盈配合，或较紧的过渡配合，其过盈量的大小，以不使套圈与轴或壳体孔配合表面间产生爬行现象为原则。承受摆动负荷时，其配合要求与循环负荷相同或略松一点。

**2. 负荷的大小**

滚动轴承套圈与轴或壳体孔配合的最小过盈，按负荷的大小而定。一般将径向负荷 $p \leqslant 0.07C$ 时称为轻负荷；$0.07C < p \leqslant 0.15C$ 称为正常负荷；$p > 0.15C$ 时称为重负荷，其中 $C$ 为轴承的额定负荷。

当轴承内圈承受循环负荷时，它与轴颈配合所需的最小过盈（$Y_{\min}$）可按下式计算：

$$Y_{\min} = -\frac{13Rk}{10^6 b}\ (\text{mm}) \tag{6—1}$$

式中　$R$——轴承承受的最大径向负荷（kN）；

$k$——与轴承系列有关的系数，轻系列 $k=2.8$，中系列 $k=2.3$，重系列 $k=2$；

$b$——轴承内圈的配合宽度($b=B-2r$，$B$ 为轴承内圈宽度，$r$ 为内圈倒角)，单位为 m。

同时，为避免套圈破裂，必须按不超出套圈允许的强度计算其最大过盈（$Y_{\max}$），即：

$$Y_{\max} = -\frac{11.4kd\,[\sigma_p]}{(2k-2)\ 10^3}\ (\text{mm}) \tag{6—2}$$

式中　$[\sigma_p]$——允许的拉应力，单位为 $10^5$Pa(轴承钢的许用拉应力 $[\sigma_p] \approx 400(10^5\text{Pa})$)；

$d$——轴承内圈内径，单位以 m 计；

$k$——与轴承系列有关的系数，数值同上。

根据计算所得的最大、最小过盈量，便可从 GB1801—1979 中选取最接近的轴公差带代号。但由于实际因素影响的复杂性，如工作温度、轴承的旋转速度、旋转精度、轴颈和壳体孔的材料、结构以及安装与拆卸等影响，上述计算公式未必完全可靠。因此，除了按公式作为校核用外，通常还依靠经验类比法选取，表 6—4、表 6—5 列出了国标推荐的安装向心轴承和角接触轴承的轴和壳体孔的公差带，供选择时参考。

**表 6—4 安装向心轴承和角接触轴承的轴公差带**

| 内圈工作条件：旋转状态 | 内圈工作条件：负荷类型 | 内圈工作条件：负荷 | 应用举例 | 向心球轴承和角接触轴承 | 圆柱滚子轴承和圆锥滚子轴承 | 调心滚子轴承 | 公差带 |
|---|---|---|---|---|---|---|---|
| | | | | 轴承公称内径/mm | | | |
| 圆柱孔轴承 | | | | | | | |
| 内圈相对于负荷方向旋转或负荷方向摆动 | 循环负荷或摆动负荷 | 轻负荷 | 电器仪表、机床(主轴)、精密仪器、泵、通风机、传送带 | ≤18 | | — | h5 |
| | | | | >18～100 | ≤40 | ≤40 | j6① |
| | | | | >100～200 | >40～140 | >40～100 | k6① |
| | | | | — | >140～200 | >100～200 | m6① |
| | | 正常负荷 | 一般通用机械、电动机、涡轮机、泵、内燃机变速箱、木工机械 | ≤18 | — | — | j5 |
| | | | | >18～100 | ≤40 | ≤40 | k5② |
| | | | | >100～140 | >40～100 | >40～65 | m6② |
| | | | | >140～200 | >100～140 | >65～100 | m6 |
| | | | | >200～280 | >140～200 | >100～140 | n6 |
| | | | | — | >200～400 | >140～280 | p6 |
| | | | | — | — | >280～500 | r6 |
| | | | | — | — | >500 | r7 |
| | | 重负荷 | 铁路车辆和电车轴箱、牵引电动机、轧钢机、破碎机等重型机械 | — | >50～140 | >50～100 | n6③ |
| | | | | — | >140～200 | >100～140 | p6③ |
| | | | | — | >200 | >140～200 | r6③ |
| | | | | — | — | >200 | r7③ |
| 内圈相对于负荷方向静止 | 局部负荷 | 所有负荷：内圈必须在轴向容易移动 | 静止轴上的各种轮子 | 所有尺寸 | | | g6① |
| | | 所有负荷：内圈不必要在轴向移动 | 张紧滑轮、绳索轮 | 所有尺寸 | | | h6① |
| 纯轴向负荷 | | | 所有应用场合 | 所有尺寸 | | | j6 或 js6 |
| 圆锥孔轴承（带锥形套） | | | | | | | |
| 所有负荷 | | | 火车和电车的轴箱 | 装在退卸套上的所有尺寸 | | | h8 (IT5)④ |
| | | | 一般机械或传动轴 | 装在紧定套上的所有尺寸 | | | h9 (IT5)⑤ |

注：①凡对精度有较高要求的场合，应用 j5、k5…代替 j6、k6…等；

②单列圆锥滚子轴承和单列角接触球轴承，因内部游隙的影响不很重要，可选用 k6 和 m6 代替 k5 和 m5；

③应选用径向游隙大于基本组的滚子轴承；

④凡有较高精度和转速要求的场合，应选用 h7；IT5 为轴颈形状公差；

⑤尺寸>500mm，其形状公差为 IT7。

**表 6—5　安装向心轴承和角接触轴承的壳体孔公差带**

| 外圈工作条件 | | | | | 应用情况 | 公差带 |
|---|---|---|---|---|---|---|
| 旋转状态 | 负荷类型 | 负荷 | 轴向位移限度 | 其他情况 | | |
| 外圈相对于负荷方向静止 | 局部负荷 | 轻、正常和重负荷 | 轴向容易移动 | 轴处于高温场合 | 烘干筒、有调心滚子轴承的大电机 | G7 |
| | | | | 剖分式壳体 | 一般机械、铁路车辆轴箱 | H7① |
| | | 轻和正常负荷 | 轴向能移动 | 整体式 | 磨床主轴用球轴承，小型电动机 | J6、H6 |
| | | 冲击负荷 | | 整体式或剖分式壳体 | 铁路车辆轴箱轴承 | J7① |
| 外圈相对于负荷方向摆动 | 摆动负荷 | 轻和正常负荷 | | | 电动机、泵、曲轴主轴承 | |
| | | 正常和重负荷 | 轴向不能移动 | 整体式壳体 | 电动机、泵、曲轴主轴承 | K7① |
| | | 重冲击负荷 | | | 牵引电动机 | M7① |
| 外圈相对于负荷方向旋转 | 循环负荷 | 轻负荷 | | | 张紧滑轮 | M7① |
| | | 正常和重负荷 | | | 装用球轴承的轮毂 | N7① |
| | | 重冲击负荷 | | 薄壁、整体式壳体 | 装用滚子轴承的轮毂 | P7① |

注：①精度有较高要求的场合，应选用 IT6 代替 IT7，同时用整体式壳体；
对于轻合金壳体应选择比钢或铸铁较紧的配合。

**例**：在 C616 车床主轴后支承上，装有两个单列向心球轴承，如图 6—5 所示，其外形尺寸为：$d \times D \times B = 50 \times 90 \times 20$（mm）。试确定轴承的精度等级，轴承与轴和壳体孔的配合。

**解**：分析轴承的精度等级：

（1）C616 车床属轻载的普通车床，主轴承受轻载荷。

（2）C616 车床主轴的旋转精度和转速较高，选择 E 级精度的滚动轴承。

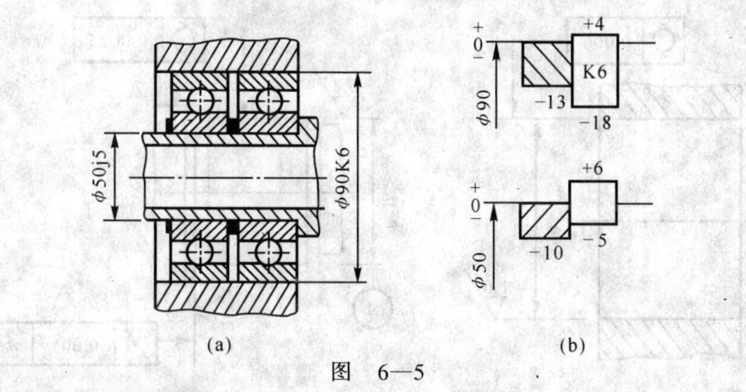


图　6—5

分析确定轴承与轴和壳体孔的配合：

（1）轴承内圈与主轴一起旋转，故内圈承受循环负荷，外圈装在壳体孔中不动，故外圈

承受局部负荷 。前者配合要求紧，后者配合可略松。

(2) 参照表 6—4、表 6—5，选出轴公差带为 j5，壳体孔公差带为 J6。

(3) 机床主轴前轴承已轴向定位，若后轴承外圈与壳体孔配合无间隙，则不能补偿由于温度变化引起的主轴的伸缩性；若外圈与壳体孔配合有间隙，会引起主轴跳动，从而影响了车床的加工精度。为了满足使用要求，将壳体孔公差带改用 K6。

(4) 由表 6—1、表 6—2 查得：E 级轴承单一平面平均内径偏差（$\Delta d_{mp}$）为 $\phi 50$（$^{\ 0}_{-0.01}$）mm,单一平面平均外径偏差（$\Delta D_{mp}$）为 $\phi 90$（$^{\ 0}_{-0.013}$）mm。

根据 GB1801—1979 查得：轴为 $\phi 50j5$（$^{-0.006}_{+0.005}$）mm，壳体孔为 $\phi 90K6$（$^{+0.004}_{-0.018}$）mm。

图 6—5（b）所示为所选配合的公差带图解。

内圈与轴的配合性质是：$X_{max}=5\mu m$，$Y_{max}=-16\mu m$，平均过盈为 $-5.5\mu m$。

外圈与孔的配合性质是：$X_{max}=17\mu m$，$Y_{max}=-18\mu m$，平均过盈为 $-0.5\mu m$。

(5) 按表 6—6、表 6—7 查出轴和壳体孔的形位公差、表面粗糙度值，并标注在轴和孔的零件图上，如图 6—6 所示。

**表 6—6 轴和壳体孔的形位公差**

| 基本尺寸/mm | | 圆柱度 t | | | | | | | | 端面圆跳动 $t_1$ | | | | | | | |
|---|---|---|---|---|---|---|---|---|---|---|---|---|---|---|---|---|---|
| | | 轴颈 | | | | 壳体孔 | | | | 轴肩 | | | | 壳体孔肩 | | | |
| | | 滚动轴承精度等级 | | | | | | | | | | | | | | | |
| | | G | E | D | C | G | E | D | C | G | E | D | C | G | E | D | C |
| 大于 | 到 | 公差值 /μm | | | | | | | | | | | | | | | |
| 10 | 18 | 3 | 2 | 1.2 | 0.8 | 5 | 3 | 2 | 1.2 | 8 | 5 | 3 | 2 | 12 | 8 | 5 | 3 |
| 18 | 30 | 4 | 2.5 | 1.5 | 1 | 6 | 4 | 2.5 | 1.5 | 10 | 6 | 4 | 2.5 | 15 | 10 | 6 | 4 |
| 30 | 50 | 4 | 2.5 | 1.5 | 1 | 7 | 4 | 2.5 | 1.5 | 12 | 8 | 5 | 3 | 20 | 12 | 8 | 5 |
| 50 | 80 | 5 | 3 | 2 | 1.2 | 8 | 5 | 3 | 2 | 15 | 10 | 6 | 4 | 25 | 15 | 10 | 6 |
| 80 | 120 | 6 | 4 | 2.5 | 1.5 | 10 | 6 | 4 | 2.5 | 15 | 10 | 6 | 4 | 25 | 15 | 10 | 6 |

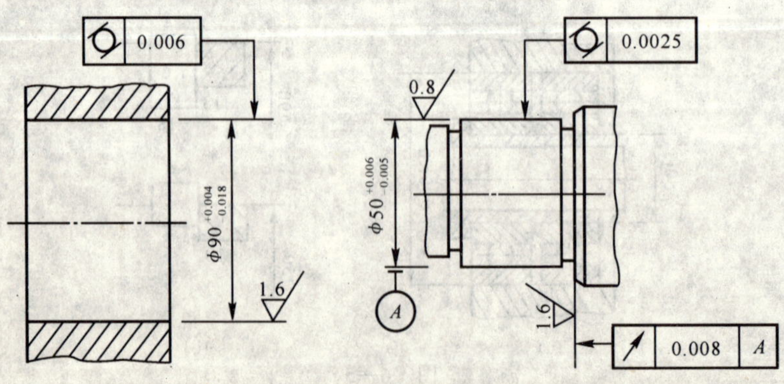


图 6—6

表6—7 配合表面的粗糙度

| 配合表面 | 滚动轴承精度等级 | 配合面的尺寸公差等级 | 滚动轴承公称内径或外径/mm | | | |
|---|---|---|---|---|---|---|
| | | | 至80 | | 大于80至500 | |
| | | | 表面粗糙度 | | | |
| | | | GB/T1030—1995 $R_a/\mu m$ | GB1031—1968 | GB/T1031—1995 $R_a/\mu m$ | GB1031—1968 |
| 轴颈 | G | IT6 | 1.6 | ▽7 | 1.6 | ▽6 |
| | E | IT5 | 0.8 | ▽8 | 1.6 | ▽7 |
| | D | | 0.40 | ▽8 | 0.8 | ▽8 |
| | C | | 0.4 | ▽9 | 0.8 | ▽8 |
| 壳体孔 | G | IT7 | 1.6 | ▽6 | 3.2 | ▽6 |
| | E | IT6 | 1.6 | ▽7 | 1.6 | ▽6 |
| | D | | 0.8 | ▽8 | 1.6 | ▽7 |
| | C | | 0.8 | ▽8 | 0.8 | ▽8 |
| 轴和壳体孔轴肩端面 | G | | 3.2 | ▽6 | 3.2 | ▽6 |
| | E | | 1.6 | ▽7 | 3.2 | ▽6 |
| | D | | 1.6 | ▽7 | 1.6 | ▽6 |
| | C | | 1.6 | ▽7 | 1.6 | ▽7 |

注：轴承装在退卸套或紧定套上时，轴颈表面的粗糙度 $R_a$ 值不应大于 3.2μm。

在精密仪器中，滚动轴承常作为运动部件的导向支承，转速较小，所承受的负荷也较小，但其精度要求却较高。为了结构上的需要，有时轴承外圈外径还需磨成圆弧形，而内圈内径与小轴的配合间隙或过盈都较小。例如，坐标测量机中工作台的导向轴承，有的就选用 *C* 级轴承（并按结构要求再加工），而小轴与内圈内径的配合则选用 js6。

# 第七章 光滑工件尺寸的检测

## §7—1 尺寸误检的基本概念

从第三章可知，任何测量、检验都不可避免地存在误差。测量工件所得到的实际尺寸，因测量器具、测量条件、测量方法和人员的不同而异，它并不等于工件尺寸客观存在的真实值。因此，在测量、检验过程中，真实尺寸位于公差带内但接近极限偏差（公差带边缘）的合格工件，可能因测得的实际尺寸超出公差带而被误判为废品，这种现象称为误废。另一方面，对真实尺寸已超差但靠近极限偏差的废品，可能因测得的实际尺寸仍处于公差带内而被误判为合格品，这种现象称为误收。误废和误收是误检的两种形式。至于由于技术上的失误和检测人员疏忽造成的误检，不属于这里所讨论的范围。

为了讨论方便，设工件的尺寸分布为正态分布，且分布范围与公差带一致，分布中心即为公差带的中心，而测量误差也服从正态分布。

如图 7—1 所示：

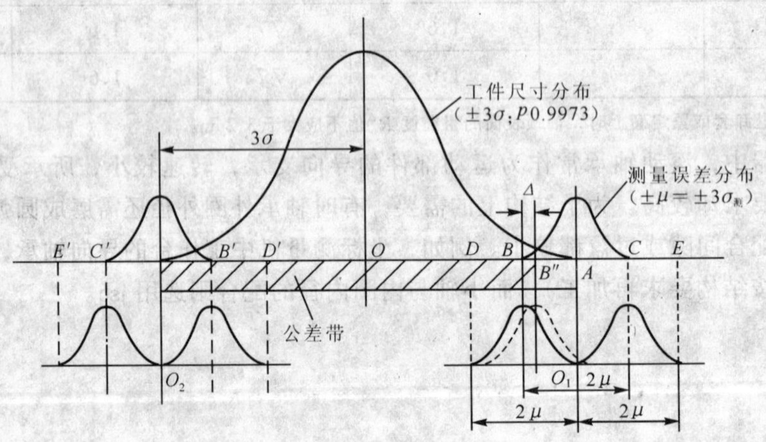


图 7—1

1. 真实尺寸位于公差带上限 $A$ 处的合格工件，测量后所得的实际尺寸可能在 $B$，$C$ 之间，其中处于 $A$，$B$ 之间的仍为合格件，处于 $A$，$C$ 之间的造成误废。

2. 真实尺寸位于 $B$ 点处的工件，测量所得的实际尺寸可能在 $A$，$D$ 之间，没有误废。但当工件真实尺寸（$B''$）略为超过 $B$ 点（图中超过量为 $\Delta$），则开始产生误废。误废的概率将随 $\Delta$ 的增大而迅速增大。

值得注意的是，$B''$处工件误废的概率虽远小于 $A$ 处，但 $B''$处分布的工件密度比 $A$ 处大，故误废的工件数目应以位于该处（很小的 $\Delta$ 范围内）的工件数目和误废概率之乘积来计算。

3. 真实尺寸位于 $C$ 点处的废品件，测量后所得的实际尺寸可能在 $A$，$E$ 之间，没有误收。但工件真实尺寸略小于 $C$ 点的尺寸，则将开始产生误收。误收的概率变化与误废相似，也将随着工件真实尺寸越接近 $A$ 点而迅速增大。不过在正常情况下，真实尺寸超出 $A$ 点的真废件数量很少，故实际上真实尺寸位于 $A$，$C$ 之间的真废品被误收的件数，要比真实尺寸位于 $A$，$B$ 之间的合格品被误废的件数少得多。

4. 真实尺寸小于 $B$ 点或超过 $C$ 点的工件，基本上没有误检。

5. 公差带两端的情况相同，图中左方所示与右方完全对称。

6. 如要严格保证产品质量，杜绝误收工件，则需将判断工件尺寸是否合格的界限，从公差带两端点向公差带内缩至图中 $B$ 及 $B'$ 的位置。但这样做要付出经济代价，即为了避免很少数工件的误收，可能使更多的合格件被误废。

为了提高产品质量，目前国内外都考虑在验收界限“内缩”的基础上，制订检测标准。我国参考 ISO 国际标准，制订了“光滑工件尺寸的检验”（GB3177—1982）和“光滑极限量规”（GB1957—1981）两个国家标准，前者于 1996 年进行了修订，新的标准代号为 GB/T3177—1996。下面将分别介绍。

## §7—2　用通用计量器具测量工件

用通用计量器具测量工件，应参照国家标准 GB/T3177—1996 进行。该标准适用于车间用的计量器具（游标卡尺、千分尺和分度值不小于 0.5μm 的指示表和比较仪等），主要用以检测公差等级为 IT6～IT18 的工件尺寸。标准规定了安全裕度和验收极限以及计量器具的具体选用方法。

### 一、安全裕度和验收极限

国家标准 GB/T 3177—1996 对用普通计量器具检测工件尺寸规定了两种验收极限（验收方式）。

**1. 内缩方式**

内缩方式是从工件的最大和最小实体尺寸分别向公差带内移动一个安全裕度 $A$ 来确定验收极限，如图 7—2 所示。这样可减少或防止误收，以确保产品质量，但误废会略有增加。安全裕度 $A$ 值取被测工件尺寸公差 $T$ 的十分之一，即：

$$A = T/10$$

**2. 不内缩方式**

不内缩方式是规定验收极限就是工件尺寸的两个极限尺寸，即安全裕度 $A=0$。

验收方式可按以下原则来选择：

(1) 对采用包容要求的尺寸及公差等级较高的尺寸，应选用内缩方式（如图 7—2）。

(2) 当工艺能力指数 $C_p \geqslant 1$ 时（$C_p = T/6\sigma$，$T$ 为工件尺寸公差，$\sigma$ 为加工方法的标准偏差），可用不内缩方式，但当采用包容要求时，在最大实体尺寸的一侧仍用内缩方式，如图 7—3 所示。

(3) 当工件的实际尺寸服从偏态分布时（如用手控加工，轴尺寸多偏大，孔尺寸多偏小，以免出现不可修复废品），可只对尺寸偏向的一侧选用内缩方式，另一侧不内缩，如图 7—4。

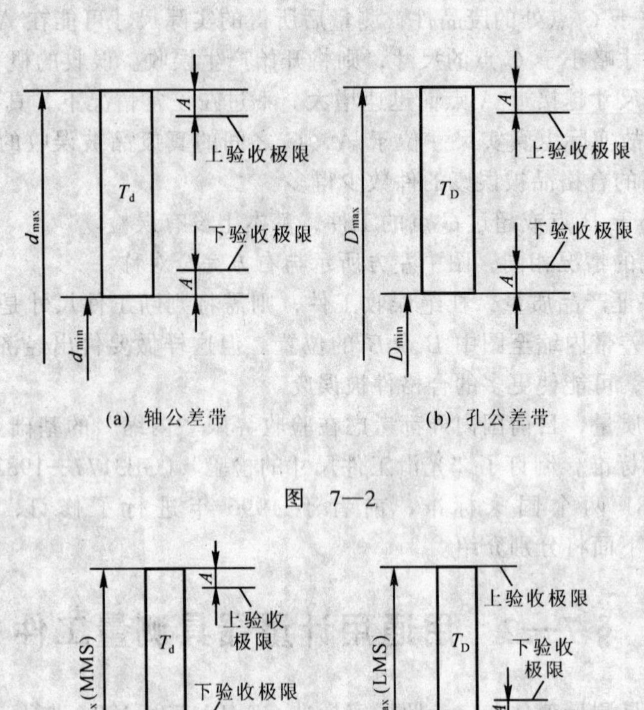


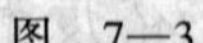

图 7—3

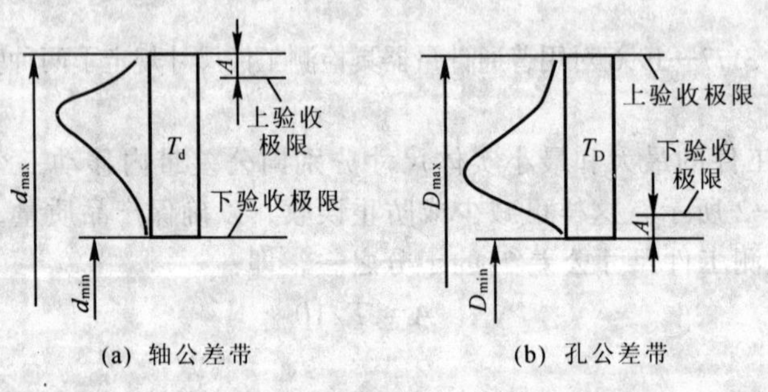


图 7—4

(4) 对于非配合尺寸和采用一般公差的尺寸，可用不内缩方式。

## 二、计量器具的选择

用通用计量器具检测工件尺寸，其测量不确定度 $U$ 除主要包括计量器具的不确定度 $u_1$ 外，还受测量温度、工件形状误差以及因测量力而产生的工件被测处的压缩变形等实测因素的影响。统计分析表明，由这些因素而产生的测量不确定度分量 $u_2$，约为计量器具不确定

度允许值 $u_1$ 的一半，即：

$$u_2 \approx 0.5u_1$$

$$U=\sqrt{u_1^2+u_2^2}$$

由此可得：

$$U=\sqrt{u_1^2+u_2^2}=\sqrt{u_1^2+(0.5u_1)^2}\approx 1.1u_1$$

$$u_1=0.9U$$

因此，在确定测量不确定度允许值 $U$ 之后，就可以按计量器具不确定度允许值 $u_1$ 来选择计量器具，使所选计量器具的不确定度不大于 $u_1$ 值。

测量不确定度允许值 $U$ 按其与工件尺寸公差（适用于 IT6～IT18）的比值分Ⅰ、Ⅱ、Ⅲ三档（IT12～IT18 只分Ⅰ、Ⅱ两档），如表 7—1 所列。一般情况下，优先选用Ⅰ档，其次为Ⅱ档、Ⅲ档。

**表 7—1　测量不确定度 $U$ 允许值**

<table>
<tr><td>被测尺寸公差等级</td><td colspan="3">IT6～IT11</td><td colspan="2">IT12～IT18</td></tr>
<tr><td>分档</td><td>Ⅰ</td><td>Ⅱ</td><td>Ⅲ</td><td>Ⅰ</td><td>Ⅱ</td></tr>
<tr><td>允许值</td><td>$T/10$</td><td>$T/6$</td><td>$T/4$</td><td>$T/10$</td><td>$T/6$</td></tr>
</table>

注：$T$ 为被测尺寸公差值。

常用计量器具不确定度的推荐值列于表 7—2、表 7—3 和表 7—4，可供具体选用。

**表 7—2　千分尺和游标卡尺的不确定度**　mm

<table>
<tr><td rowspan="3">尺寸范围</td><td colspan="4">计量器具类型</td></tr>
<tr><td>分度值 0.01 外径千分尺</td><td>分度值 0.01 内径千分尺</td><td>分度值 0.02 游标卡尺</td><td>分度值 0.05 游标卡尺</td></tr>
<tr><td colspan="4">不确定度</td></tr>
<tr><td>0～50</td><td>0.004</td><td rowspan="3">0.008</td><td rowspan="6">0.020</td><td rowspan="4">0.50</td></tr>
<tr><td>50～100</td><td>0.005</td></tr>
<tr><td>100～150</td><td>0.006</td></tr>
<tr><td>150～200</td><td>0.007</td><td rowspan="3">0.013</td></tr>
<tr><td>200～250</td><td>0.008</td><td rowspan="8">0.100</td></tr>
<tr><td>250～300</td><td>0.009</td></tr>
<tr><td>300～350</td><td>0.010</td><td rowspan="3">0.020</td><td rowspan="7"></td></tr>
<tr><td>350～400</td><td>0.011</td></tr>
<tr><td>400～450</td><td>0.012</td></tr>
<tr><td>450～500</td><td>0.013</td><td>0.025</td></tr>
<tr><td>500～600</td><td></td><td rowspan="3">0.030</td></tr>
<tr><td>600～700</td><td></td></tr>
<tr><td>700～1 000</td><td></td><td>0.150</td></tr>
</table>

注：当千分尺采用微差比较测量时，其不确定度可小于表列数值，约为 60%。

**表 7—3 比较仪的不确定度** mm

<table>
<tr><th colspan="2" rowspan="2">尺寸范围</th><th colspan="4">所使用的计量器具</th></tr>
<tr><th>分度值为 0.000 5（相当于放大倍数 2 000倍）的比较仪</th><th>分度值为 0.001（相当于放大倍数 1 000倍）的比较仪）</th><th>分度值为 0.002（相当于放大倍数 500 倍）的比较仪</th><th>分度值为 0.005（相当于放大倍数 200 倍）的比较仪</th></tr>
<tr><th>大于</th><th>至</th><th colspan="4">不确定度</th></tr>
<tr><td></td><td>25</td><td>0.000 6</td><td rowspan="2">0.0010</td><td>0.001 7</td><td rowspan="7">0.003 0</td></tr>
<tr><td>25</td><td>40</td><td>0.000 7</td><td rowspan="3">0.001 8</td></tr>
<tr><td>40</td><td>65</td><td>0.000 8</td><td rowspan="2">0.001 1</td></tr>
<tr><td>65</td><td>90</td><td>0.000 8</td></tr>
<tr><td>90</td><td>115</td><td>0.000 9</td><td>0.001 2</td><td rowspan="2">0.001 9</td></tr>
<tr><td>115</td><td>165</td><td>0.001 0</td><td>0.001 3</td></tr>
<tr><td>165</td><td>215</td><td>0.001 2</td><td>0.001 4</td><td>0.002 0</td></tr>
<tr><td>215</td><td>265</td><td>0.001 4</td><td>0.001 5</td><td>0.002 1</td><td rowspan="2">0.003 5</td></tr>
<tr><td>265</td><td>315</td><td>0.001 6</td><td>0.001 7</td><td>0.002 2</td></tr>
</table>

注：测量时，使用的标准器由 4 块 4 等量块组成。

**表 7—4 指示表的不确定度** mm

<table>
<tr><th colspan="2" rowspan="2">尺寸范围</th><th colspan="4">所使用的计量器具</th></tr>
<tr><th>分度值为 0.001 的千分表（0 级在全程范围内，1 级在 0.2mm 内）<br>分度值为 0.002 的千分表（在 1 转范围内）</th><th>分度值为 0.001、0.002、0.005 的千分表（1 级在全程范围内，分度值为 0.01 的百分表（0 级在任意 1mm 内）</th><th>分度值为 0.01 的百分表（0 级在全程范围内，1 级在任意 1mm 内）</th><th>分度值为 0.01 的百分表（1 级在全程范围内）</th></tr>
<tr><th>大于</th><th>至</th><th colspan="4">不确定度</th></tr>
<tr><td></td><td>25</td><td rowspan="5">0.005</td><td rowspan="9">0.010</td><td rowspan="9">0.018</td><td rowspan="9">0.030</td></tr>
<tr><td>25</td><td>40</td></tr>
<tr><td>40</td><td>65</td></tr>
<tr><td>65</td><td>90</td></tr>
<tr><td>90</td><td>115</td></tr>
<tr><td>115</td><td>165</td><td rowspan="4">0.006</td></tr>
<tr><td>165</td><td>215</td></tr>
<tr><td>215</td><td>265</td></tr>
<tr><td>265</td><td>315</td></tr>
</table>

注：测量时，使用的标准器由 4 块 4 等量块组成。

选择计量器具除考虑首要因素测量准确度外，还要考虑其适用性及检测成本。

计量器具的使用性能，要适应被测件的尺寸、结构、被测部位、被测件的重量、材质软硬以及批量大小和检测效率等方面的要求。例如尺寸大的零件，一般要选用上置式的计量器具；仪表中的小尺寸及硬度低、刚性差的工件，宜选用非接触测量方式，即选用光学投影放大、气动、光电等原理的量仪进行测量；对大批量生产的工件，应选用量规或自动检验机检测，以提高检测效率。另外，还要考虑检测成本，在满足测量准确度的前提下，应选用价格较低廉的计量器具。

**例**：试确定轴件 $\phi50p6\left({}^{+0.042}_{+0.026}\right)$ Ⓔ的验收极限，并选择相应的计量器具。

**解**：对此要求高并采用包容要求的轴件尺寸，应采用内缩方式。安全裕度 $A$ 为：

$$A = T/10 = (42-26)/10 = 1.6\mu m$$

测量不确定度允许值 $U$ 也取 $T/10 = 1.6\mu m$（按表 7—1 取Ⅰ档）。

于是测量器具的不确定度允许值 $u_1 = 0.9U = 1.4\mu m$。

检测时验收极限确定于下（图 7—5）：

上验收极限 $= 50 + 0.042 - 0.001\,6 = 50.040\,4mm$

下验收极限 $= 50 + 0.026 + 0.001\,6 = 50.027\,6mm$

查表 7—3 知，可选用分度值为 0.001mm 的比较仪来测量该工件尺寸。比较仪的不确定度为 0.001 1mm，小于 $u_1 = 0.001\,4mm$，但又不过小。

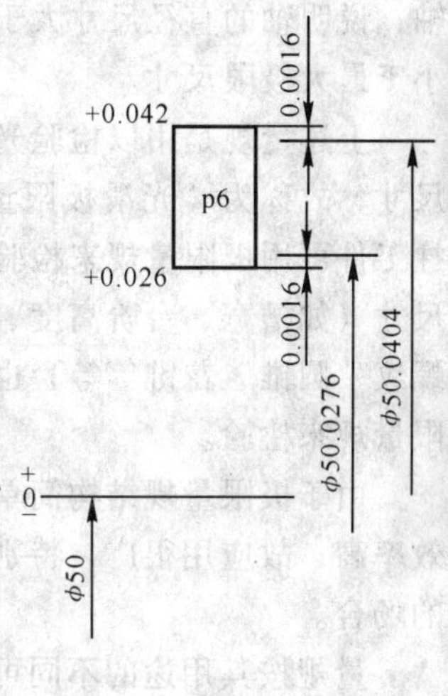


图　7—5

按传统方法，还以计量器具的极限测量误差占被测工件尺寸公差的一定比例选用计量器具。一般取计量器具极限测量误差占工件公差的 1/10～1/3，检测时以被测工件的极限尺寸作为验收界限。对公差值大的工件，上述比值可取 1/10 或接近 1/10。对公差值小的工件，因为公差已很小，计量器具的极限测量误差要求将更小，为了减小计量器具的制造困难及成本，宜选较大比值 1/5～1/3。计量器具的极限测量误差可查阅有关手册和资料。

当选用表 7—2、表 7—3、表 7—4 所列以外的计量器具时，仍可参照以上两种方法处理。

## §7—3　用光滑极限量规检验工件

### 一、量规的种类、用途和公差带

量规是一种无刻度量具，它只能检验工件尺寸合格与否，而不能测量出工件的实际尺寸。检验孔用的量规一般为塞规，检验轴用的量规一般为卡规。量规（塞规和卡规）有通端和止端之分，如图 7—6 和图 7—7 所示。

通端量规用以控制工件的最大实体尺寸，即孔的最小极限尺寸和轴的最大极限尺寸。用通端量规检查工件时，其合格的标志是量规能顺利地通过被检工件。若通端卡规能通过被检轴，说明轴的直径尺寸小于最大极限尺寸；若通端塞规能通过被检孔，则说明孔的直径尺寸大于最小极限尺寸。

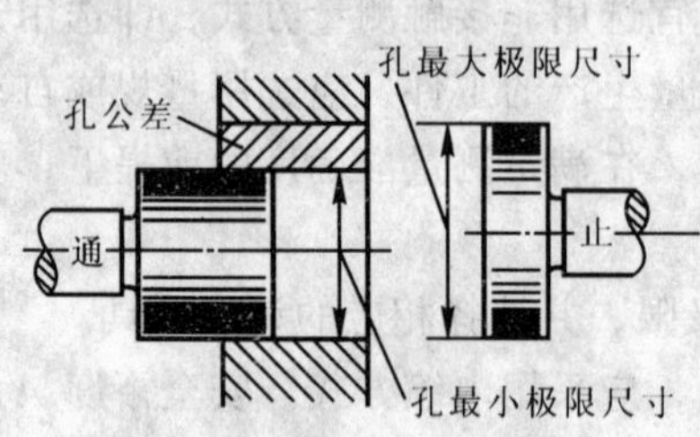


图 7—6

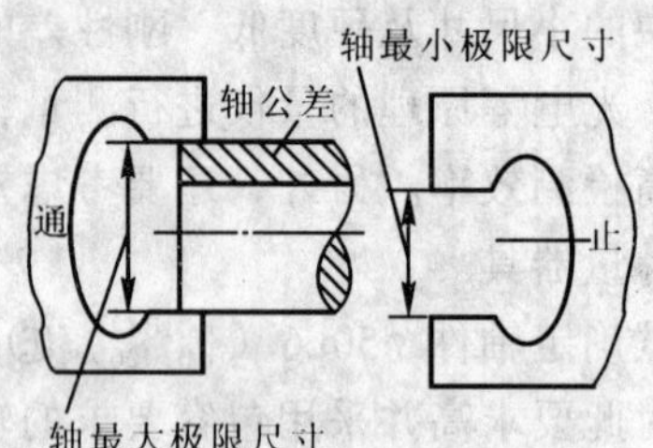


图 7—7

止端量规用以控制工件的最小实体尺寸，即孔的最大极限尺寸和轴的最小极限尺寸。用止端量规检查工件时，其合格的标志是量规不能通过被检工件。若止端卡规不能通过被检轴，说明轴的直径尺寸大于最小极限尺寸；若止端塞规不能通过被检孔，说明孔的直径尺寸小于最大极限尺寸。

上述量规是用以检验光滑圆柱工件的极限尺寸，故称为“光滑极限量规”。不仅光滑圆柱工件可用极限量规来检验，其他一些内、外尺寸（如槽宽、台阶高度、某些长度尺寸以及螺纹、圆锥、花键等等）也可用不同形式的极限量规来检验。

由于极限量规结构简单、使用方便、检验效率高，故应用很广，特别适用于大批量生产的场合。

量规按其用途的不同可分为工作量规、验收量规和校对量规三类。

**1. 工作量规**

工人在加工工件时用来检验工件的量规称为工作量规。其通端和止端的代号分别为“T”和“Z”。

工作量规公差带与其被检工件（孔或轴）公差带的相对位置如图 7—8 所示。我国国家标准（GB1957—1981）规定通规“T”和止规“Z”都采用内缩方案，即公差带全部偏置于被检工件尺寸的公差带内，这有利于防止误收，保证产品质量。

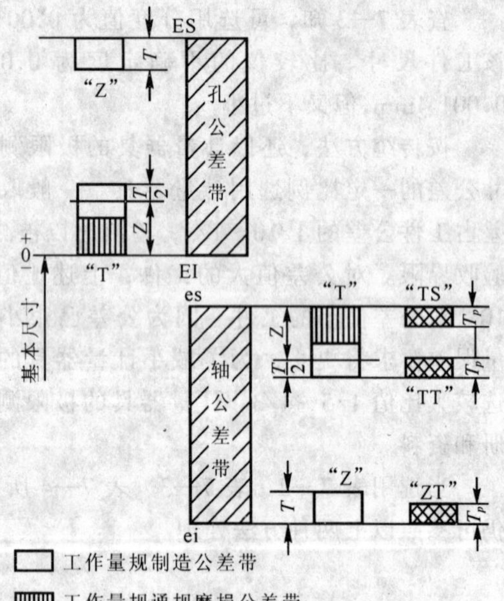


图 7—8

$T$—工作量规制造公差；

$Z$—工作量规制造公差带中心到工件最大实体尺寸之间的距离；

$T_p$—校对量规制造公差

图 7—8 中工作量规的“通规”除制造公差 $T$ 外，还规定有磨损公差带（图中标有纵向剖面线的部分）。这是因为在检验工件时，通规要经常通过被检孔或轴而产生磨损，为了保证通规的合理使用寿命，特将通规的制造公差

带相对于被检工件的公差带再内移一定距离。对通规制造公差带中心到被检工件最大实体尺寸之间的距离 $Z$，标准作了规定（表 7—6）。

新的通规的实际尺寸必须在制造公差带内，而使用磨损后的尺寸可以允许超出制造公差带，直至磨损到磨损极限（即被检工件的最大实体尺寸）时才停止使用。

**2. 验收量规**

检验部门或用户代表验收工件时使用的量规为验收量规。量规国家标准（GB1957—1981）没有制定验收量规的标准，但作了如下规定：

制造厂检验工件时，加工工人应使用新的或磨损较少的工作量规“通规”；检验部门应使用与加工工人用的量规型式相同且已磨损较多的通端量规（可将旧的工作量规“通规”当作验收量规的通规使用）。

用户代表所使用的验收量规，其通规尺寸应接近被检工件的最大实体尺寸，止规尺寸应接近被检工件的最小实体尺寸。

止规磨损的机会很少，只有废品才能通过工件产生磨损，故未规定磨损公差。

上述规定，是为了避免验收中产生争议，即避免工人正确自检合格的工件，验收时检验又不合格。

**3. 校对量规**

孔用量规的尺寸可用精密的通用量仪（如光学计、测长仪、干涉仪等）来测量，但轴用量规（卡规）测量较困难，故对轴用量规规定了校对量规。检验轴用量规的校对量规是塞规，其检测比较方便。

校对量规有三种，其名称、代号、功用等见表 7—5，其公差带及位置如图 7—8 所示。

**表 7—5　校 对 量 规**

| 名　称 | 代　号 | 被 检 参 数 | 合格标志 |
|---|---|---|---|
| 校通一通 | TT | 工作卡规通端的最小极限尺寸 | 通　过 |
| 校止一通 | ZT | 工作卡规止端的最小极限尺寸 | 通　过 |
| 校通一损 | TS | 工作卡规通端的磨损极限 | 不通过 |

卡规通端和止端的制造公差带上限（即最大极限尺寸）都没有设置校对量规，这是因为工作量规的公差值很小，校对量规的公差更小，若公差带上限再设置校对量规，不仅增加成本，且会增大新工作量规的误检率（公差带重叠），故标准中只规定了 TT 和 ZT 校对量规。新工作卡规尺寸是否过大，生产中是在检验人员用 TT 及 ZT 校对量规检验卡规下限尺寸时，凭手感经验来判断，如有疑惑，可另用精密量仪来检测。

量规国家标准中规定了基本尺寸到 500mm、公差等级由 IT6 至 IT16 各级孔用和轴用量规的公差值和技术条件。工作量规的公差 $T$ 及公差带位置要素 $Z$ 可由表 7—6 中查出。量规的形状和位置公差一般为量规尺寸公差的 50%。

校对量规的尺寸公差为被校对的工作量规尺寸公差的 50%，形状与位置误差应在其尺寸公差带内。

量规按结构型式可分为尺寸可调整式和不可调整式（固定式），单头和双头等多种。图

7—9（卡规）和图 7—10（塞规）所示为常用量规的一部分。

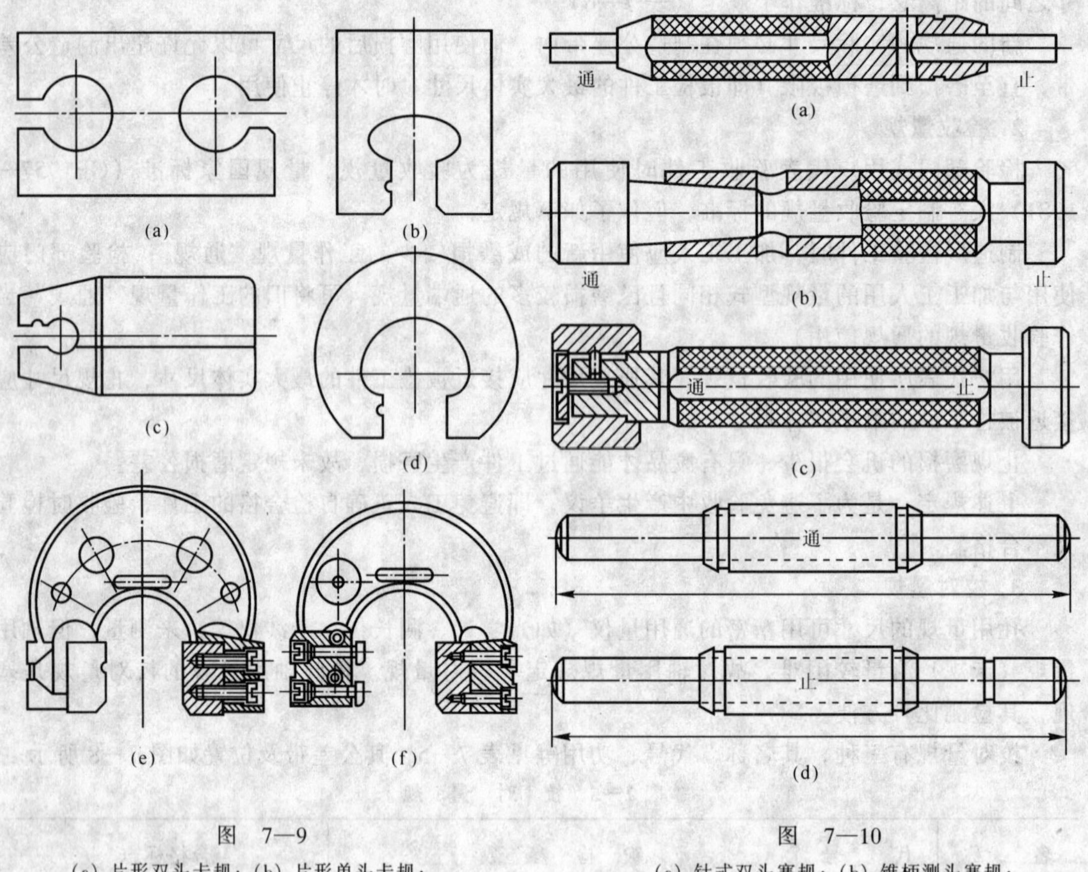


图　7—9

(a) 片形双头卡规；(b) 片形单头卡规；
(c) 组合卡规；(d) 圆形单头卡规；
(e) 铸造镶钳口单头卡规；(f) 可调整卡规

图　7—10

(a) 针式双头塞规；(b) 锥柄测头塞规；
(c) 套式塞规；(d) 球端杆形塞规

## 二、量规的形状

按照“泰勒原则”(即极限尺寸判断原则，第四章中的包容要求)，用于控制工件作用尺寸的是通端量规，它的测量面理论上应具有与被检孔或轴相应的完整表面（即全形量规），其尺寸应等于孔或轴的最大实体尺寸，且量规工作面的长度应等于工件的配合长度，即用以模拟最大实体边界；止端量规仅用于控制工件实际尺寸，它的测量面理论上应为点状（不全形量规），即应按两点法来检测，以避免形状误差的影响，其尺寸应等于孔或轴的最小实体尺寸。

图 7—11 为全形和不全形量规检验工件（孔）的情况。当量规不符合泰勒原则，即通端制成不全形轮廓（片状）、止端制成全形轮廓（圆柱形），显然不能剔除因形状误差（如图中为椭圆形的圆度误差）而超差的废品，即通端在纵向方位上能通过，而止端不能通过，故被误收为合格品。

在实际应用中，为了使量规的制造和使用方便，量规常偏离（不符合）上述原则：如检

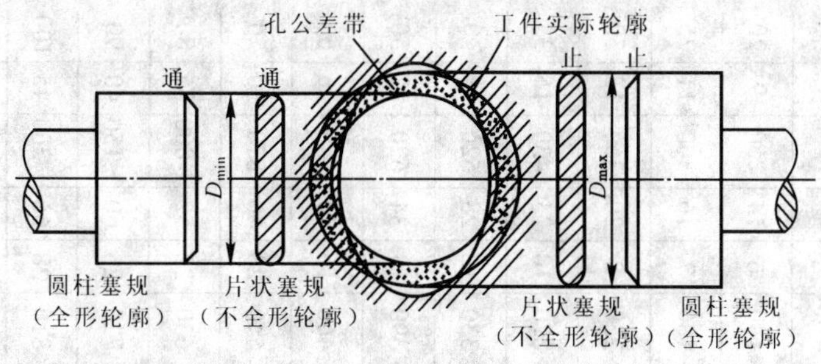


图　7—11

验轴的通规按泰勒原则应为圆形环规，但环规使用不方便，故一般都作成卡规（图 7—9）；检验大尺寸孔的通规，为了减轻重量以便使用，常作成不全形塞规或球端杆形规［图 7—10(d)］。

由于点接触容易磨损，故止规也不一定是两点接触式，一般常用小平面或圆柱面，即采用线、面接触形式。检验小尺寸孔的止规为了加工方便，常作成全形（圆柱形）止规。

国家标准规定，使用偏离泰勒原则的量规的条件是应保证被检工件的形状误差不致影响配合的性质，因此检验时应在被测件的多方位上作多次检验。

## 三、量规的设计

**1. 量规型式的选择**

量规型式的选择可参照国家标准的推荐，如图 7—12 所示。图中推荐了不同尺寸范围的不同量规型式，左边纵向的“1”，“2”表示推荐顺序，推荐优先用“1”行。零线上为通规，零线下为止规。

量规的结构设计可参看工具专业标准（GL34—62）及有关资料。

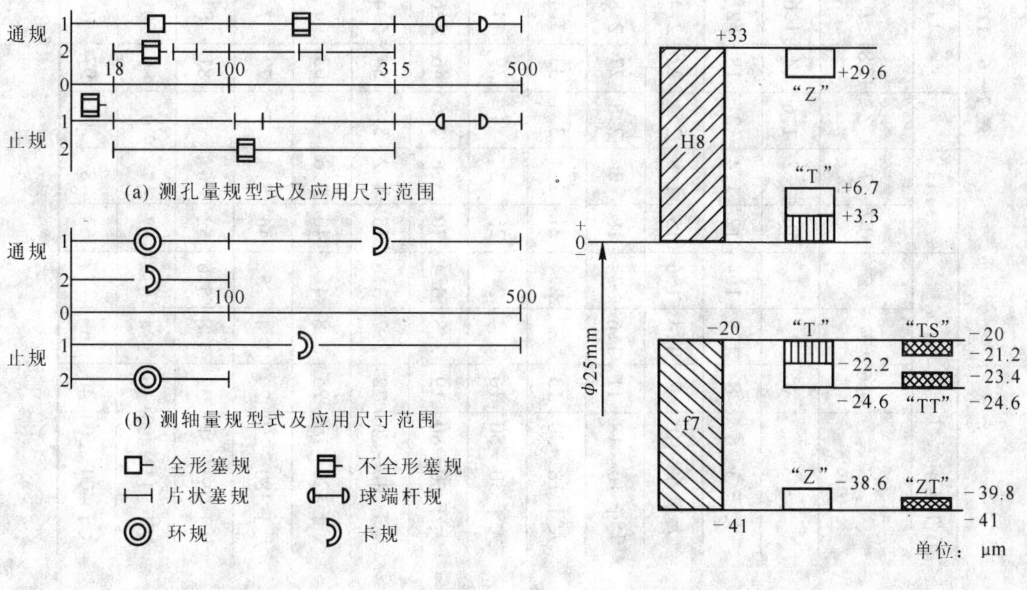


图　7—12　　图　7—13

表 7—6　IT6～IT14 级工作量规制造公差 $T$ 和位置要素 $Z$ 值(摘录)　μm

| 工件基本尺寸 | IT6 | | | IT7 | | | IT8 | | | IT9 | | | IT10 | | | IT11 | | | IT12 | | | IT13 | | | IT14 | | |
|---|---|---|---|---|---|---|---|---|---|---|---|---|---|---|---|---|---|---|---|---|---|---|---|---|---|---|---|
| $D$ /mm | IT6 | $T$ | $Z$ | IT7 | $T$ | $Z$ | IT8 | $T$ | $Z$ | IT9 | $T$ | $Z$ | IT10 | $T$ | $Z$ | IT11 | $T$ | $Z$ | IT12 | $T$ | $Z$ | IT13 | $T$ | $Z$ | IT14 | $T$ | $Z$ |
| ～3 | 6 | 1 | 1 | 10 | 1.2 | 1.6 | 14 | 1.6 | 2 | 25 | 2 | 3 | 40 | 2.4 | 4 | 60 | 3 | 6 | 100 | 4 | 9 | 140 | 6 | 14 | 250 | 9 | 20 |
| 大于 3～6 | 8 | 1.2 | 1.4 | 12 | 1.4 | 2 | 18 | 2 | 2.6 | 30 | 2.4 | 4 | 48 | 3 | 5 | 75 | 4 | 8 | 120 | 5 | 11 | 180 | 7 | 16 | 300 | 11 | 25 |
| 大于 6～10 | 9 | 1.4 | 1.6 | 15 | 1.8 | 2.4 | 22 | 2.4 | 3.2 | 36 | 2.8 | 5 | 58 | 3.6 | 6 | 90 | 5 | 9 | 150 | 6 | 13 | 220 | 8 | 20 | 360 | 13 | 30 |
| 大于 10～18 | 11 | 1.6 | 2 | 18 | 2 | 2.8 | 27 | 2.8 | 4 | 43 | 3.4 | 6 | 70 | 4 | 8 | 110 | 6 | 11 | 180 | 7 | 15 | 270 | 10 | 24 | 430 | 15 | 35 |
| 大于 18～30 | 13 | 2 | 2.4 | 21 | 2.4 | 3.4 | 33 | 3.4 | 5 | 52 | 4 | 7 | 84 | 5 | 9 | 130 | 7 | 13 | 210 | 8 | 18 | 330 | 12 | 28 | 520 | 18 | 40 |
| 大于 30～50 | 16 | 2.4 | 2.8 | 25 | 3 | 4 | 39 | 4 | 6 | 62 | 5 | 8 | 100 | 6 | 11 | 160 | 8 | 16 | 250 | 10 | 22 | 390 | 14 | 34 | 620 | 22 | 50 |
| 大于 50～80 | 19 | 2.8 | 3.4 | 30 | 3.6 | 4.6 | 46 | 4.6 | 7 | 74 | 6 | 9 | 120 | 7 | 13 | 190 | 9 | 19 | 300 | 12 | 26 | 460 | 16 | 40 | 740 | 26 | 60 |
| 大于 80～120 | 22 | 3.2 | 3.8 | 35 | 4.2 | 5.4 | 54 | 5.4 | 8 | 87 | 7 | 10 | 140 | 8 | 15 | 220 | 10 | 22 | 350 | 14 | 30 | 540 | 20 | 46 | 870 | 30 | 70 |
| 大于 120～180 | 25 | 3.8 | 4.4 | 40 | 4.8 | 6 | 63 | 6 | 9 | 100 | 8 | 12 | 160 | 9 | 18 | 250 | 12 | 25 | 400 | 16 | 35 | 630 | 22 | 52 | 1 000 | 35 | 80 |
| 大于 180～250 | 29 | 4.4 | 5 | 46 | 5.4 | 7 | 72 | 7 | 10 | 115 | 9 | 14 | 185 | 10 | 20 | 290 | 14 | 29 | 460 | 18 | 40 | 720 | 26 | 60 | 1 150 | 40 | 90 |
| 大于 250～315 | 32 | 4.8 | 5.6 | 52 | 6 | 8 | 81 | 8 | 11 | 130 | 10 | 16 | 210 | 12 | 22 | 320 | 16 | 32 | 520 | 20 | 45 | 810 | 28 | 66 | 1 300 | 45 | 100 |
| 大于 315～400 | 36 | 5.4 | 6.2 | 57 | 7 | 9 | 89 | 9 | 12 | 140 | 11 | 18 | 230 | 14 | 25 | 360 | 18 | 36 | 570 | 22 | 50 | 890 | 32 | 74 | 1 400 | 50 | 110 |
| 大于 400～500 | 40 | 6 | 7 | 63 | 8 | 10 | 97 | 10 | 14 | 155 | 12 | 20 | 250 | 16 | 28 | 400 | 20 | 40 | 630 | 24 | 55 | 970 | 36 | 80 | 1 550 | 55 | 120 |

**2．量规工作尺寸的计算**

计算量规工作尺寸时，应首先查出被检工件的上、下偏差，再从表7—6中查出量规的制造公差 $T$ 和位置要素 $Z$，按图7—8即可画出所有量规的公差带图。其中，三种校对量规的公差值 $T_p$ 均取所校对的量规制造公差的一半，即 $T_p = T/2$。

现以 $\phi$25H8/f7的孔用与轴用量规为例，计算各种量规的有关工作尺寸，其结果列于表7—7，公差带图如图7—13所示。

**表7—7　量规工作尺寸的计算**

| 被检工件 | 量规种类 | 量规公差 $T$（$T_p$）/μm | 位置要素 $Z$ /μm | 量规极限尺寸/mm | | 量规工作尺寸/mm |
|---|---|---|---|---|---|---|
| | | | | 最　大 | 最　小 | |
| $\phi 25^{+0.033}_{0}$ （$\phi$25H8） | T（通） | 3.4 | 5.0 | 25.006 7 | 25.003 3 | $25.006\,7^{\ 0}_{-0.0034}$ |
| | Z（止） | 3.4 | — | 25.033 0 | 25.029 6 | $25.033\,0^{\ 0}_{-0.0034}$ |
| $\phi 25^{-0.020}_{-0.041}$ （$\phi$25f7） | T（通） | 2.4 | 3.4 | 24.977 8 | 24.975 4 | $24.975\,4^{+0.0024}_{\ 0}$ |
| | Z（止） | 2.4 | — | 24.961 4 | 24.959 0 | $24.959\,0^{+0.0024}_{\ 0}$ |
| | TT | 1.2 | — | 24.976 6 | 24.975 4 | $24.976\,6^{\ 0}_{-0.0012}$ |
| | ZT | 1.2 | — | 24.960 2 | 24.959 0 | $24.960\,2^{\ 0}_{-0.0012}$ |
| | TS | 1.2 | — | 24.980 0 | 24.978 8 | $24.980\,0^{\ 0}_{-0.0012}$ |

量规工作尺寸计算完后，可绘制出如图7—14所示的工作图。为了给量规制造工人提供方便，量规图纸上的工作尺寸也可用量规的最大实体尺寸来标注，如表7—7最右列。这样使上、下偏差之一为零值，便于加工。

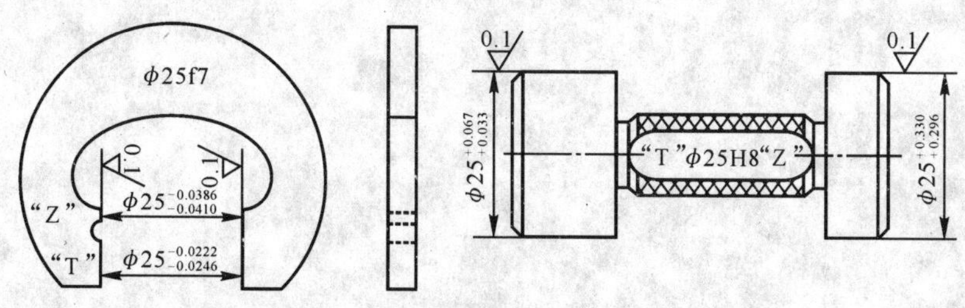


图　7—14

# 四、量规的技术要求

量规可用合金工具钢、碳素工具钢、渗碳钢及硬质合金等尺寸稳定性好且耐磨的材料来制造，也可用普通碳素钢制造，但其工作面应进行镀铬或氮化处理，其厚度应大于磨损量，以提高量规工作面的硬度。量规测量面的硬度应为HRC58～65，并应经过稳定性处理。

量规测量面的表面粗糙度应按表7—8的规定。

量规的测量面不应有锈迹、毛刺、黑斑、划痕等明显影响外观和使用质量的缺陷，其他表面也不应有锈蚀和裂纹。

**表 7—8 量规测量面的表面粗糙度**

<table>
<tr><th rowspan="3">工作量规</th><th colspan="3">工件基本尺寸/mm</th></tr>
<tr><th>至 120</th><th>>120～315</th><th>>315～500</th></tr>
<tr><th colspan="3">表面粗糙度 $R_a$ 值不大于/μm</th></tr>
<tr><td>IT6 级孔用量规</td><td>0.05</td><td>0.1</td><td>0.2</td></tr>
<tr><td>IT7～IT9 孔用量规<br>IT6～IT9 轴用量规</td><td>0.1</td><td>0.2</td><td>0.4</td></tr>
<tr><td>IT10～IT12 孔轴用量规</td><td>0.2</td><td>0.4</td><td>0.8</td></tr>
<tr><td>IT13～IT16 孔轴用量规</td><td>0.4</td><td>0.8</td><td>0.8</td></tr>
</table>

注：校对量规测量面的表面粗糙度参数值（$R_a$）比被校对的轴用量规测量面的粗糙度参数值略小一点。

# 第八章　螺纹、键、花键、圆锥结合的公差配合及检测

## §8—1　螺纹结合的公差配合及检测

### 一、概　　述

**1. 螺纹的分类及使用要求**

螺纹结合在机械制造和仪器制造中应用很广，按其用途可分为三类：

(1) 紧固螺纹

这种螺纹用于紧固和连接零件，如公制普通螺纹，这是使用最广泛的一种螺纹结合。对它的主要要求是可旋合性和连接的可靠性。

(2) 传动螺纹

这种螺纹用于传递动力和位移，如机床中的丝杠螺母副，量仪中的测微螺旋副。对它的主要要求是传递动力要可靠，传动比要稳定（传动精度），有一定的保证间隙，以便传动和贮存润滑油。

(3) 紧密（密封）螺纹

这种螺纹用于密封，主要要求是结合紧密，不漏水，不漏气，不漏油。

**2. 螺纹的基本牙型及主要几何参数**

公制普通螺纹的基本牙型如图 8—1 所示（GB192—1981）。

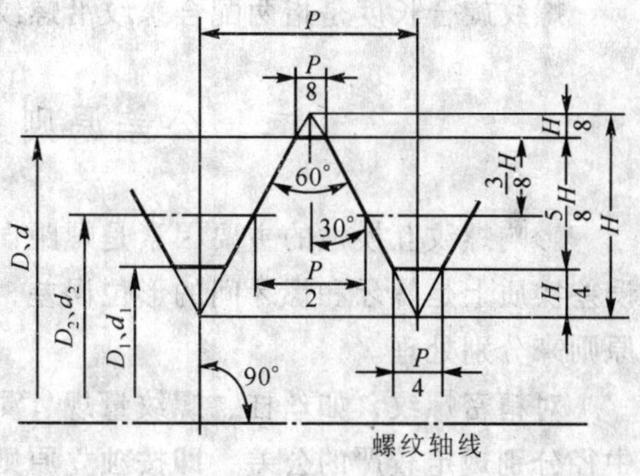


图 8—1

螺纹的主要几何参数有（图 8—1）：

(1) 大径（$D$ 或 $d$，大、小写分别表示内、外螺纹，下同）

与外螺纹牙顶或内螺纹牙底相重合的假想圆柱的直径，称为大径。螺纹大径的基本尺寸为螺纹的公称尺寸。

(2) 小径（$d_1$ 或 $D_1$）

与外螺纹牙底或内螺纹牙顶相重合的假想圆柱的直径，称为小径。

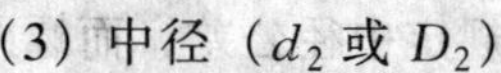
(3) 中径（$d_2$ 或 $D_2$）

中径是一个假想圆柱的直径，该圆柱的母线通过牙型上沟槽和凸起宽度相等的地方。此假想圆柱称为中径圆柱。

中径、大径和小径与原始三角形高度 $H$ 的关系见图 8—1。螺纹中径不受大径、小径尺

寸变化的影响，不是大径和小径的平均值。

(4) 单一中径

单一中径也是一个假想圆柱的直径，该圆柱的母线通过牙型上沟槽宽度等于螺距基本尺寸一半的地方（图 8—2）。

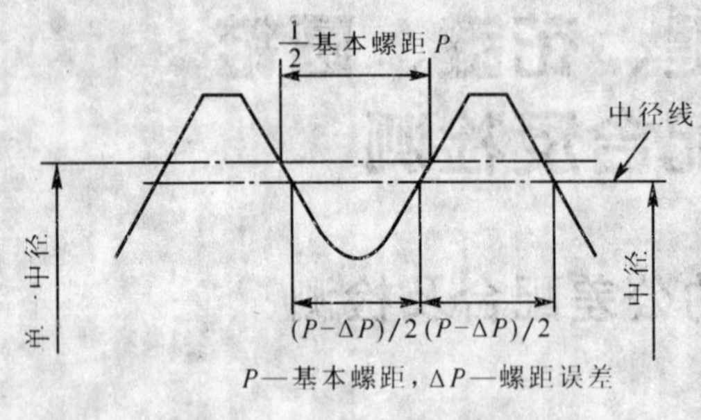


图 8—2

单一中径是按三针法测量中径（详见后）定义的。当螺距无误差时，中径就是单一中径，如螺距有误差，则二者不相等，见图 8—2。

(5) 螺距（$P$）与导程（$L$）

螺距是指相邻两牙在中径线上对应两点间的轴向距离；导程是指在同一条螺旋线上相邻两牙在中径线上对应两点间的轴向距离。对单线螺纹，导程等于螺距；对多头（线）螺纹，导程等于螺距与线数（$n$）的乘积：$L=nP$。

(6) 牙型角（$\alpha$）与牙型半角（$\alpha/2$）

牙型角是指在通过螺纹轴线剖面内的螺纹牙型上相邻两牙侧间的夹角。公制普通螺纹的牙型角 $\alpha=60°$；牙型半角是牙侧与螺纹轴线的垂线间的夹角，$\alpha/2=30°$（图 8—1）。

牙型角正确时牙型半角仍可能有误差，如两半角分别为 29°和 31°，故测量应测半角。

(7) 螺纹升角（$\varphi$）

在中径圆柱上螺旋线的切线与垂直于螺纹轴线的平面的夹角为螺纹升角。它与螺距 $P$ 和中径 $d_2$ 的关系为：

$$\mathrm{tg}\varphi=\frac{nP}{\pi d_2}$$

式中 $n$——螺纹头数。

(8) 螺纹旋合长度

螺纹旋合长度是指两配合螺纹沿螺纹轴线方向相互旋合部分的长度。

## 二、公差原则对螺纹几何参数的应用

影响螺纹互换性的主要因素是螺距误差、牙型半角误差和中径偏差。而螺距误差和半角误差实质上是螺牙和螺牙间的形位误差，其与中径偏差（尺寸误差）之间的关系，可用公差原则来分别处理。

对精密螺纹，如丝杠、螺纹量规、测微螺纹等，为满足其功能要求，应对螺距、半角和中径分别规定较严的公差，即按独立原则对待。其中螺距误差常体现为多个螺距的螺距累积误差。

对紧固联结用的普通螺纹，主要是要求保证可旋合性和一定的连接强度，故应采用公差原则中的包容要求来处理，即对这种产量极大的螺纹，标准中只规定中径公差，而螺距及半角误差都由中径公差来综合控制。或者说，是用中径极限偏差构成的牙廓最大实体边界，来限制以螺距及半角误差形式呈现的形位误差。检测时，应采用螺纹综合量规（见后）来体现最大实体边界，控制含有螺距误差和半角误差的螺纹作用中径。当有螺距误差和半角误差时，内螺纹的作用中径小于实际中径，外螺纹的作用中径大于实际中径。如没有螺距和半角误差，即实际中径就是作用中径。这些概念和前面讲过的作用尺寸是一致的。

即

$$d_{2作用} = d_{2实际} + (f_p + f_{\frac{\alpha}{2}})$$

$$D_{2作用} = D_{2实际} - (f_p + f_{\frac{\alpha}{2}})$$

式中　$f_p$、$f_{\frac{\alpha}{2}}$——螺距误差和牙型半角误差在中径上造成的影响部分。

螺纹的大径和小径，主要是要求旋合时不发生干涉。标准对外螺纹大径 $d$ 和内螺纹小径 $D_1$ 规定了较大的公差值，对外螺纹小径 $d_1$ 和内螺纹大径 $D$，没有规定公差值，而只规定该处的实际轮廓不得超越按基本偏差所确定的最大实体牙型，即保证旋合时不会发生干涉。

## 三、普通螺纹的公差、配合及其选用

**1. 普通螺纹的公差带**

普通螺纹国家标准（GB197—1981）规定了螺纹大、中、小径公差带。

（1）公差等级

螺纹公差带的大小由公差值确定，并按公差值的大小分为若干等级，如表 8—1 所示。

**表 8—1　螺纹公差等级**

| 螺纹直径 | 公差等级 |
|---|---|
| 内螺纹小径 $D_1$ | 4，5，6，7，8 |
| 内螺纹中径 $D_2$ | 4，5，6，7，8 |
| 外螺纹中径 $d_2$ | 3，4，5，6，7，8，9 |
| 外螺纹大径 $d$ | 4，6，8 |

其中，3 级公差值最小，准确度最高；9 级公差值最大，准确度最低。各级公差值，可参阅表 8—4，表 8—5。

在同一公差等级中，内螺纹中径公差比外螺纹中径公差大 32% 左右，这是因为内螺纹加工比较困难而从工艺等价性考虑的。

对外螺纹小径和内螺纹大径，虽没有规定公差值，但由于螺纹加工时外螺纹的中径 $d_2$ 与小径 $d_1$、内螺纹中径 $D_2$ 与大径 $D$ 是同时由刀具切出的，其尺寸由刀具保证，故在正常情况下，外螺纹小径 $d_1$ 不会过小，内螺纹大径 $D$ 不会过大。

（2）基本偏差

内、外螺纹的公差带位置如图 8—3 所示，螺纹的基本牙型是计算螺纹偏差的基准。所谓“基本牙型”（图 8—1）是在通过螺纹轴线的剖面内，作为螺纹设计依据的理想牙型。

螺纹公差带相对于基本牙型的位置由基本偏差确定。外螺纹的基本偏差是上偏差 es，内螺纹的基本偏差是下偏差 EI。

标准中对内螺纹规定了两种基本偏差，其代号为 G，H，如图 8—3（a）、（b）所示；对外螺纹规定了 4 种基本偏差，其代号为 e，f，g，h，如图 8—3（c）、（d）所示。

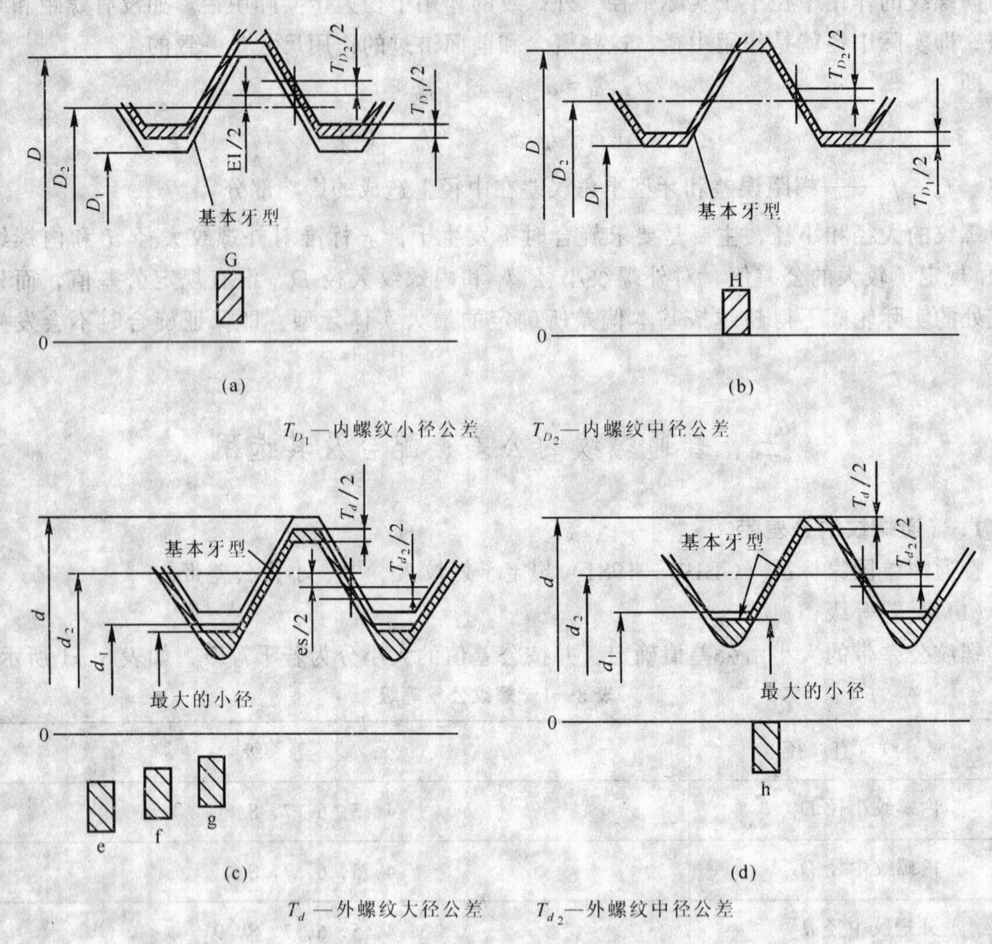


$T_{D_1}$—内螺纹小径公差　　$T_{D_2}$—内螺纹中径公差

$T_d$—外螺纹大径公差　　$T_{d_2}$—外螺纹中径公差

图　8—3

H 和 h 的基本偏差为零，G 的基本偏差值为正，e、f、g 的基本偏差值为负（见表 8—4）。

按螺纹的公差等级和基本偏差可以组成数目很多的公差带，公差带代号由表示公差等级的数字和基本偏差的字母代号组成，如 6H，5g 等。

**2. 螺纹公差带的选用**

在生产中为了减少刀具、量具的规格种类，国家标准中规定了既能满足当前需要，而数量又有限的常用公差带，如表 8—2 和表 8—3 所示。表中还规定了优先、其次和尽可能不用的选用顺次。除有特殊需要外，一般不应选择标准规定以外的公差带。

螺纹分精密、中等、粗糙 3 个等级。精密级用于要求配合性质变动较小的精密螺纹；中等级用于一般用途；粗糙级用于对精度要求不高或制造比较困难的场合。一般以中等旋合长度下的 6 级公差等级为中等精度的基准。

标准对螺纹连接规定了短、中等、长三种旋合长度，分别用代号 S，N，L 表示（见表 8—6）。一般情况应采用中等旋合长度。从表 8—2 和表 8—3 可知，在同一精度中，对不同的旋合长度（S，N，L），其中径所采用的公差等级也不同，这是考虑到不同旋合长度对螺距累积误差有不同的影响。

**表 8—2　内螺纹选用公差带**

| 精度 | 公差带位置 G | | | 公差带位置 H | | |
|---|---|---|---|---|---|---|
| | S | N | L | S | N | L |
| 精密 | | | | 4H | 4H5H | 5H6H |
| 中等 | (5G) | (6G) | (7G) | *5H | [6H] | *7H |
| 粗糙 | | (7G) | | | 7H | |

**表 8—3　外螺纹选用公差带**

| 精度 | 公差带位置 e | | | 公差带位置 f | | | 公差带位置 g | | | 公差带位置 h | | |
|---|---|---|---|---|---|---|---|---|---|---|---|---|
| | S | N | L | S | N | L | S | N | L | S | N | L |
| 精密 | | | | | | | | | | (3h4h) | *4h | (5h4h) |
| 中等 | | *6e | | | *6f | | (5g6g) | [6g] | (7g6g) | (5h6h) | *6h | (7h6h) |
| 粗糙 | | | | | | | | 8g | | | (8h) | |

注：大量生产的精制紧固螺纹，推荐采用带方框的公差带；带 * 的公差带应优先选用，其次是不带 * 的公差带，（　）号中的公差带尽可能不用。

内、外螺纹配合的公差带可以任意组合成多种配合，为了保证足够的接触高度，以保证联结强度以及拆装方便，建议采用 H/g，H/h 或 G/h 配合。H/h 配合的最小间隙为零，应用较广；H/g 和 G/h 具有保证间隙，多用于以下几种情况：①要求拆卸容易；②高温下工作；③需要涂镀保护层；④改善螺纹的疲劳强度。

**3. 普通螺纹的标记**

螺纹的完整标记由螺纹代号、螺纹公差带代号和旋合长度代号组成。螺纹公差带代号包括中径公差带代号与顶径（指外螺纹大径和内螺纹小径）公差带代号。公差带代号是由表示其大小的公差等级数字和表示其位置的基本偏差代号组成。例如 6H，6g 等。对细牙螺纹还要标注出螺距。

在零件图上：

外螺纹　M 10 — 5g 6g（中等旋合长度）

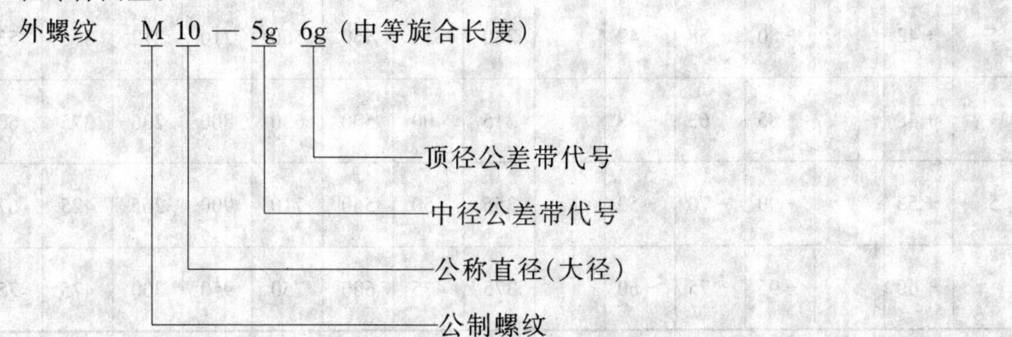

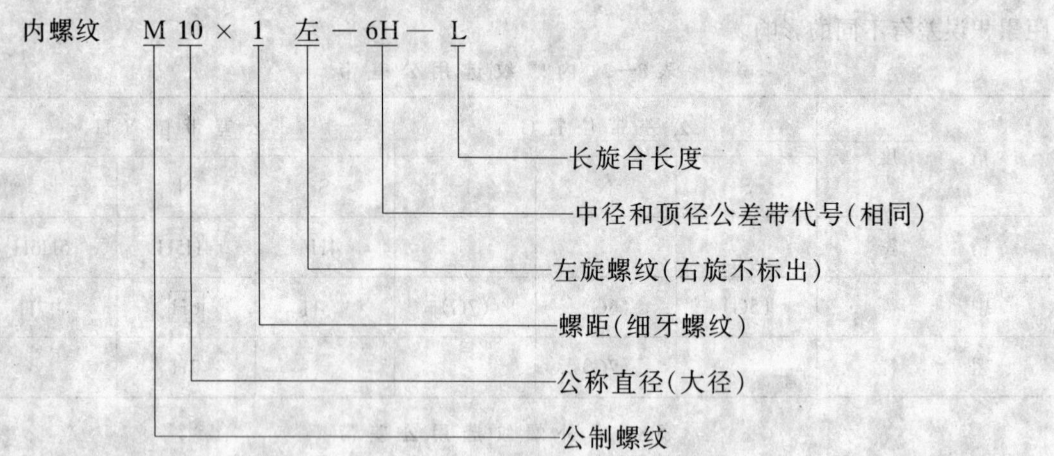


**表 8—4 普通螺纹的基本偏差和顶径公差（摘录）** μm

| 螺距 $P$ /mm | 内螺纹 $D_2$、$D_1$ 的基本偏差 EI | | 外螺纹 $d_2$、$d_1$ 的基本偏差 es | | | | 内螺纹小径公差 $T_{D_1}$ 公差等级 | | | | | 外螺纹大径公差 $T_d$ 公差等级 | | |
|---|---|---|---|---|---|---|---|---|---|---|---|---|---|---|
| | G | H | e | f | g | h | 4 | 5 | 6 | 7 | 8 | 4 | 6 | 8 |
| 1 | +26 | | −60 | −40 | −26 | | 150 | 190 | 236 | 300 | 375 | 112 | 180 | 280 |
| 1.25 | +28 | | −63 | −42 | −28 | | 170 | 212 | 265 | 335 | 425 | 132 | 212 | 335 |
| 1.5 | +32 | | −67 | −45 | −32 | | 190 | 236 | 300 | 375 | 475 | 150 | 236 | 375 |
| 1.75 | +34 | | −71 | −48 | −34 | | 212 | 265 | 335 | 425 | 530 | 170 | 265 | 425 |
| 2 | +38 | 0 | −71 | −52 | −38 | 0 | 236 | 300 | 375 | 475 | 600 | 180 | 280 | 450 |
| 2.5 | +42 | | −80 | −58 | −42 | | 280 | 355 | 450 | 560 | 710 | 212 | 335 | 530 |
| 3 | +48 | | −85 | −63 | −48 | | 315 | 400 | 500 | 630 | 800 | 236 | 375 | 600 |
| 3.5 | +53 | | −90 | −70 | −53 | | 355 | 450 | 560 | 710 | 900 | 265 | 425 | 670 |
| 4 | +60 | | −95 | −75 | −60 | | 375 | 475 | 600 | 750 | 950 | 300 | 475 | 750 |

**表 8—5　普通螺纹中径公差（摘录）**　$\mu$m

| 公称直径 $D$/mm | | 螺　距 | 内螺纹中径公差 $T_{D_2}$ | | | | | 外螺纹中径公差 $T_{d_2}$ | | | | | | |
|---|---|---|---|---|---|---|---|---|---|---|---|---|---|---|
| > | ≤ | $P$/mm | 公差等级 | | | | | 公差等级 | | | | | | |
| | | | 4 | 5 | 6 | 7 | 8 | 3 | 4 | 5 | 6 | 7 | 8 | 9 |
| 5.6 | 11.2 | 0.5 | 71 | 90 | 112 | 140 | — | 42 | 53 | 67 | 85 | 106 | — | — |
| | | 0.75 | 85 | 106 | 132 | 170 | — | 50 | 63 | 80 | 100 | 125 | — | — |
| | | 1 | 95 | 118 | 150 | 190 | 236 | 56 | 71 | 90 | 112 | 140 | 180 | 224 |
| | | 1.25 | 100 | 125 | 160 | 200 | 250 | 60 | 75 | 95 | 118 | 150 | 190 | 236 |
| | | 1.5 | 112 | 140 | 180 | 224 | 280 | 67 | 85 | 106 | 132 | 170 | 212 | 295 |
| 11.2 | 22.4 | 0.5 | 75 | 95 | 118 | 150 | — | 45 | 56 | 71 | 90 | 112 | — | — |
| | | 0.75 | 90 | 112 | 140 | 180 | — | 53 | 67 | 85 | 106 | 132 | — | — |
| | | 1 | 100 | 125 | 160 | 200 | 250 | 60 | 75 | 95 | 118 | 150 | 190 | 236 |
| | | 1.25 | 112 | 140 | 180 | 224 | 280 | 67 | 85 | 106 | 132 | 170 | 212 | 265 |
| | | 1.5 | 118 | 150 | 190 | 236 | 300 | 71 | 90 | 112 | 140 | 180 | 224 | 280 |
| | | 1.75 | 125 | 160 | 200 | 250 | 315 | 75 | 95 | 118 | 150 | 190 | 236 | 300 |
| | | 2 | 132 | 170 | 212 | 265 | 335 | 80 | 100 | 125 | 160 | 200 | 250 | 315 |
| | | 2.5 | 140 | 180 | 224 | 280 | 355 | 85 | 106 | 132 | 170 | 212 | 265 | 335 |
| 22.4 | 45 | 0.75 | 95 | 118 | 150 | 190 | — | 56 | 71 | 90 | 112 | 140 | — | — |
| | | 1 | 106 | 132 | 170 | 212 | — | 63 | 80 | 100 | 125 | 160 | 200 | 250 |
| | | 1.5 | 125 | 160 | 200 | 250 | 315 | 75 | 95 | 118 | 150 | 190 | 236 | 300 |
| | | 2 | 140 | 180 | 224 | 280 | 355 | 85 | 106 | 132 | 170 | 212 | 265 | 335 |
| | | 3 | 170 | 212 | 265 | 335 | 425 | 100 | 125 | 160 | 200 | 250 | 315 | 400 |
| | | 3.5 | 180 | 224 | 280 | 355 | 450 | 106 | 132 | 170 | 212 | 265 | 335 | 425 |
| | | 4 | 190 | 236 | 300 | 375 | 475 | 112 | 140 | 180 | 224 | 280 | 355 | 450 |
| | | 4.5 | 200 | 250 | 315 | 400 | 500 | 118 | 150 | 190 | 236 | 300 | 375 | 475 |

表 8—6 螺纹旋合长度（摘录） mm

| 公称直径 D、d | | 螺距 P | 旋合长度 | | | |
|---|---|---|---|---|---|---|
| | | | S | N | | L |
| > | ≤ | | ≤ | > | ≤ | > |
| 5.6 | 11.2 | 0.5 | 1.6 | 1.6 | 4.7 | 4.7 |
| | | 0.75 | 2.4 | 2.4 | 7.1 | 7.1 |
| | | 1 | 3 | 3 | 9 | 9 |
| | | 1.25 | 4 | 4 | 12 | 12 |
| | | 1.5 | 5 | 5 | 15 | 15 |
| 11.2 | 22.4 | 0.5 | 1.8 | 1.8 | 5.4 | 5.4 |
| | | 0.75 | 2.7 | 2.7 | 8.1 | 8.1 |
| | | 1 | 3.8 | 3.8 | 11 | 11 |
| | | 1.25 | 4.5 | 4.5 | 13 | 13 |
| | | 1.5 | 5.6 | 5.6 | 16 | 16 |
| | | 1.75 | 6 | 6 | 18 | 18 |
| | | 2 | 8 | 8 | 24 | 24 |
| | | 2.5 | 10 | 10 | 30 | 30 |

在装配图上，内、外螺纹公差带代号用斜线分开，左边表示内螺纹公差带代号，右边表示外螺纹公差带代号，如：M20×2—6H/5g6g。

必要时，在螺纹公差带代号之后加注旋合长度代号 S 或 L（中等旋合长度代号 N 不标出），如：M10—5g6g—S。特殊需要时，可注明旋合长度的数值，如：M20×2—7g6g—40 表示旋合长度为 40mm。

## 四、螺纹的检测

螺纹的检测方法可分为综合检验和单项（分项）测量两类。

**1. 综合检验**

前已述及，对大量生产的用于紧固联结的普通螺纹，只要求保证可旋合性及一定的连接强度，其螺距误差及半角误差，是由中径公差综合控制，而不单独规定公差。因此，检测时应按泰勒原则（极限尺寸判断原则）用螺纹量规（综合极限量规）来检验。即以牙型完整的通规模拟被测螺纹牙廓的最大实体边界来控制包括螺距误差和半角误差在内的螺纹作用中径，而用牙型不完整的止规模拟两点法检验实际中径。

综合检验时，被检螺纹合格的标志是通端量规能顺利地与被检螺纹在被检全长上旋合，而止端量规不能完全旋合或不能旋入。螺纹量规有塞规和环规，分别用以检验内、外螺纹（螺母和螺栓）。

螺纹量规也分工作量规、验收量规和校对量规，其功用、区别与光滑圆柱极限量规相同。

外螺纹的大径尺寸和内螺纹的小径尺寸是在加工螺纹之前的工序完成的，它们分别用光滑极限卡规和塞规来检验。因此，螺纹量规主要是检验螺纹的中径，同时还要限制内螺纹的大径（不能过小）和外螺纹的小径（不能过大），否则螺纹不能旋合使用。

图 8—4 表示检验外螺纹（螺栓）的情况，通端螺纹环规控制外螺纹的作用中径及小径最大尺寸，而止端螺纹环规只用来控制外螺纹的实际中径。外螺纹大径用卡规另行检验。

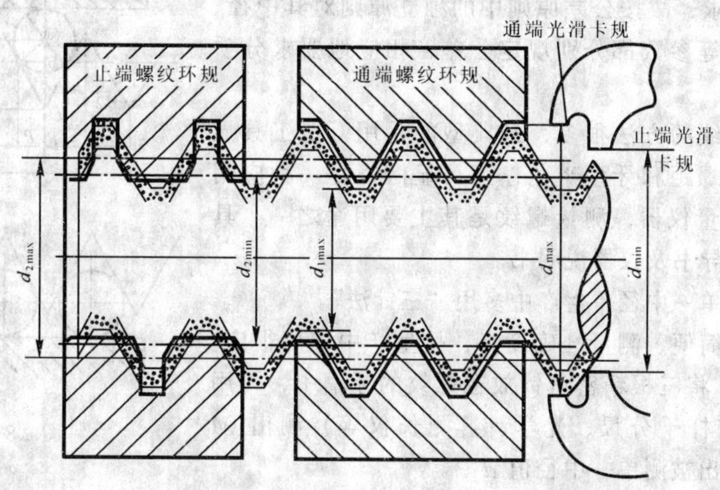


图　8—4

图 8—5 表示检验内螺纹（螺母）的情况。通端螺纹塞规控制内螺纹的作用中径及大径最小尺寸，而止端螺纹塞规只用来控制内螺纹的实际中径。内螺纹小径由光滑塞规另行检验。

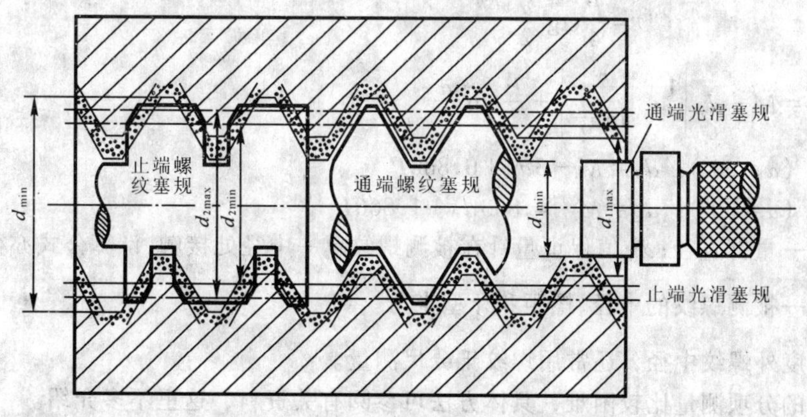


图　8—5

通端螺纹量规（塞规和环规）主要用来控制被检螺纹的作用中径，故采用完整的牙型，且量规长度应与被检螺纹的旋合长度相同，这样可按包容要求来控制被检螺纹中径的最大实体尺寸（边界）；止端螺纹量规要求控制被检螺纹中径的最小实体尺寸，判断其合格的标志是不能完全旋合或不能旋入被检螺纹。为避免螺距误差和牙型半角误差对检验结果的影响，止端螺纹量规应作成截短牙型，其螺纹圈数也很少（理论上应采用两点法检测，但不可能作到）。

普通螺纹产量很大，用量规进行综合检验非常方便。螺纹量规准确度很高，在相应的标准中对其中径、螺距、牙型半角的公差都有规定。

**2. 单项测量**

对精密螺纹，除可旋合性及连接可靠外，还有其他精度要求和功能要求，故按公差原则中的独立原则对其中径、螺距和牙型半角等参数都分别规定公差，相应地要求分项进行测量。

分项测量螺纹的方法很多，最典型的是用万能工具显微镜测量中径、螺距和牙型半角，工具显微镜是一种应用很广泛的光学计量仪器，测量螺纹是其主要用途之一。具体测法见实验指导书及仪器说明书。

测量外螺纹单一中径，生产中多用“三针法”。

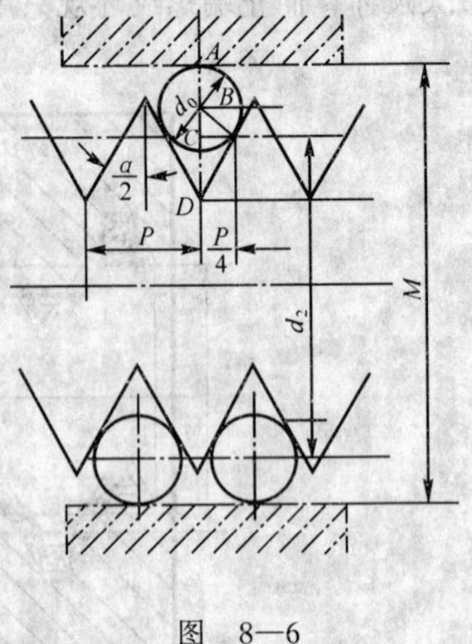

图　8—6

三针法方法简便、测量准确度高，故生产中应用很广。如图 8—6 所示，将三根精密量针放在螺纹的牙槽中，再用精密量仪（如杠杆千分尺、光学计、测长仪等）测出 $M$ 值，按公式计算出被测单一中径值 $d_2$。

由图 8—6 可知：

$$d_2 = M - 2AC = M - 2\,(AD - CD)$$

$$AD = AB + BD = \frac{d_0}{2} + \frac{d_0}{2\sin\frac{\alpha}{2}} = \frac{d_0}{2}\left(1 + \frac{1}{\sin\frac{\alpha}{2}}\right)$$

$$CD = \frac{P}{4}\operatorname{ctg}\frac{\alpha}{2}$$

代入得：$d_2 = M - d_0\left(1 + \frac{1}{\sin\frac{\alpha}{2}}\right) + \frac{P}{2}\operatorname{ctg}\frac{\alpha}{2}$

对公制螺纹（$\alpha = 60°$）：$d_2 = M - 3d_0 + 0.866P$

对梯形螺纹（$\alpha = 30°$）：$d_2 = M - 4.863d_0 + 1.866P$

式中　$d_0$——量针直径；$d_0$ 值保证量针在被测螺纹单一中径处接触，计算公式亦循此导出；

$d_2, P, \frac{\alpha}{2}$——被测螺纹的中径、螺距和牙型半角。

对低精度外螺纹中径，还常用螺纹千分尺测量。

内螺纹的分项测量比较困难，具体方法可参阅有关资料，这里不多介绍。

## 五、机床丝杠、螺母公差

丝杠螺母副常用牙型角 $\alpha = 30°$ 的梯形螺纹，基本牙型如图 8—7 所示。其特点是丝杠与螺母的大径和小径的公称直径不相同，两者结合后，在大径、中径及小径上均有间隙。

我国对机床中传动用的丝杠、螺母制定有机标 JB2886—1981。其特点是精度要求高，特别是对丝杠螺旋线（或螺距 $P$）规定有较严格的公差。

按 JB2886—1981 规定，丝杠及螺母的精度分 4，5，6，7，8，9 共六级，其精度依次降低。4 级精度最高，目前很少应用；5 级用于螺丝磨床、坐标镗床及没有校正装置的分度机构和测量仪器；6 级用于大型螺纹磨床、齿轮磨床、坐标镗床、刻线机及没有校正装置的分度机构和测量仪器；7 级用于铲床、精密螺纹车床及精密齿轮机床；8 级用于普通螺丝车床及螺丝铣床；9 级用于没有分度盘的进给机构。其他机械装置的丝杠精度，可参考使用。

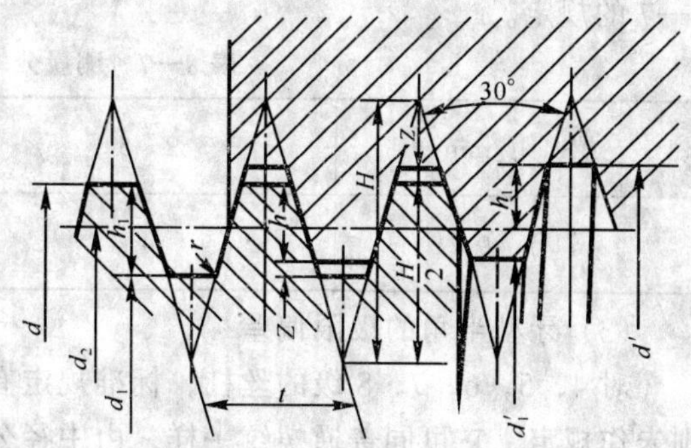

图　8—7

**1. 对丝杠的精度要求**

(1) 螺旋线公差

螺旋线误差是指在中径线上，实际螺旋线相对于理论螺旋线偏离的最大代数差。它又可分为:

①丝杠一转内的螺旋线误差；

②丝杠在指定长度上（25，100 或 300mm）的螺旋线误差；

③丝杠全长上的螺旋线误差。

螺旋线误差较全面地反映了丝杠的位移精度，但由于测量螺旋线误差的动态测量仪器尚未普及，故标准中只对 4，5，6 三级丝杠规定了螺旋线公差。

(2) 螺距公差

标准中对各级精度的丝杠都规定了螺距公差。螺距误差常可分为:

①单个螺距误差（$\Delta P$）——在螺纹全长上，任意单个实际螺距对公称螺距之差，如图 8—8 所示。

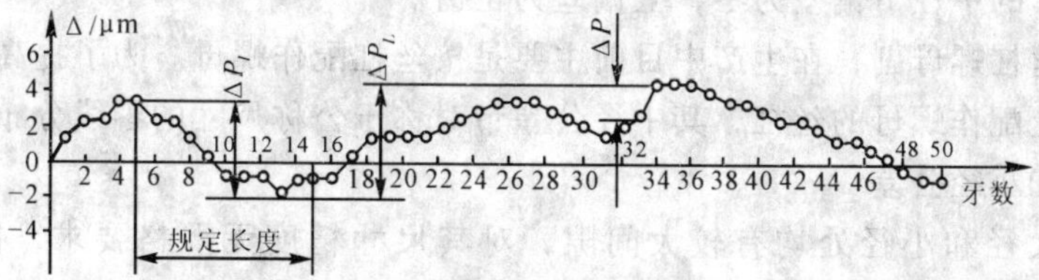


图　8—8

②螺距累积误差（$\Delta P_l$ 及 $\Delta P_L$）——在规定的螺纹长度 $l$ 上或螺纹全长 $L$ 上，实际累积螺距对其公称值的最大差。

③分螺距误差（$\Delta P/n$）——在丝杠的若干等分转角内，螺旋面在中径线上的实际轴向位移对公称轴向位移之差，如图 8—9 所示。

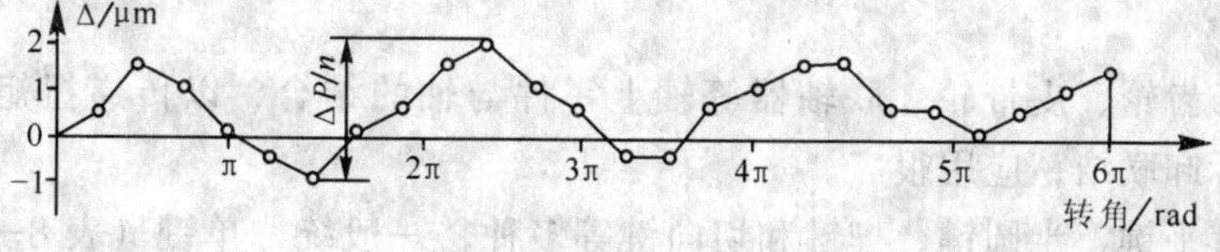


图　8—9

分螺距误差近似地反映了一转内的螺旋线误差，故标准对 4，5，6 级丝杠规定了分螺距公差。并规定分螺距误差应在单个螺距误差最大处测量三转，每转内的等分数 $n$ 不少于表

8—7 的规定。

表 8—7 测量分螺距的每转等分数 *n*

| 螺 距/mm | 2～5 | 5～10 | 10～20 |
| --- | --- | --- | --- |
| 等 分 数 *n* | 4 | 6 | 8 |

(3) 牙型半角的极限偏差

对 4，5，6，7，8 级的丝杠，标准规定有牙型半角极限偏差，对 9 级精度的丝杠，标准则未作规定，它可同普通螺纹一样，由中径公差综合控制。

(4) 大径、中径和小径公差

为了使丝杠易于旋转和储存润滑油，故大径、中径、小径处都有间隙。其公差值的大小，从理论上讲只影响配合的松紧程度，不影响传动精度，故均规定了较大的公差值。

(5) 丝杠全长上中径尺寸变动量公差

中径尺寸变动会影响丝杠与螺母配合间隙的均匀性及丝杠副两螺旋面的一致性，故应规定公差。对中径尺寸变动量规定在同一轴向截面内测量。

(6) 丝杠中径跳动公差

为了控制丝杠与螺母的配合偏心，提高位移精度，标准规定了丝杠中径跳动公差。

**2. 对螺母的精度要求**

(1) 中径公差

由于螺母的螺距和牙型半角很难测量，标准未单独规定公差，而是由中径公差来综合控制，故其中径公差是一个综合公差。

非配作螺母的中径下偏差为零，上偏差为正值。

对高精度丝杠螺母副，在生产中目前主要是按丝杠配作螺母。为了提高合格率，标准中规定凡 6 级以上配作螺母的丝杠，其中径公差带对称于公称尺寸的零线分布。

(2) 大径和小径公差

在螺母的大径和小径处均有较大间隙，对其尺寸精度无严格要求，因而公差值均较大。

## §8—2 键和花键结合的公差配合及检测

### 一、键 联 结

键联结用于齿轮、皮带轮、联轴器等轴上零件与轴的结合，以传递扭矩，并可作导向用。它属于可拆卸联结，应用很广。

键的类型有平键、半圆键、楔键和切向键等多种，一般统称单键（表 8—8）。其中，以平键和半圆键用得最多。

**表 8—8 键的类型**

| 类型 | | 图形 | 类型 | | 图形 |
|---|---|---|---|---|---|
| 平键 | 普通平键 | A型<br>B型<br>C型 | 半圆键 | | |
| | | | 楔键 | 普通楔键 | 斜度 1∶100 |
| | 导向平键 | A型<br>B型 | | 钩头楔键 | 斜度 1∶100 |

**1. 键联结的公差与配合**

这里只介绍平键和半圆键的公差与配合（GB1095～1099—1979），其配合尺寸是键宽和键槽宽 $b$（图 8—10），具体配合分三类，相配件的公差带代号及各配合的性质和适用场合如表 8—9 所列。键联结是键与轴及轮毂三个零件的结合，配合为基轴制，其中键是标准件，只有一种公差带 h9。

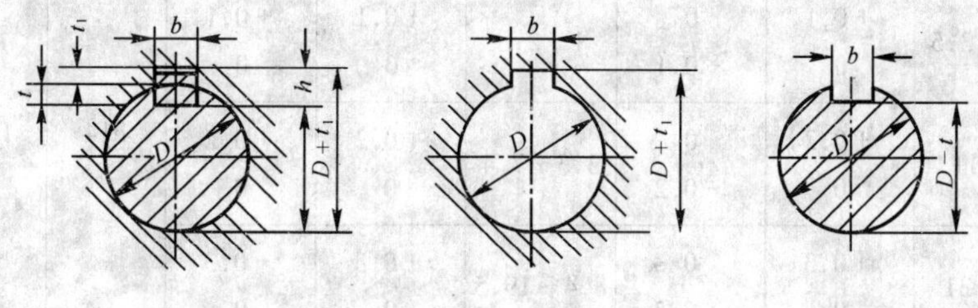


图 8—10

表 8—9 所列的是各公差带代号，其偏差值是以尺寸 $b$ 为基本尺寸，查国标公差与配合表，即前面的表 2—4、表 2—6 与表 2—7。图 8—11 为公差带图的示例，图中基本尺寸 $b=2$mm。

其他非配合尺寸的公差，列于表 8—10，表中各参数见图 8—10。

键与键槽的形位误差将使装配困难，影响联结的松紧程度，使工作面负荷不均匀，对中性不好，因此需要给予限制。国标中对键和键槽的形

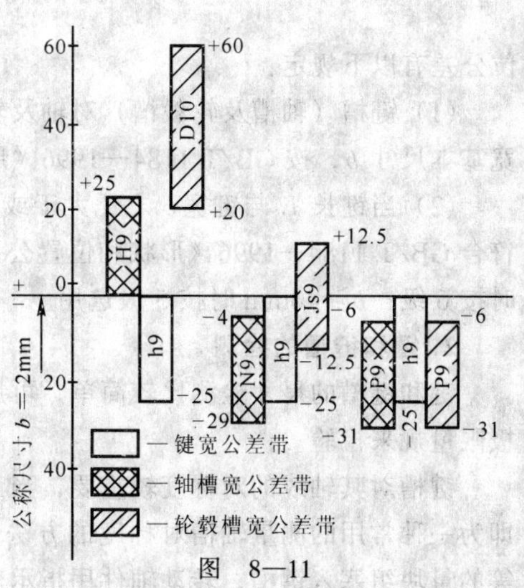


图 8—11

**表 8—9　键宽、轴槽宽、轮毂槽宽的公差带**

<table>
<tr><th rowspan="2">键的类型</th><th rowspan="2">配合种类</th><th colspan="3">尺寸 $b$ 的公差带</th><th rowspan="2">应用范围</th></tr>
<tr><th>键</th><th>轴槽</th><th>轮毂槽</th></tr>
<tr><td rowspan="3">平键<br>GB1095—1979</td><td>较松联结</td><td rowspan="5">h9</td><td>H9</td><td>D10</td><td>主要用于导向平键，轮毂可在轴上作轴向移动</td></tr>
<tr><td>一般联结</td><td>N9</td><td>Js9</td><td>键在轴上及轮毂上均固定，传递不大的扭矩</td></tr>
<tr><td>较紧联结</td><td>P9</td><td>P9</td><td>传递重载和冲击负荷或双向传递扭矩</td></tr>
<tr><td rowspan="2">半圆键<br>GB1098—1979</td><td>一般联结</td><td>N9</td><td>Js9</td><td rowspan="2">定位及传递扭矩</td></tr>
<tr><td>较紧联结</td><td>P9</td><td>P9</td></tr>
</table>

**表 8—10　键联结非配合尺寸的极限偏差**

<table>
<tr><th rowspan="3">键高<br>$h$</th><th colspan="3">轴槽深/mm</th><th colspan="3">轮毂槽深/mm</th><th rowspan="3">平键长度<br>$l$</th><th rowspan="3">轴槽长度<br>$L$</th><th rowspan="3">半圆键<br>直径 $d$</th></tr>
<tr><th colspan="2">$t$</th><th>$d-t$</th><th colspan="2">$t_1$</th><th>$d+t_1$</th></tr>
<tr><th>公称尺寸</th><th>极限偏差</th><th>极限偏差</th><th>公称尺寸</th><th>极限偏差</th><th>极限偏差</th></tr>
<tr><td rowspan="3">h11</td><td>1.2～3.5</td><td>+0.1<br>0</td><td>0<br>−0.1</td><td>1～2.8</td><td>+0.1<br>0</td><td>+0.1<br>0</td><td rowspan="3">h14</td><td rowspan="3">H14</td><td rowspan="3">h12</td></tr>
<tr><td>4～11</td><td>+0.2<br>0</td><td>0<br>−0.2</td><td>3.3～7.4</td><td>+0.2<br>0</td><td>+0.2<br>0</td></tr>
<tr><td>12～31</td><td>+0.3<br>0</td><td>0<br>−0.3</td><td>8.4～19.5</td><td>+0.3<br>0</td><td>+0.3<br>0</td></tr>
</table>

位公差有以下规定：

(1) 键槽（轴槽及轮毂槽）对轴及轮毂轴线的对称度，一般可根据不同的功能要求和键宽基本尺寸 $b$，按 GB/T 1184—1996《形状和位置公差》中的对称度公差 7～9 级选取。

(2) 当键长 $L$ 与键宽 $b$ 之比大于或等于 8 时，键宽 $b$ 的两侧面在长度方向的平行度应符合 GB/T 1184—1996《形状和位置公差》的规定；当 $b \leqslant 6$mm 时按 7 级；$b \geqslant 8$ 至 36mm 时按 6 级；$b \geqslant 40$mm 时按 5 级选用。

**2. 键和键槽的检测**

键和键槽的尺寸检测比较简单，可用各种通用计量器具测量，大批生产时也可用专用的极限量规来检验。

键槽对其轴线的对称度较重要，当工艺不能确保其精度时，应进行检测，图 8—12 (a) 即为一种常用的测量轴槽对称度的方法。该方法用 V 形块模拟基准轴线，将与键槽宽度相等的量块组塞入键槽，转动轴件用指示表将量块上平面校平，记下指示表读数；将轴件转过 180°，在同一横截面方向上再次将量块校平［如图 8—12 (a) 中左方虚线所示］，记下指示

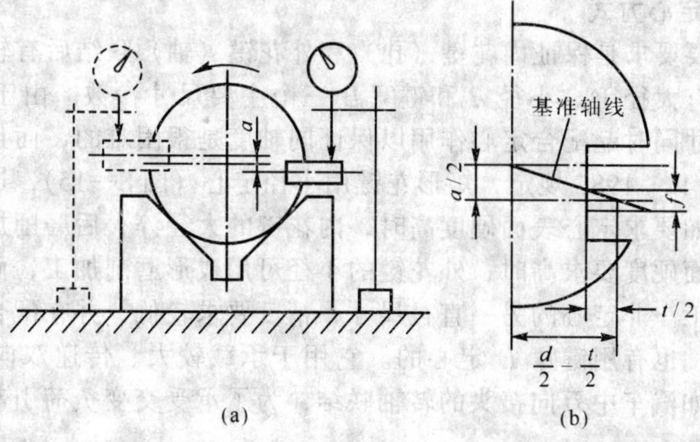


图　8—12

表读数，两次读数之差为 $a$，则按图 8—12(b)之尺寸关系计算，得对称度误差的近似值为：

$$f \approx \frac{a\frac{t}{2}}{\frac{d}{2}-\frac{t}{2}}=\frac{at}{d-t}$$

式中　$d$——轴的直径；

$t$——轴的键槽深度。

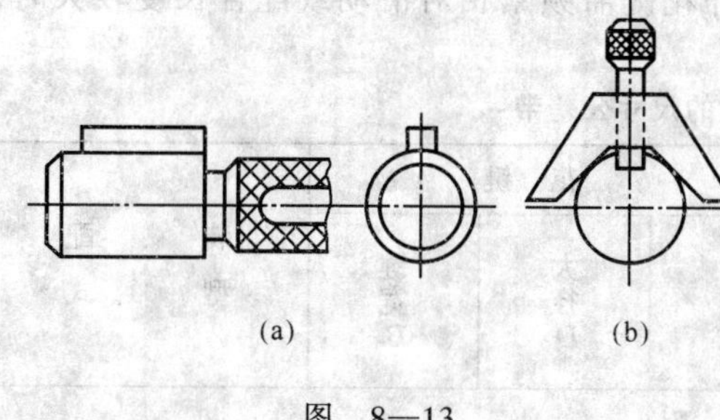


图　8—13

将轴固定不动，再沿键槽长度方向测量，取长度方向上两点的最大读数差为长度方向的对称度误差 $f'$（$f' = a_{高} - a_{低}$）。取 $f$ 和 $f'$ 中之最大值作为该键槽的对称度误差值。

在成批生产中，此对称度误差还可用专用量规（图 8—13）检验。当对称度量规能插入轮毂槽或伸入轴槽底，则为合格。对称度误差是位置误差，故其量规只有通规而没有止规。

## 二、花键联结

与单键相比较，花键具有承载能力强（可传递较大的扭矩）、定心要求高、导向性好等优点，故在汽车、机床等产品中，应用较广。花键的制造工艺比单键复杂，成本也较高。

花键可作固定联结，也可作滑动联结。按齿形不同，主要分为矩形花键、渐开线花键两种，如图 8—14 所示。下面就应用较多的矩形花键进行介绍。

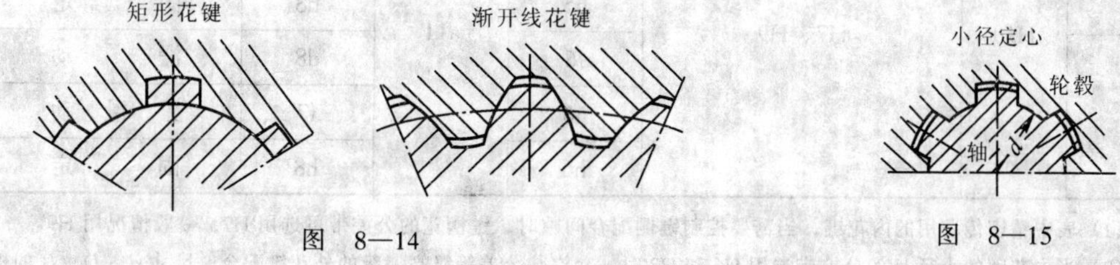


图　8—14　　　　图　8—15

**1. 矩形花键的定心方式**

花键联结的主要要求是保证内花键（孔）和外花键（轴）联结后有较高的同轴度，并传递扭矩。矩形花键有大径 *D*、小径 *d* 和键宽 *B* 三个主要尺寸参数。由于对定心尺寸要求较高，若要求三个尺寸同时起配合定心作用以保证同轴度是很困难的，而且也无必要。

国家标准 GB1144—1987 规定，矩形花键用小径定心（图 8—15），这是因为大径定心在工艺上难于实现，如要求定心表面硬度高时，内花键的大径淬火后磨削加工困难。如采用小径定心，当定心表面硬度要求高时，外花键的小径可用成形磨削加工，而内花键小径也可用一般内圆磨进行加工。非定心的另一直径尺寸，精度要求较低，并在配合后有较大间隙。

在某些行业中，也有用键宽 *B* 定心的。它用于承载较大、传递双向扭矩而对定心精度要求不高的花键。如汽车中万向接头的转轴联结，为了承受交变负荷引起的冲击，故采用键宽定心。

**2. 矩形花键的公差与配合**（GB1144—1987）

以小径定心的矩形花键，其小径 *d*、大径 *D* 和键宽 *B* 的尺寸公差带，如表 8—11 所列。表中，“精密传动用”多用于机床变速箱，“一般用”适用于定心精度要求不高但传递扭矩较大之处，如载重汽车、拖拉机的变速箱。

为了减少加工花键孔专用拉刀的种类，矩形花键结合采用基孔制，规定了滑动配合、紧滑动配合和固定配合等三种配合（这里固定配合仍属光滑圆柱结合的间隙配合，但因形位误差的影响使配合变紧了）。当要求定位准确度高或传递扭矩大或经常有正反转变动时，应选紧一些的配合，反之应选松一些的配合。当内、外花键需频繁相对滑动或配合长度较大时，也应选松一些的配合。

**表 8—11 内、外花键的尺寸公差带**

<table>
<tr><th colspan="4">内花键</th><th colspan="3">外花键</th><th rowspan="3">装配型式</th></tr>
<tr><th rowspan="2">小径<br>d</th><th rowspan="2">大径<br>D</th><th colspan="2">键槽宽 B</th><th rowspan="2">小径<br>d</th><th rowspan="2">大径<br>D</th><th rowspan="2">键宽<br>B</th></tr>
<tr><th>拉削后不热处理</th><th>拉削后热处理</th></tr>
<tr><td colspan="8">一般用</td></tr>
<tr><td rowspan="3">H7</td><td rowspan="3">H10</td><td rowspan="3">H9</td><td rowspan="3">H11</td><td>f7</td><td rowspan="3">a11</td><td>d10</td><td>滑动</td></tr>
<tr><td>g7</td><td>f9</td><td>紧滑动</td></tr>
<tr><td>h7</td><td>h10</td><td>固定</td></tr>
<tr><td colspan="8">精密传动用</td></tr>
<tr><td rowspan="3">H5</td><td rowspan="6">H10</td><td colspan="2" rowspan="6">H7、H9</td><td>f5</td><td rowspan="6">a11</td><td>d8</td><td>滑动</td></tr>
<tr><td>g5</td><td>f7</td><td>紧滑动</td></tr>
<tr><td>h5</td><td>h8</td><td>固定</td></tr>
<tr><td rowspan="3">H6</td><td>f6</td><td>d8</td><td>滑动</td></tr>
<tr><td>g6</td><td>f7</td><td>紧滑动</td></tr>
<tr><td>h6</td><td>h8</td><td>固定</td></tr>
</table>

注：(1) 表中精密传动用的内花键，当需要控制键侧配合间隙时，键槽宽的公差带可选用 H7，一般情况用 H9。

(2) 当内花键的小径 *d* 的公差带选用 H6 和 H7 时，允许与公差等级高一级的外花键配合。尺寸 *d*、*D*、*B* 的极限偏差值，是按各尺寸的基本尺寸查国标“极限与配合”的公差表（前面第二章）。

花键除上述尺寸公差外，还有形位公差要求，它对花键结合的传力性能和装配性能影响很大，主要是位置度（包括键齿和键槽的等分度及对称度）和平行度。

位置度公差按图 8—16 和表 8—12 确定，均采用最大实体原则，以便用花键综合量规检验。

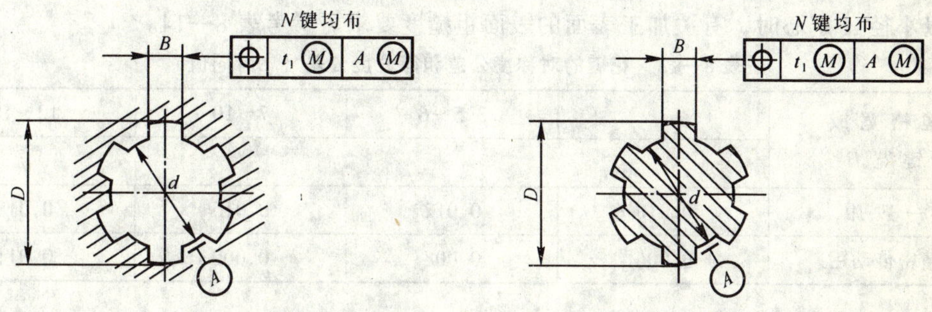


图 8—16

**表 8—12 花键的位置度公差**

mm

| 键槽宽或键宽 $B$ | | 3 | 3.5～6 | 7～10 | 12～18 |
|---|---|---|---|---|---|
| | | $t_1$ | | | |
| 键 槽 宽 | | 0.010 | 0.015 | 0.020 | 0.025 |
| 键宽 | 滑动、固定 | 0.010 | 0.015 | 0.020 | 0.025 |
| | 紧 滑 动 | 0.006 | 0.010 | 0.013 | 0.016 |

对较长的花键，还要规定键侧对轴线的平行度公差，可根据产品性能在设计时自行规定，标准中未作推荐或规定。

当对花键不用综合量规进行综合检验时（如对单件、少量生产），可将位置度公差改为键宽的对称度公差和键齿（槽）的等分度公差，并只能按独立原则要求。具体规定按图 8—17 和表 8—13。

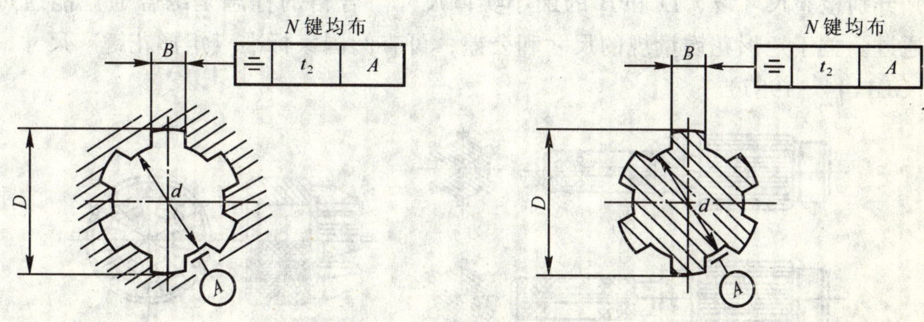


图 8—17

花键的图纸标注，按顺序包括以下项目：键数 $N$、小径 $d$、大径 $D$、键（键槽）宽 $B$，其各自的公差带代号标注于各基本尺寸之后，示例如下：

花键规格：$N\times d\times D\times B$（mm），如 6×23×26×6；

花键副：$6\times 23\,\dfrac{H7}{f7}\times 26\,\dfrac{H10}{a11}\times 6\,\dfrac{H11}{d10}$；

内花键：6×23H7×26H10×6H11；

外花键：6×23f7×26a11×6d10。

以小径 $d$ 定心时，有关加工表面的表面粗糙度要求可参考表 8—14。

**表 8—13　花键的对称度公差和等分度公差**（二者同值）　mm

| 键槽宽或键宽 $B$ | 3 | 3.5～6 | 7～10 | 12～18 |
|---|---|---|---|---|
| | $t_2$ | | | |
| 一般用 | 0.010 | 0.012 | 0.015 | 0.018 |
| 精密传动用 | 0.006 | 0.008 | 0.009 | 0.011 |

**表 8—14　花键表面粗糙度参数 $R_a$ 的推荐值**

| 加工表面 | 内花键 | 外花键 |
|---|---|---|
| | $R_a$ 不大于 /μm | |
| 小径 | 1.6 | 0.8 |
| 大径 | 6.3 | 3.2 |
| 键侧 | 6.3 | 1.6 |

**3. 矩形花键的检测**

在单件小批生产中，没有现成的花键量规可使用时，可用通用量具分别对各尺寸（$d$、$D$ 和 $B$）进行单项测量，并检测键宽的对称度、键齿（槽）的等分度和大小径的同轴度等形位误差项目。

对大批量生产，一般都采用量规进行检验，即用综合通规（对内花键为塞规，对外花键为环规，如图 8—18 所示）来综合检验小径 $d$、大径 $D$ 和键（键槽）宽 $B$ 的作用尺寸，即包括上述位置度（等分度、对称度在内）和同轴度等形位误差。然后用单项止端量规（或其他量具）分别检验尺寸 $d$、$D$ 和 $B$ 的最小实体尺寸。合格的标志是综合通规能通过，而止规不能通过。关于矩形花键量规的尺寸和公差，可查阅国家标准《矩形花键　尺寸、公差和检验》（GB1144—1987）。

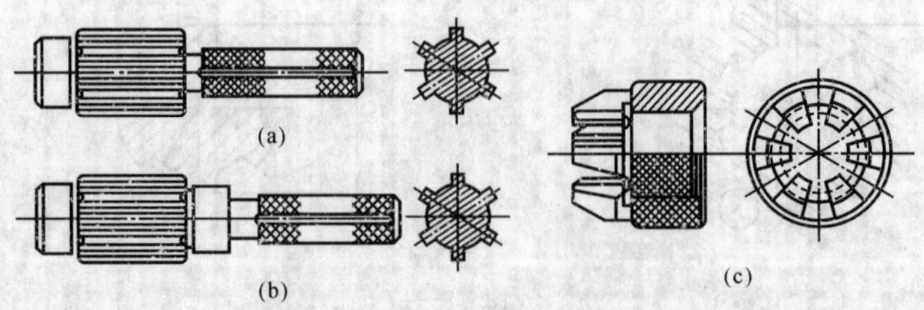


图　8—18

# §8—3　圆锥结合的公差配合及检测

圆锥结合在机器结构中经常用到，它具有较高的同轴度，配合的自锁性好，密封性好，间隙和过盈可自由调整等优点。我国已制订有《锥度与锥角系列》（GB157—1990）、《圆锥公差》（GB11334—1989）、《圆锥配合》（GB12360—1989）和《圆锥量规公差》（GB11852—1989）等一系列有关的国家标准。

## 一、锥度与锥角

**1. 常用术语及定义**

（1）圆锥角 $\alpha$

在与圆锥平行并通过轴线的截面内，两条素线（圆锥表面与轴向截面的交线）间的夹角（图 8—19），称为圆锥角。

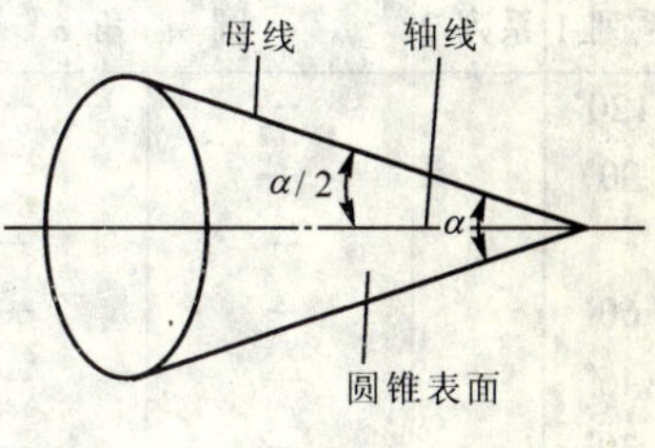


图　8—19

圆锥角的代号为 $\alpha$，斜角（锥角之半）的代号为 $\alpha/2$。

（2）圆锥直径

圆锥上垂直于轴线截面的直径（图 8—20）称为圆锥直径。常用的圆锥直径有：最大圆锥直径 $D$，最小圆锥直径 $d$，给定截面圆锥直径 $d_x$。

（3）圆锥长度 $L$

最大圆锥直径与最小圆锥直径之间的轴向距离（图 8—20 及图 8—21），称为圆锥长度。

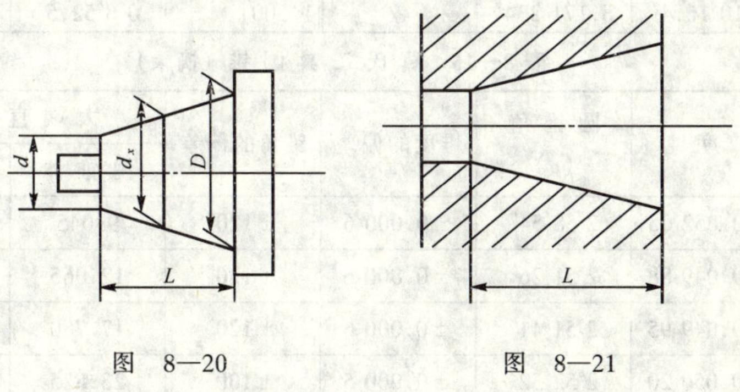


图　8—20　　　　图　8—21

（4）锥度 $C$

两个垂直于圆锥轴线的截面的圆锥直径差与该两截面间的轴向距离之比称为锥度。若最大圆锥直径为 $D$，最小圆锥直径为 $d$，圆锥长度为 $L$，则锥度 $C$ 为：

$$C=\frac{D-d}{L}$$

$$C=2\mathrm{tg}\,\frac{\alpha}{2}=1:\frac{1}{2}\mathrm{ctg}\,\frac{\alpha}{2}$$

锥度关系式反映了圆锥直径、圆锥长度、圆锥角和锥度之间的相互关系，这一关系式是圆锥的基本公式。

锥度一般用比例或分式形式表示。

**2. 锥度与锥角系列**

国家标准（GB157—1989）规定，锥度与锥角系列分为一般用途和特殊用途两种，适用于光滑圆锥。

（1）一般用途圆锥的锥度与锥角

一般用途圆锥的锥度与锥角共22种（表8—15）。选用圆锥时，应优先选用第一系列，第一系列不能满足要求时，才选第二系列。

（2）特殊用途圆锥的锥度与锥角

特殊用途圆锥的锥度与锥角共20种（见有关标准）。莫氏锥度在工具行业中应用极广，有关参数、尺寸及公差已标准化，表8—16为莫氏工具圆锥（摘录）。

**表8—15 一般用途圆锥的锥度与锥角**

| 基本值 | | 推算值 | | | 基本值 | | 推算值 | | |
|---|---|---|---|---|---|---|---|---|---|
| 系列1 | 系列2 | 圆锥角 $\alpha$ | | 锥度 $C$ | 系列1 | 系列2 | 圆锥角 $\alpha$ | | 锥度 $C$ |
| 120° | | — | — | 1:0.288 675 | | 1:8 | 7°9′9.6″ | 7.152 669° | — |
| 90° | | — | — | 1:0.500 000 | 1:10 | | 5°43′29.3″ | 5.724 810° | — |
| | 75° | — | — | 1:0.651 613 | | 1:12 | 4°46′8.8″ | 4.771 888° | — |
| 60° | | — | — | 1:0.866 025 | | 1:15 | 3°49′5.9″ | 3.818 305° | — |
| 45° | | — | — | 1:1.207 107 | 1:20 | | 2°51′51.1″ | 2.864 192° | — |
| 30° | | — | — | 1:1.866 025 | 1:30 | | 1°54′34.9″ | 1.909 683° | — |
| 1:3 | | 18°55′28.7″ | 18.924 644° | — | | 1:40 | 1°25′56.4″ | 1.432 320° | — |
| | 1:4 | 14°15′0.1″ | 14.250 033° | — | 1:50 | | 1°8′45.2″ | 1.145 877° | — |
| 1:5 | | 11°25′16.3″ | 11.421 186° | | 1:100 | | 0°34′22.6″ | 0.572 953° | — |
| | 1:6 | 9°31′38.2″ | 9.527 283° | | 1:200 | | 0°17′11.3″ | 0.286 478° | — |
| | 1:7 | 8°10′16.4″ | 8.171 234° | | 1:500 | | 0°6′52.5″ | 0.114 692° | — |

**表8—16 莫氏工具圆锥**（摘录）

| 圆锥符号 | 锥度 | 圆锥角（$\alpha$） | 锥度的偏差 | 锥角的偏差 | 大端直径/mm | | 量规刻线间距/mm |
|---|---|---|---|---|---|---|---|
| | | | | | 内锥体 | 外锥体 | |
| №0 | 1:19.212=0.052 05 | 2°58′54″ | ±0.000 6 | ±120″ | 9.045 | 9.212 | 1.2 |
| №1 | 1:20.047=0.049 88 | 2°51′26″ | ±0.000 6 | ±120″ | 12.065 | 12.240 | 1.4 |
| №2 | 1:20.020=0.049 95 | 2°51′41″ | ±0.000 6 | ±120″ | 17.780 | 17.980 | 1.6 |
| №3 | 1:19.922=0.050 20 | 2°52′32″ | ±0.000 5 | ±100″ | 23.825 | 24.051 | 1.8 |
| №4 | 1:19.254=0.051 94 | 2°58′31″ | ±0.000 5 | ±100″ | 31.267 | 31.542 | 2 |
| №5 | 1:19.002=0.052 63 | 3°00′53″ | ±0.000 4 | ±80″ | 44.399 | 44.731 | 2 |
| №6 | 1:19.180=0.052 14 | 2°59′12″ | ±0.000 35 | ±70″ | 63.348 | 63.760 | 2.5 |

注：（1）锥角的偏差是根据锥度偏差折算列入的；

（2）当用塞规检查内锥时，内锥大端端面必须位于塞规的两刻线之间，第一条刻线决定内锥大端直径的公称尺寸，第二条刻线决定内锥大端直径的最大极限尺寸；

（3）套规必须与配对的塞规校正。套规端面应与塞规上第一条线前边边缘相重合，允许套规端面不到塞规上第一条刻线，但不超过0.1mm距离。

## 二、圆锥公差

《圆锥公差》国家标准（GB11334—1989），适用于锥度 $C$ 从 1∶3～1∶500，锥度长度 $L$ 从 6～630mm 的光滑圆锥工件。《圆锥公差》的项目有圆锥直径公差，圆锥角公差，圆锥的形状公差和给定截面圆锥直径公差。

**1．公差项目**

（1）圆锥直径公差 $T_D$

允许的圆锥直径变动量称为圆锥直径公差。其数值为允许的最大极限圆锥直径和最小极限圆锥直径之差（图 8—22），即 $T_D = D_{\max} - D_{\min} = d_{\max} - d_{\min}$，最大极限圆锥和最小极限圆锥皆称为极限圆锥，它与基本圆锥（设计时给定的圆锥）同轴，且圆锥角相等。在垂直于圆锥轴线的任意截面上，该两个圆锥直径差都相等。

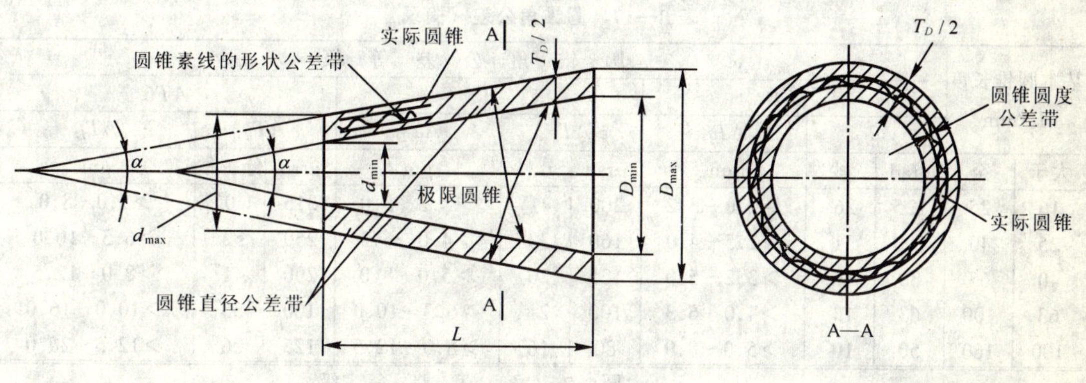


图　8—22

为了统一和简化公差标准，圆锥直径公差数值不另行规定，可按圆锥配合的使用功能要求和制造条件，直接以最大圆锥直径 $D$ 或最小圆锥直径 $d$ 为基本尺寸，从圆柱体标准公差（GB1800—1979）中选用。圆锥直径公差带用圆柱体公差配合标准符号表示，如 $\phi$50js10。其公差等级亦与圆柱体相同。

对于有配合要求的圆锥，其内、外圆锥直径公差带位置，按圆锥配合国标（GB12360—1990）中的有关规定选取。对于没有配合要求的内、外圆锥，建议选用基本偏差 Js 和 js。

（2）圆锥角公差 $AT$

允许的圆锥角变动量称为圆锥角公差。其数值等于允许的最大与最小极限圆锥角之差（图 8—23）。圆锥角公差 $AT$ 共分 12 个公差等级，按公差值大小，依次用 $AT1$，$AT2$，……，$AT12$ 表示。各公差等级的圆锥角公差数值见表 8—17。对同一加工方法，基本圆锥长度 $L$ 越大，角度误差将越小，故在同一公差等级中，$L$ 越大，角度公差值越小。

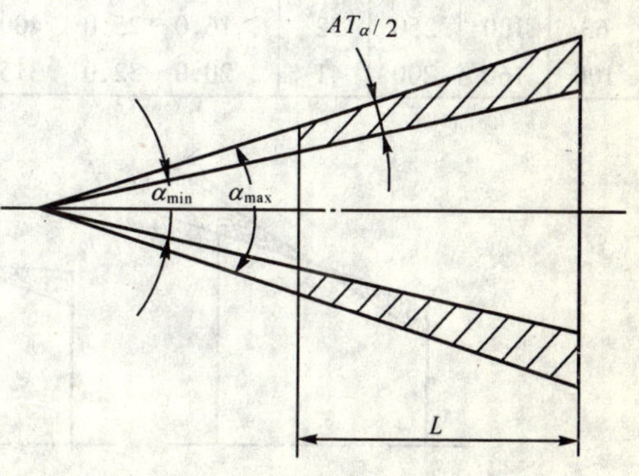


图 8—23　圆锥角公差带

圆锥角公差可用两种形式表示：

①$AT_\alpha$——以角度单位微弧度（μrad）或以度、分、秒（°、′、″）表示圆锥角公差值。

②$AT_D$——以长度单位微米（μm）表示公差值，它是用与圆锥轴线垂直且距离为 $L$ 的两端直径变动量之差所表示的圆锥角公差。

$AT_D$ 与 $AT_\alpha$ 的关系如下：

$$AT_D = AT_\alpha L \times 10^{-3}$$

式中，$AT_D$ 单位为 μm；$AT_\alpha$ 单位为 μrad；$L$ 单位为 mm。

例如：选用 $AT7$，可查表 8—17 得 $AT_\alpha = 315\mu rad$

当 $L = 50mm$ 时，

$AT_D = AT_\alpha L \times 10^{-3} = 315 \times 50 \times 10^{-3} = 15.75\mu m$

圆锥角的极限偏差可按单向取值［图 8—24（a）、(b)］或对称［图 8—24（c)］与不对称的双向取值。

**表 8—17 圆锥角公差（摘录）**

| 基本圆锥长度 L/mm | | 圆锥角公差等级 | | | | | | | | |
|---|---|---|---|---|---|---|---|---|---|---|
| | | AT4 | | | AT5 | | | AT6 | | |
| | | $AT_\alpha$ | | $AT_D$ | $AT_\alpha$ | | $AT_D$ | $AT_\alpha$ | | $AT_D$ |
| 大于 | 至 | μrad | 秒 | μm | μrad | 分秒 | μm | μrad | 分、秒 | μm |
| 16 | 25 | 125 | 26″ | >2.0~3.2 | 200 | 41″ | >3.2~5.0 | 315 | 1′05″ | >5.0~8.0 |
| 25 | 40 | 100 | 21″ | >2.5~4.0 | 160 | 33″ | >4.0~6.3 | 250 | 52″ | >6.3~10.0 |
| 40 | 63 | 80 | 16″ | >3.2~5.0 | 125 | 26″ | >5.0~8.0 | 200 | 41″ | >8.0~12.5 |
| 63 | 100 | 63 | 13″ | >4.0~6.3 | 100 | 21″ | >6.3~10.0 | 160 | 33″ | >10.0~16.0 |
| 100 | 160 | 50 | 10″ | >5.0~8.0 | 80 | 16″ | >8.0~12.5 | 125 | 26″ | >12.5~20.0 |

| 基本圆锥长度 L/mm | | 圆锥角公差等级 | | | | | | | | |
|---|---|---|---|---|---|---|---|---|---|---|
| | | AT7 | | | AT8 | | | AT9 | | |
| | | $AT_\alpha$ | | $AT_D$ | $AT_\alpha$ | | $AT_D$ | $AT_\alpha$ | | $AT_D$ |
| 大于 | 至 | μrad | 分、秒 | μm | μrad | 分、秒 | μm | μrad | 分、秒 | μm |
| 16 | 25 | 500 | 1′43″ | >8.0~12.5 | 800 | 2′45″ | >12.5~20.0 | 1 250 | 4′18″ | >20~32 |
| 25 | 40 | 400 | 1′22″ | >10.0~16.0 | 630 | 2′10″ | >16.0~25.0 | 1 000 | 3′26″ | >25~40 |
| 40 | 63 | 315 | 1′05″ | >12.5~20.0 | 500 | 1′43″ | >20.0~32.0 | 800 | 2′45″ | >32~50 |
| 63 | 100 | 250 | 52″ | >16.0~25.0 | 400 | 1′22″ | >25.0~40.0 | 630 | 2′10″ | >40~63 |
| 100 | 160 | 200 | 41″ | >20.0~32.0 | 315 | 1′05″ | >32.0~50.0 | 500 | 1′43″ | >50~80 |

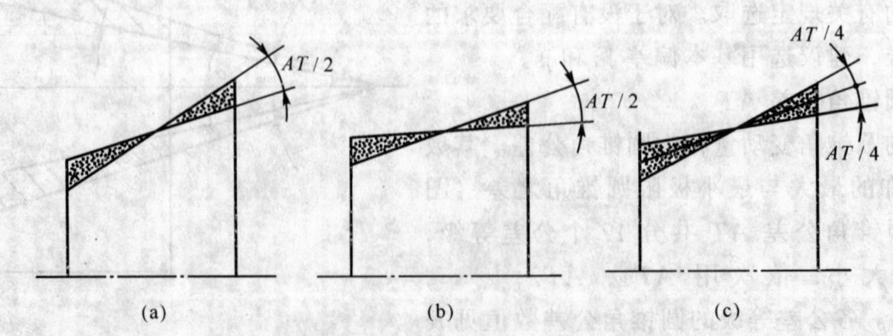


图 8—24 圆锥角的极限偏差

(3) 圆锥的形状公差 $T_F$

圆锥的形状公差包括：

①圆锥素线直线度公差——在圆锥轴向截面内，允许实际素线形状的最大变动量。圆锥素线直线度公差带是在给定截面上，距离为公差值 $T_F$ 的两条平行直线间的区域（图 8—22）。

②截面圆度公差——在圆锥轴线法向截面上，允许截面形状的最大变动量。截面圆度公差带是半径差为公差值 $T_F$ 的两同心圆间的区域（图 8—22）。

(4) 给定截面圆锥直径公差 $T_{Ds}$

在垂直于圆锥轴线的给定截面内，允许圆锥直径的变动量（图 8—25）。

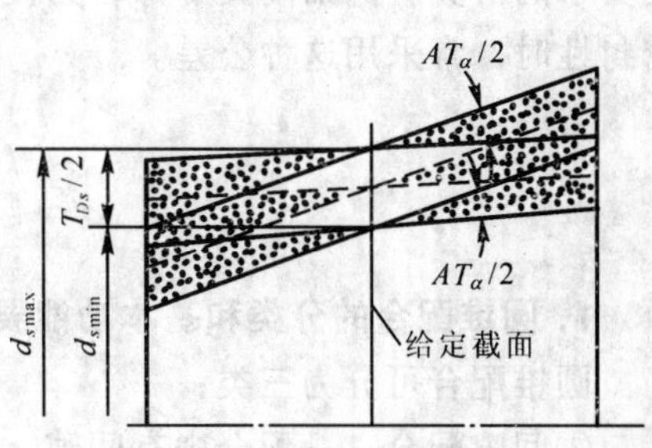


图 8—25　给定截面圆锥直径公差 $T_{Ds}$与圆锥角公差的关系

**3. 圆锥公差的给定方法**

圆锥公差有两种给定方法。

(1) 给出圆锥的理论正确圆锥角 $\alpha$（或锥度 $C$）和圆锥直径公差 $T_D$；此时圆锥角误差和圆锥的形状误差都应限制在圆锥直径公差带内（图 8—22）；圆锥直径公差 $T_D$ 所能限制的圆锥角如图 8—26 所示。该法通常适用于有配合性质要求的内、外锥体，例如圆锥滑动轴承、钻头的锥柄等。相当于采用公差的包容要求。

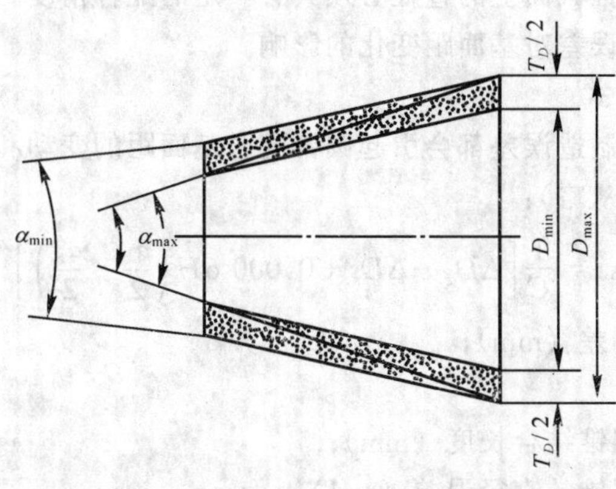


图 8—26　给定截面圆锥直径公差 $T_{Ds}$与圆锥角公差 $AT$ 的关系

如果对圆锥角公差、圆锥形状公差有更高要求时，可再给出圆锥角公差 $AT$、圆锥形状公差 $T_F$。此时，$AT$ 和 $T_F$ 仅占圆锥直径公差的一部分。

(2) 给出圆锥截面直径公差 $T_{Ds}$和圆锥角公差 $AT$：给定截面圆锥直径公差 $T_{Ds}$是在一个给定截面内对圆锥直径给定的，它只对这个截面的圆锥直径有效；而 $AT$ 不包容在圆锥截面直径公差带内。此时两种公差相互独立，圆锥应分别满足该两项要求（图 8—25）。当圆锥在给定截面上具有最小极限尺寸 $d_{x\min}$时，其圆锥角公差带为图中下面两条实线限定的两对顶三角形区域，此时实际锥角必须在此公差带内；当圆锥在给定截面上具有最大极限尺寸 $d_{x\max}$时，其圆锥角公差带为图中上面的两条实线限定的两对顶三角形区域；当圆锥在给定截面上具有某一实际尺寸 $d_x$ 时，其圆锥角公差带为图中两条虚线限定的两对顶三角形区域。

该法是在圆锥素线为理想直线情况下给定的。它适用于对圆锥工件的给定截面有较高精度要求的情况。例如阀类零件，为使圆锥配合在给定截面上有良好的接触，以保证有良好的密封性时，常采用这种公差。

## 三、圆锥配合

**1. 圆锥配合的分类和基本功能要求**

圆锥配合可分为三类：

①间隙配合——配合中有间隙，用于作相对运动的圆锥配合，如车床主轴的圆锥轴颈与滑动轴承的配合。

②密配合——用于要求密封性的配合，如各种气密或水密装置。

③过盈配合——用于定心传递扭矩的配合。如带柄铰刀、扩孔钻的锥柄与机床主轴锥孔的配合。

各类圆锥配合的基本功能要求为：

①配合表面接触均匀。这就要求内、外锥体的锥度大小尽可能一致，使各截面间的配合间隙或过盈大小均匀，提高配合的紧密程度。

②保证基面距（外圆锥和内圆锥基面间的距离）在规定的范围内。这就要求圆锥配合不仅锥度一致外，还要求圆锥截面上的直径必须具有一定的配合精度。

下面阐述锥角和直径误差对基面距变化的影响。

**2. 圆锥配合误差关系式**

圆锥零件锥角和直径制造误差都会引起圆锥配合基面距的变动和表面接触不良，其间有如下式所示之关系（推导从略）：

$$\Delta a=\frac{1}{C}\left[\Delta D_z-\Delta D_k+0.000\,6H\left(\frac{\alpha_k}{2}-\frac{\alpha_z}{2}\right)\right]$$

式中　$\Delta a$——基面距偏差（mm）；

$C$——锥度；

$H$——内、外圆锥结合长度（mm）；

$\Delta D_k$，$\Delta D_z$——内、外圆锥的直径误差（mm）；

$\alpha_k$，$\alpha_z$——内、外圆锥的圆锥角（分）。

上式为圆锥配合中有关参数（直径、角度）之间的一般关系式。在确定圆锥角度和圆锥直径时，可根据基面距公差的要求，按工艺条件先选定一个参数的公差，再由上式计算另一参数的公差。

**3. 圆锥配合的确定**

和《圆锥公差》国家标准一样，《圆锥配合》国家标准（GB12360—1990）也是适用于锥度从 1∶3 到 1∶500、圆锥长度 $L$ 从 6～630mm 的光滑圆锥。

圆锥的不同配合，决定于内、外圆锥的相对轴向位置。按内、外圆锥相对轴向位置的确定方法，圆锥配合有结构型和位移型两类。

（1）结构型圆锥配合

结构型圆锥配合是采用适当的结构，使内、外圆锥保持固定的相对轴向位置，配合性质完全取决于内、外圆锥直径公差带的相对位置。

固定相对轴向位置的方法可以使内、外圆锥的基准平面直接接触［图 8—27（a)]，也可以采用其他附加结构，保持内、外圆锥具有一定的基面距 $a$［图 8—27（b)]。

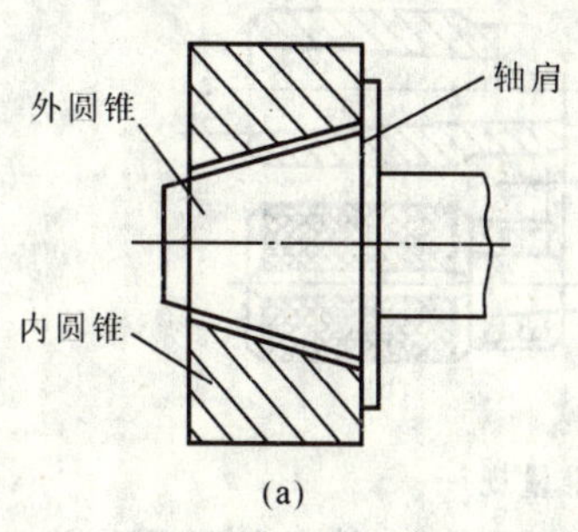

(a)

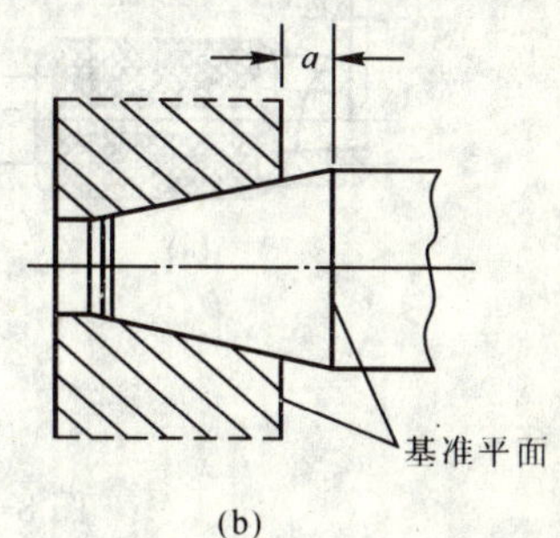

(b)

图　8—27

结构型圆锥配合的圆锥直径公差带的代号和数值以及公差等级，是采用《极限与配合》国家标准（GB1800—1979）的标准公差系列及基本偏差系列。标准推荐优先采用基孔制，即内圆锥直径的基本偏差为 $H$。对高精度的圆锥配合，允许按由功能要求计算得到的极限间隙或过盈确定配合。

圆锥配合一般不用于大间隙的场合，基本偏差 $A$（$a$），$B$（$b$），$C$（$c$）一般不用。对结构型圆锥配合，推荐内、外圆锥的直径公差值不大于 IT9 级。如对接触精度有更高要求，可另给出圆锥角极限偏差和圆锥的形状公差。

(2) 位移型圆锥配合

位移型圆锥配合的配合性质由内、外圆锥的轴向位移决定，即决定于轴向位移的调整，而与内、外圆锥的直径公差带无关。其直径公差带的基本偏差，为便于加工，标准推荐用 H，h 或 Js，js。如对配合圆锥的基面距有要求，应通过计算来选取或校核内、外圆锥的直径公差带。

位移型圆锥配合不用于形成过渡配合，其轴向位移量由使用功能要求的极限间隙或极限过盈计算得到。

## 四、圆锥的检测

大批量生产条件下，圆锥的检验多用圆锥量规。

圆锥量规可以检验内、外锥体工件锥度和基面距偏差。检验内锥体用锥度塞规，检验外锥体用锥度套规、圆锥量规的结构型式如图 8—28 所示，它的规格尺寸和公差，在圆锥量规国家标准（GB11852—1989）中有详细规定，可供选用。

圆锥结合时，一般对锥度要求比对直径的要求严，所以用圆锥量规检验工件时，首先应采用涂色法检验工件锥度。用涂色法检验锥度时，要求工件锥体表面接触靠近大端，接触长度不低于国家标准的规定：高精度工件为工作长度的 85%；精密工件为工作长度的 80%；普通工件为工作长度的 75%。

用圆锥量规检验工件的基面距偏差时，是用量规与工件间的基面距来控制的。圆锥圆规

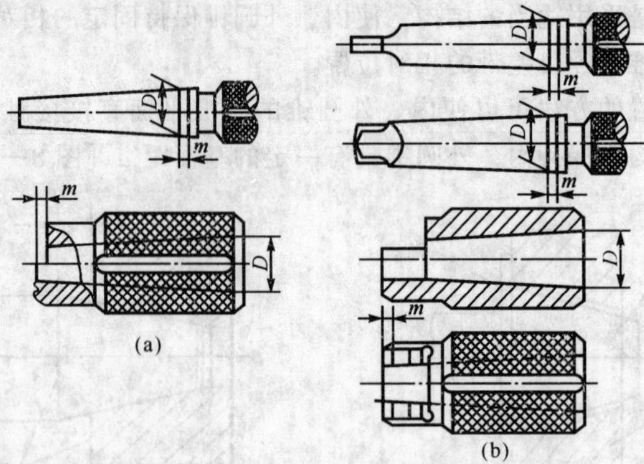


图 8—28 圆锥量规

的一端有两条刻线（塞规）或台阶（套规），其间的距离 $m$ 就是基面距公差，若被测锥体端面在量规的两条刻线或台阶的两端面之间，则被检验锥体的基面距合格（图 8—28）。

圆锥测量主要是测量圆锥角 $\alpha$ 或斜角 $\alpha/2$。一般情况下，可用间接测量法来测量圆锥角，具体方法很多，其特点都是测量与被测圆锥角的有关的线值尺寸，通过三角函数关系，计算出被测角度值。

常用的计量器具有正弦尺、滚柱或钢球等。

(1) 正弦尺

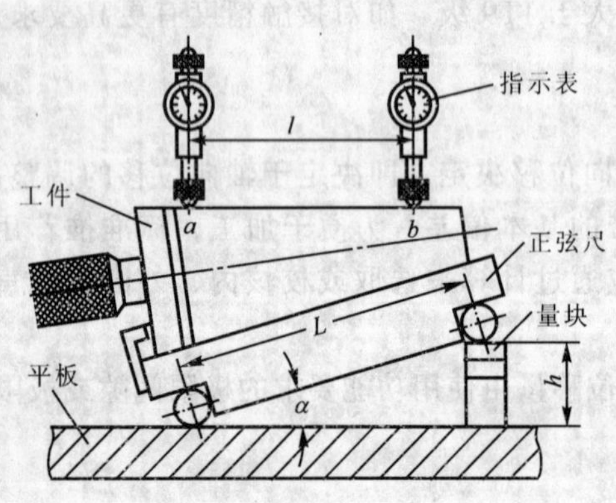


图 8—29 用正弦尺测量圆锥量规

正弦尺是锥度测量常用的计量器具，分宽型和窄型，每种型式又按两圆柱中心距 $L$ 分为 100mm 和 200mm 两种，其主要尺寸的偏差和工作部分的形状、位置误差都很小。在检验锥度角时不确定度为 ±1～±5μm，适用于测量公称锥角小于 30°的锥度。

测量前，首先按下式计算量块组的高度（图 8—29）：

$$h = L\sin\alpha$$

式中 $\alpha$——圆锥角；

$L$——正弦尺两圆柱中心距。

然后，按图 8—29 所示进行测量。如果被测的圆锥角恰好等于公称值，则指示表在 $a$、$b$ 两点的指示值相同，即锥体上母线平行于平板的工作面；如被测角度有误差，则 $a$、$b$ 两点示值必有一差值 $n$，$n$ 与测量长度 $L$ 之比，即锥度误差：

$$\Delta C = n/L$$

如换算成锥角误差时，可按下式近似计算：

$$\Delta(\alpha) = \Delta C \times 2 \times 10^5 = 2 \times 10^5 \frac{n}{L} \ (\mathrm{s})$$

(2) 钢球和滚柱

利用钢球测内锥体和利用标准圆柱测外锥体的典型方法如表 8—18 所列。

**表 8—18**

| | | |
|---|---|---|
| 检测示意图 | （图：$D_0$、$D$、$d$、$L$、$L_1$、$L_2$、$\frac{\alpha}{2}$） | （图：$A_1$、$A$、$d$、$d_0$、$L$、$\frac{\alpha}{2}$） |
| 被检测参数和计算式 | $D_0=(2L_2+D)\operatorname{tg}\frac{\alpha}{2}+\frac{D}{\cos\frac{\alpha}{2}}$<br>$2\operatorname{tg}\frac{\alpha}{2}=\frac{D-d}{2\cos\frac{\alpha}{2}(2L_1-2L_2+d-D)}$ | $d_0=A-d\left(1+\operatorname{ctg}\frac{90^\circ-\frac{\alpha}{2}}{2}\right)$<br>$2\operatorname{tg}\frac{\alpha}{2}=\frac{A_1-A}{L}$ |
| 直径或锥角检测的不确定度 | 直径±5～±20μm<br>角度±7～±30μm | 直径±1～±20μm<br>角度±15～±30μm |
| 适用范围 | 角度＞3° | 直径　角度＜30°任意直径<br>角度　角度＜30° |

注：(1) 表中所列的检验不确定度数值，对检测直径，适用于一个直径的检测；对检测锥角，则适用于直径差的检测；

(2) 检测的不确定度下限值，适用于在计量室条件下，用较高精度的计量器具测三次求得的平均值；其上限值，则适用在车间条件下用精度不高的计量器具进行检测的情况。

# 第九章 圆柱齿轮的互换性及检测

## §9—1 概 述

在机械产品中，齿轮传动的应用是极为广泛的。凡有齿轮传动的机器或仪器，其工作性能、承载能力、使用寿命及工作精度等都与齿轮的制造精度有密切关系。

随着生产和科学的发展，要求机械产品自身重量轻、传递的功率大、转速和工作精度高，从而对齿轮传动的精度提出了更高的要求。因此，研究齿轮误差对使用性能的影响、齿轮互换性原理、精度标准以及检测技术等，以提高齿轮加工质量是具有重要意义的。

各种机械所用的齿轮，对其传动的要求因用途不同而异，但归纳起来有以下四项：

(1) 传递运动的准确性——要求齿轮在一转范围内，最大转角误差限制在一定范围内，以保证从动件与主动件协调。

(2) 传动的平稳性——要求齿轮传动瞬时传动比变化不大，因为瞬时传动比的突变会引起齿轮传动冲击、振动和噪声。

(3) 载荷分布的均匀性——要求齿轮啮合时齿面接触良好，以免引起应力集中，造成齿面局部磨损，影响齿轮使用寿命。

(4) 传动侧隙——要求齿轮啮合时，非工作齿面间应有一定间隙。该间隙对于贮藏润滑油，补偿齿轮传动受力弹性变形、热膨胀以及齿轮传动装置的制造误差和装配误差等均是必需的。否则齿轮传动过程中可能出现卡死或烧伤。

## §9—2 齿轮加工误差及齿轮误差项目

在机械制造中，齿轮加工方法按齿廓形成原理可分为：仿形法，如用成形铣刀在铣床上铣齿；范成法，如用滚刀在滚齿机上滚齿。现以滚齿为代表，列出产生加工误差的主要因素：

①几何偏心（$e_{几}$）。这是由于齿轮齿圈的基准轴线与齿轮工作时的旋转轴线不重合引起的。

②运动偏心（$e_{运}$）。这是由于机床分度蜗轮加工误差及安装偏心引起的。

③机床传动链的短周期误差。加工直齿轮时，主要受分度链各元件误差的影响，尤其是分度蜗杆的径向跳动和轴向窜动的影响；加工斜齿轮时，除分度链外，还受差动链误差的影响。

④滚刀的制造误差与安装误差，如滚刀的径向跳动、轴向窜动及齿形角误差等。

按范成法加工齿轮，其齿廓的形成是刀具对齿坯周期地连续滚切的结果，犹如齿条-齿轮副的啮合过程。因而加工误差是齿轮转角的函数，具有周期性，这是齿轮误差的特点。上述前二因素所产生的齿轮误差以齿轮一转为周期，称为长周期误差；后二因素所产生的误

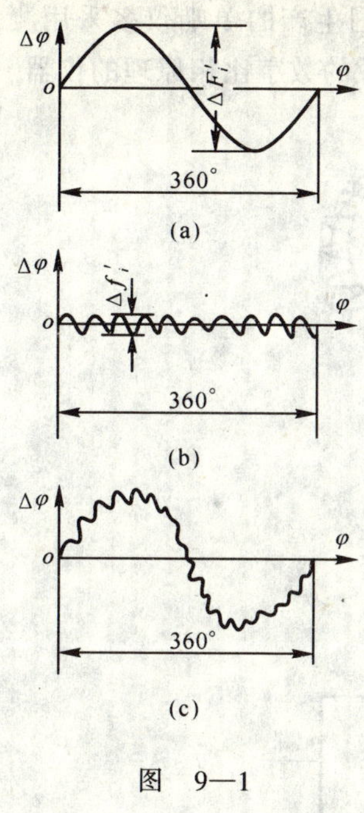

图 9—1

差，在齿轮一转中，多次重复出现，称为短周期误差。为便于分析齿轮各种误差对齿轮传动质量的影响，按误差对于齿轮方向，又分为径向误差、切向误差和轴向误差。

按齿轮误差项目对齿轮传动性能的主要影响可分为三组，即影响运动准确性的误差，为第Ⅰ组；影响传动平稳性的误差，为第Ⅱ组；影响载荷分布均匀性的误差，为第Ⅲ组。

当齿轮只有长周期误差时，其误差曲线如图 9—1（a）所示，虽然运动不均匀，但在低速情况下，其传动还是较平稳的。该项误差加上短周期误差会导致齿轮一转内传动比的不均匀，是影响齿轮运动准确性的主要误差。

当齿轮只具有短周期误差时［图 9—1（b)］，由于它在齿轮一转中多次重复出现，将引起瞬时传动比的急剧变化，使齿轮传动不平稳。在高速传动中，将发生冲击、振动和噪声。因而，对该类误差必须加以控制。

实际上，齿轮运动误差是一条复杂周期函数曲线［图 9—1（c)］，既包含有长周期误差也包含有短周期误差。

## 一、影响运动准确性的误差项目

在齿轮传动中，影响运动准确性的误差项目有五项：

**1. 切向综合误差（$\Delta F_i'$）**

$\Delta F_i'$ 是指被测齿轮与理想精确的测量齿轮单面啮合时，在被测齿轮一转内实际转角与公称转角之差的总幅度值（图 9—2），以分度圆孤长计值。

被测齿轮是装在齿轮单面啮合综合检查仪的心轴上，在保持设计中心距（$a$）的情况下，与测量齿轮作单面啮合转动，测出其转角误差。允许用齿条、蜗杆和测头等测量元件代替测量齿轮。

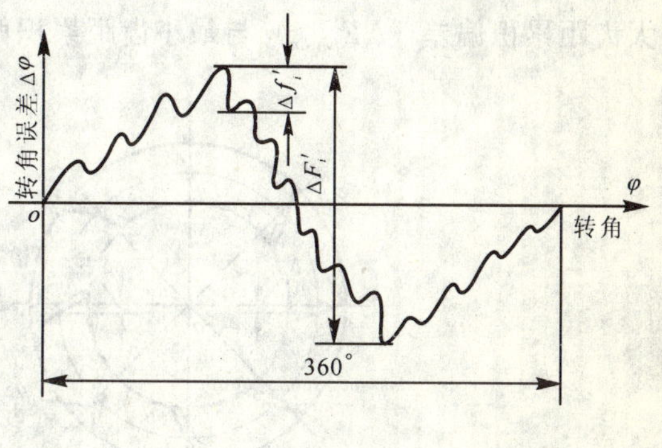

图 9—2

$\Delta F_i'$ 反映齿轮一转的转角误差，说明齿轮运动的不均匀性，在一转过程中，其转速忽快忽慢，作周期性地变化。$\Delta F_i'$ 是几何偏心、运动偏心及各短周期误差综合影响的结果。

光栅式齿轮单啮仪的原理如图 9—3 所示。在齿数各为 $Z_1$ 和 $Z_2$ 的测量齿轮与被测齿轮的主轴上，分别装有刻线数相同的圆光栅，用以产生理想精确的传动比。当啮合的两齿轮齿数不等时，由两者的光电元件所输出的信号频率将不相等，为使两路信号具有相同的频率，以便进行相位比较，可将其中一路信号进行倍频（如将测量齿轮的信号频率 $f_1$ 乘以 $Z_1$）和分频（再将信号 $f_1Z_1$ 除以 $Z_2$）处理。若被测齿轮无误差，则两路信号无相位差变化，记录器输出为一条直线；否则，所记录的图形为被测齿轮的切向综合误差曲线。若仪器上安装的是一对齿轮副，则记录的图形是一条齿轮副切向综合误差曲线。我国生产的单啮仪多采用测量蜗杆的光栅式单啮仪，目前已进一步发展为采用微机时钟脉冲计数的数字比相原理的仪器。

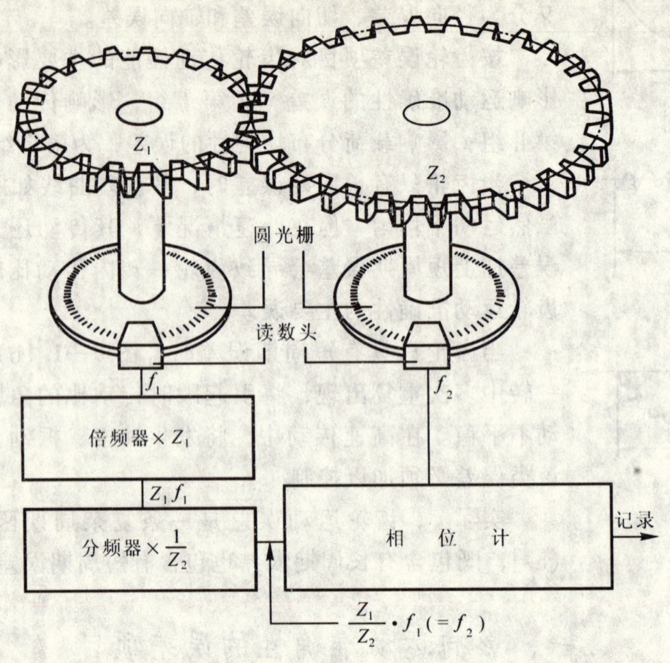


图 9—3

**2. 齿距累积误差（$\Delta F_p$）**

$\Delta F_p$ 是指在分度圆上，任意两个同侧齿面间的实际弧长与公称弧长的最大差值。即最大齿距累积偏差（$\Delta F_{p\max}$）与最小齿距累积偏差（$\Delta F_{p\min}$）之代数差（图 9—4）。

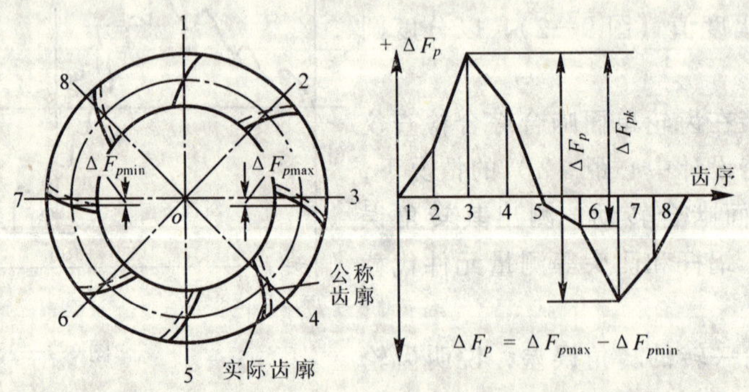


图 9—4

齿轮在加工中不可避免地要发生偏心（几何偏心和运动偏心），从而使齿轮齿距不均匀，产生齿距累积误差。$\Delta F_p$ 通常用相对法测量，允许在齿高中部测量。

必要时还应控制齿轮 $k$ 个齿距的累积误差（$\Delta F_{pk}$）。$\Delta F_{pk}$ 指在分度圆上，$k$ 个齿距间的实际弧长与公称弧长的最大差值（图 9—4）。$k$ 为 2 到小于 $Z/2$（$Z$ 为齿轮齿数）的整数。

实际齿距累积误差曲线往往是非正弦型的，它与由纯偏心误差引起的正弦误差曲线的差别是在某一段弧长内其 $k$ 个齿距累积误差值大于正弦型的该误差值（图 9—5）。

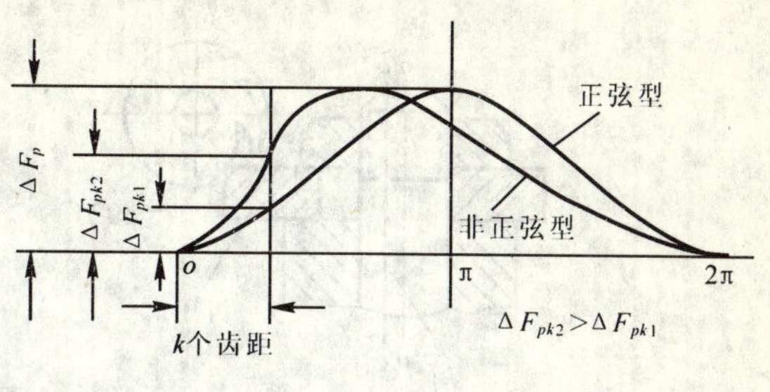


图　9—5

齿距累积误差能反映齿轮一转中偏心误差引起的转角误差，故 $\Delta F_p$ 可代替 $\Delta F_i'$ 作为评定齿轮运动准确性的项目。但两者是有差别的，$\Delta F_p$ 是沿着与基准孔同心的圆周上逐齿测得（每齿测一点）的折线状误差曲线（图 9—4）。它是有限点的误差，而不能反映任意两点间传动比变化情况。而 $\Delta F_i'$ 却是被测齿轮与测量齿轮在单面啮合连续运转中测得的一条连续记录误差曲线（图 9—2），它反映出齿轮每瞬间传动比变化，其测量时的运动情况与工作情况相近。

齿距累积误差（$\Delta F_p$）的测量可分为绝对测量和相对测量。其中，以相对测量应用最广，中等模数的齿轮多采用这种方法。

相对测量是以齿轮上任意一齿距为基准，把仪器指示表调整为零，然后依次测出其余各齿距相对于基准的偏差（$\Delta f_{pt相对}$），最后通过数据处理求出齿距累积误差（$\Delta F_p$）和齿距偏差（$\Delta f_{pt}$）。按其定位基准的不同，相对测量又可分为以齿顶圆、以齿根圆和以孔为定位基准三种，如图 9—6 所示。

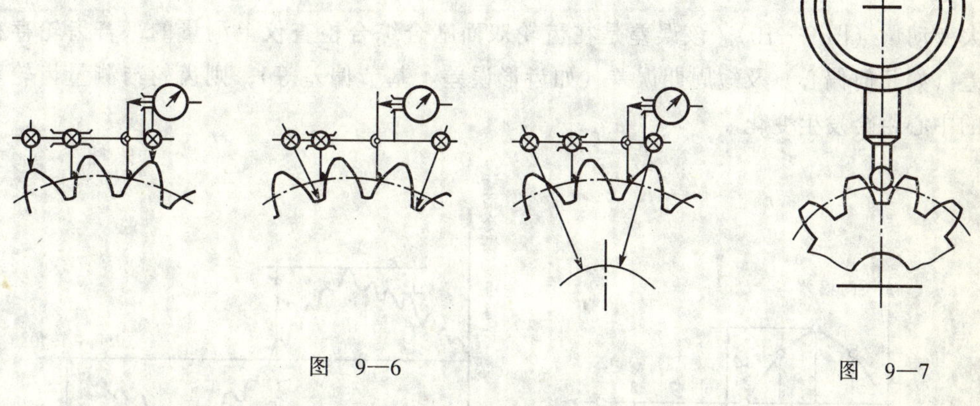

图　9—6　　　　图　9—7

**3. 齿圈径向跳动（$\Delta F_r$）**

$\Delta F_r$ 是指在齿轮一转范围内，测头在齿槽内于齿高中部双面接触，测头相对于齿轮轴线的最大变动量（图 9—7）。该测量方法是以齿轮孔为基准，测头依次放入各齿槽内，在指示表上读出测头径向位置的最大变化量即为 $\Delta F_r$。

$\Delta F_r$ 主要是由几何偏心（$e_{几}$）引起的。切齿时，由于齿坯孔与心轴间有间隙（图 9—8），孔轴线 $oo$ 与其旋转轴线 $o'o'$ 不重合，产生一偏心量 $e_{几}$。这时，刀具至 $o'o'$ 的距离在切齿过程中保持不变，因而切出的齿圈就以 $o'o'$ 为轴线，而齿圈上各齿到孔轴线距离则不相等，按正弦规律变化（图 9—9）。它以齿轮一转为周期，故称长周期误差，属径向误差。若忽略其他误差影响，则 $\Delta F_r = r_{max} - r_{min} = 2e_{几}$。

当齿轮具有几何偏心时，与孔同轴线的圆上的齿距或齿厚是不均匀的，远离轴线 $o'o'$ 一

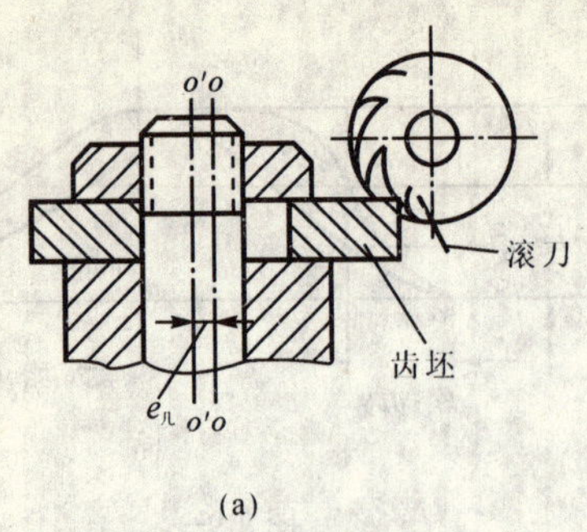

(a)

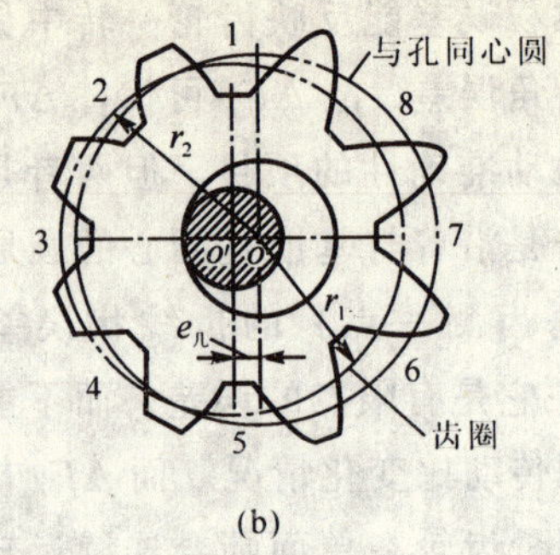

(b)

图 9—8

边的齿距变长，靠近 $o'o'$ 一边的则相反［图 9—8（b）］，从而引起齿距累积误差，并使齿轮传动中侧隙发生变化。

当齿轮装配在传动轴上时，若孔与轴之间有间隙，也可能产生几何偏心，其影响与前者同。

此外，齿坯端面跳动亦会引起附加的偏心。

**4. 径向综合误差（$\Delta F_i''$）**

$\Delta F_i''$ 是指被测齿轮与理想精确的测量齿轮双面啮合时，在被测齿轮一转内，双啮中心距的最大变动量（图 9—10）。该误差是在齿轮双面啮合综合检查仪上测量的，若齿轮存在径向误差（如几何偏心）及短周期误差（如齿形误差、基节偏差等），则齿轮与测量齿轮双面啮合的中心距会发生变化。

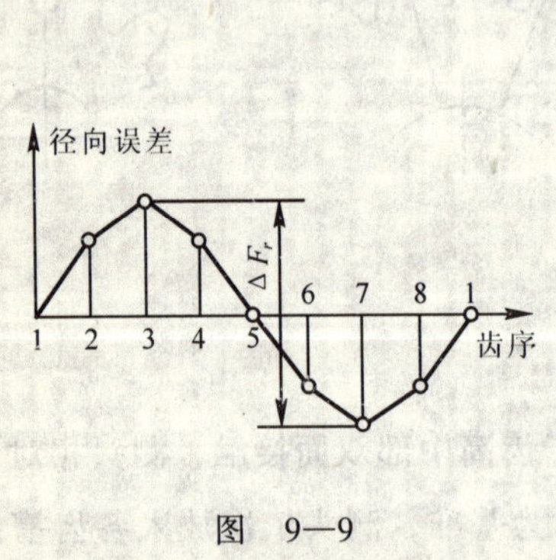

图 9—9

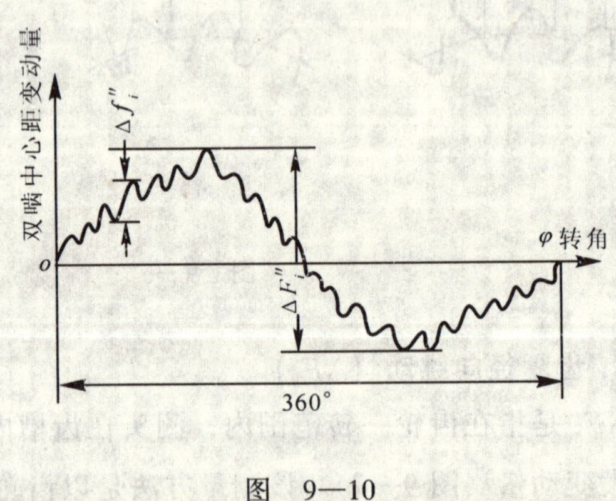

图 9—10

$\Delta F_i''$ 主要反映径向误差，可代替 $\Delta F_r$，由于检查 $\Delta F_i''$ 比检查 $\Delta F_r$ 效率高以及能得到一条连续的误差曲线，故成批生产时常用 $\Delta F_i''$ 作为第 Ⅰ 公差组的检验项目。

$\Delta F_i''$ 的测量是将被测齿轮与测量齿轮分别安装在双面啮合检查仪的两平行心轴上，并借助弹簧力作用，使两轮保持双面紧密啮合，被测齿轮一转中指示表的最大读数差值（即双啮中心距的变动量）即为 $\Delta F_i''$（图 9—11）。由记录器记录下的误差图形如图 9—10 所示。

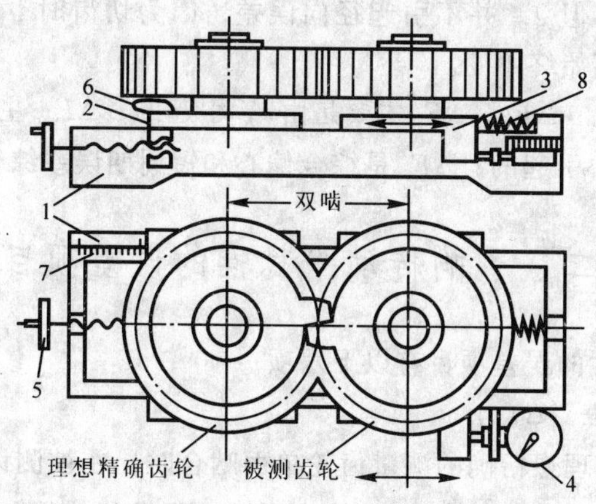


图　9—11

1—仪器座；2—固定滑座；3—可动滑座；4—指示表；
5—调整固定滑座位置用手轮；6—锁紧手柄；7—标尺；8—弹簧

**5. 公法线长度变动（$\Delta F_w$）**

$\Delta F_w$ 是指在齿轮一周范围内，实际公法线长度最大值与最小值之差（图 9—12）。

滚齿时，$\Delta F_w$ 是由运动偏心 $e_{运}$ 引起的，$e_{运}$ 来源于机床分度蜗轮偏心 $e_{蜗}$（图 9—13）。

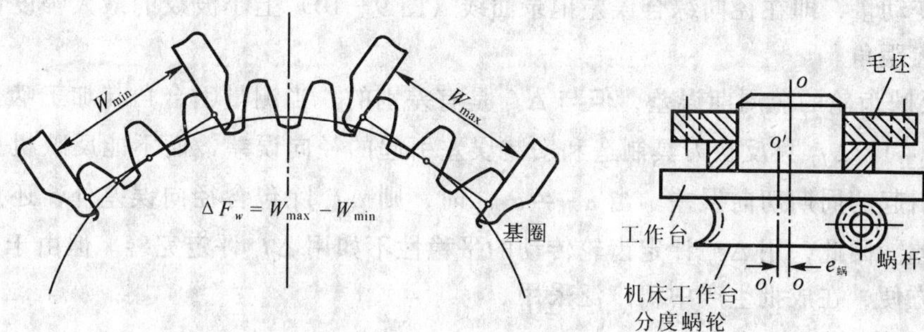


图　9—12　　　图　9—13

当分度蜗轮具有 $e_{蜗}$ 时，即使刀具作匀速旋转，但分度蜗轮及由其带动的齿坯的转速是不均匀的，呈周期性变化，以蜗轮一转为周期，从最大角速度（$\omega+\Delta\omega$）变化到最小角速度（$\omega-\Delta\omega$）。设切齿“1”时，齿坯转角误差为零；当切齿“2”时，齿坯理应转过 $2\pi/Z$（$\angle AOB$），由于存在转角误差，实际转角（$\angle AOC$）多一角增量 $\Delta\varphi$，使齿“2”不在虚线的理论位置，而在实线的实际位置，结果齿廓沿基圆切线方向发生位移和齿形变异（图 9—14）。同理，其他各齿也发生类似的误差，从而使齿轮圆周上的公法线长度不均匀。图中，$W_{max}$（公法线最大）出现在 2～8 齿之间，$W_{min}$（公法线最小）出现在 4～6 齿之间，以齿轮一转为变化周期。

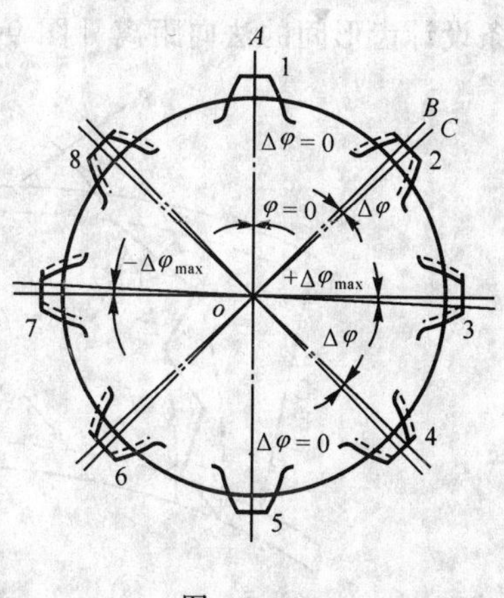


图　9—14

运动偏心 $e_{运}$ 引起切向误差，使各齿廓的位置在圆周上分布不均匀，从而导致齿距累积误差，并引起齿形变异。但 $e_{运}$ 并不引起径向误差，因为切齿时 $e_{运}$ 虽使齿坯转速不均匀，但刀具到齿坯轴线的距离始终不变。

因此，可得如下结论：$\Delta F_r$、$\Delta F_i''$ 主要是由 $e_{几}$ 引起的；$\Delta F_w$ 主要是由 $e_{运}$ 引起的；$\Delta F_p$ 是由 $e_{几}$ 及 $e_{运}$ 的综合偏心引起的；$\Delta F_i'$ 是综合偏心和短周期误差综合影响的结果。

## 二、影响传动平稳性的误差项目

影响齿轮传动平稳性的误差项目有以下六项：

**1. 一齿切向综合误差（$\Delta f_i'$）**

$\Delta f_i'$ 是指被测齿轮与理想精确的测量齿轮单面啮合时，在被测齿轮一齿距角内实际转角与公称转角之差的最大幅度值，即在切向综合误差记录曲线（图 9—2）上，小波纹的最大幅度值。其波长常常为一个齿距角，以分度圆弧长计值。

这种在齿轮一转中多次重复出现的小波纹常常是由刀具制造和安装误差（波长为一齿距角），以及机床传动链短周期误差引起。

**2. 一齿径向综合误差（$\Delta f_i''$）**

$\Delta f_i''$ 是指被测齿轮与理想精确的测量齿轮双面啮合时，在被测齿轮一齿距角内，双啮中心距的最大变动量，即在径向综合误差记录曲线（图 9—10）上小波纹的最大幅度值。其波长常常为一齿距角。

$\Delta f_i''$ 亦反映齿轮的短周期误差，但与 $\Delta f_i'$ 是有差别的。当测量啮合角与加工啮合角相等时（$\alpha_{测}=\alpha_{加工}$），$\Delta f_i''$ 只反映刀具制造和安装误差引起的径向误差，而不能反映机床传动链短周期误差引起的周期切向误差。当 $\alpha_{测}\neq\alpha_{加工}$ 时，则 $\Delta f_i''$ 除包含径向误差外，还反映部分周期切向误差。因此，用 $\Delta f_i''$ 评定齿轮传动的平稳性不如用 $\Delta f_i'$ 评定完善。但由于仪器结构简单，操作方便，在成批生产中仍广泛采用。

**3. 齿形误差（$\Delta f_f$）**

$\Delta f_f$ 是指在齿轮端截面上，齿形工作部分内（齿顶倒棱部分除外），包容实际齿形的两条设计齿形间的法向距离［图 9—15（a）］。设计齿形可以是修正的理论渐开线，包括修缘

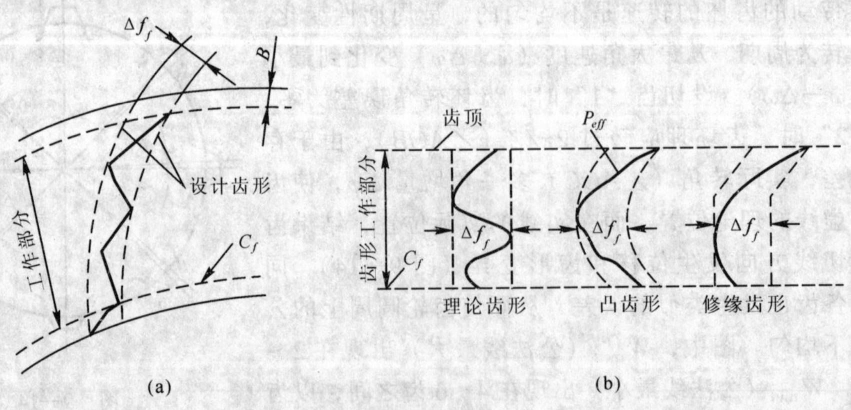


图 9—15

B—齿顶倒棱高度；$C_f$—齿根工作起始圆；$P_{eff}$—实际齿形

齿形、凸齿形等［图 9—15（b）］。在实际生产中，为了提高传动质量，常常需要按实际工作条件设计各种为实践所验证了的修正齿形，如在高速传动中，常用凸齿形与修缘齿形。

齿形误差是由于刀具的制造误差（如刀具齿形角误差）和安装误差（如滚刀的安装偏心和倾斜）以及机床传动链误差等所引起。此外，长周期误差对齿形精度也有影响。

齿形误差影响传动平稳性，如图 9—16 所示。二啮合齿 $A_1$ 与 $A_2$ 理应在啮合线上 $a$ 点接触，由于齿 $A_2$ 有齿形误差，使接触点偏离了啮合线，在啮合线外 $a'$ 点发生啮合，从而引起瞬时传动比的突变，破坏了传动平稳性。

图 9—17 是单圆盘渐开线检查仪工作原理图。被测齿轮 1 与一直径等于该齿轮基圆直径的基圆盘 2 同轴安装，当用手轮 9 移动纵滑板 4 时，直尺 3 与由弹簧力紧压其上的基圆盘 2 互作纯滚动，位于 3 边缘上的量头与被测齿廓接触点相对于基圆盘的运动轨迹是理想渐开线。若被测齿廓不是理想渐开线，测量头摆动经杠杆 6 在指示表 7 上读出 $\Delta f_f$。

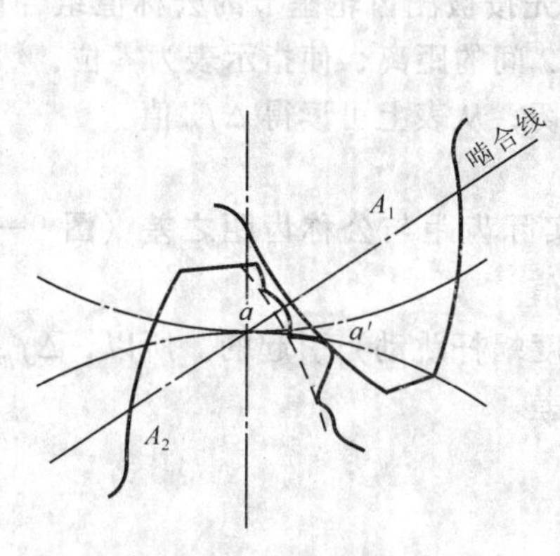


图 9—16

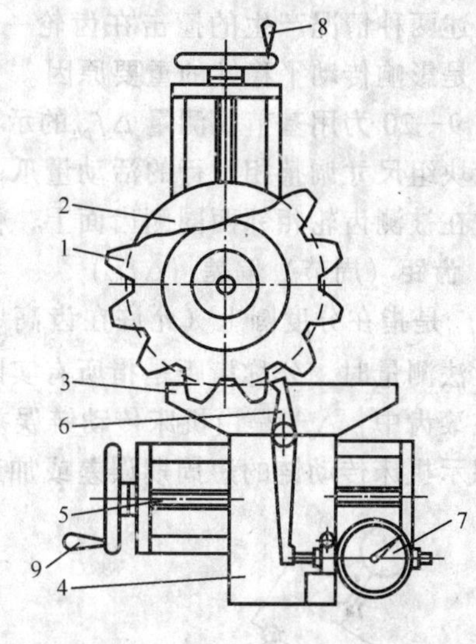


图 9—17

**4. 基节偏差（$\Delta f_{pb}$）**

$\Delta f_{pb}$是指实际基节与公称基节之差（图 9—18）。实际基节是指基圆柱切平面所截两相邻同侧齿面的交线之间的法向距离。

$\Delta f_{pb}$主要是由刀具的基节偏差和齿形角误差造成的。在滚、插齿加工中，由于基节两端点是由刀具相邻齿同时切出，故与机床传动链误差无关。

$\Delta f_{pb}$使齿轮传动在齿与齿交替啮合瞬间发生冲击（图 9—19）。

（1）当主动轮基节大于从动轮基节时［图 9—19（a）］，第一对齿 $A_1$，$A_2$ 啮合终止，而第二对齿 $B_1$，$B_2$ 尚未进入啮合。此时，$A_1$ 的齿顶将沿着 $A_2$ 的齿根“刮行”（称顶刃啮合），发生啮合线外啮合，使从动轮突然降速，直到 $B_1$ 和 $B_2$ 进入啮合为止。这时，从动轮又开始突然加速。因此，从一对齿过渡到下一对齿的啮合过程中，瞬时传动比产生突变，将引起撞击、振动和噪声。

（2）当主动轮基节小于从动轮基节时［图 9—19（b）］，第一对齿 $A'_1$，$A'_2$ 的啮合未结束，而第二对齿 $B'_1$ 和 $B'_2$ 就已开始进入啮合，$B'_1$ 齿撞击 $B'_2$ 齿顶，使从动轮突然加速，迫使 $A'_1$ 和 $A'_2$ 脱啮。此时，同样产生顶刃啮合，直到 $B'_1$ 和 $B'_2$ 进入渐开线段啮合为止。这种情况比前一种更坏，有时振动、噪声会更大。

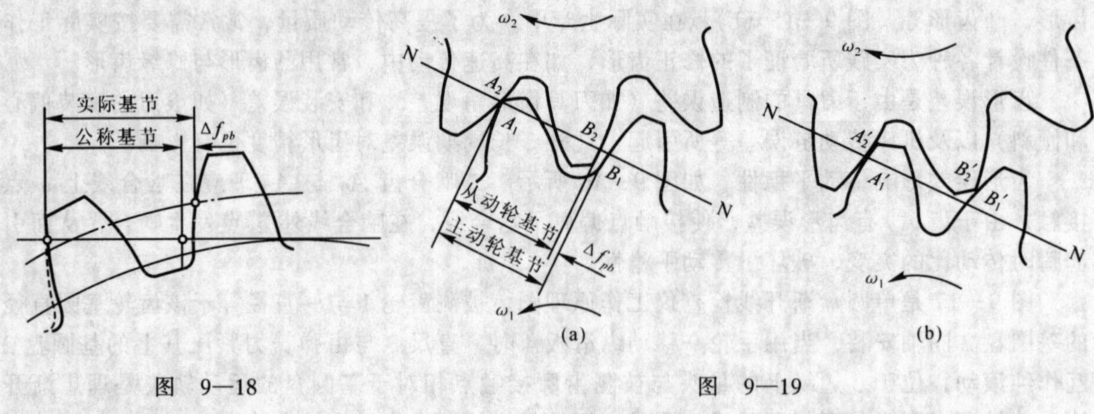


图 9—18　　图 9—19

上述两种情况产生的撞击在齿轮一转中多次重复出现，误差频数等于齿数，称齿频误差。它是影响传动平稳性的重要原因。

图 9—20 为用基节仪测量 $\Delta f_{pb}$ 的示意图。测量时先按被测齿轮基节的公称值组合量块，并按量块组尺寸调整相平行的活动量爪 1 与固定量爪 2 间的距离，使指示表为零位，然后将仪器放在被测齿轮相邻两同侧齿面上，使之与齿面相切，从表上可读得 $\Delta f_{pb}$ 值。

**5. 齿距（周节）偏差（$\Delta f_{pt}$）**

$\Delta f_{pt}$ 是指在分度圆上（允许在齿高中部测量），实际齿距与公称齿距之差（图 9—21）。用相对法测量时，公称齿距是指所有实际齿距的平均值。

在滚齿中，$\Delta f_{pt}$ 是由机床传动链误差（主要是分度蜗杆跳动）引起的。所以，$\Delta f_{pt}$ 可以用来揭示机床传动链的短周期误差或加工中的分度误差。

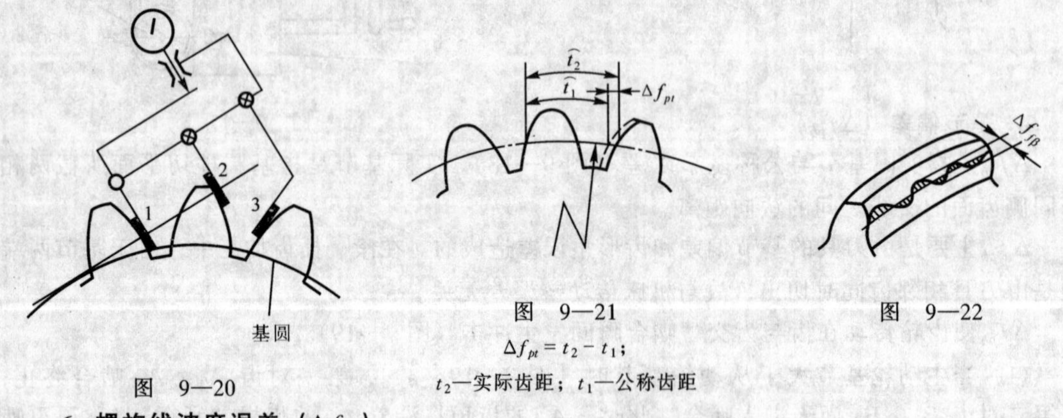


图 9—20　　图 9—21　　图 9—22

$\Delta f_{pt} = t_2 - t_1$；

$t_2$—实际齿距；$t_1$—公称齿距

**6. 螺旋线波度误差（$\Delta f_{f\beta}$）**

$\Delta f_{f\beta}$ 是指宽斜齿轮齿高中部实际齿线（螺旋线）波纹的最大波幅（图 9—22）。沿齿面法线方向计值。

$\Delta f_{f\beta}$ 用于评定轴向重合度 $\varepsilon_\beta > 1.25$ 的 6 级及高于 6 级精度的斜齿轮及人字齿轮的传动平稳性。

这种齿轮主要用于汽轮机减速器，其特点是功率大、速度高，对传动平稳性要求特别高。通常是用高精度滚齿机加工。$\Delta f_{f\beta}$ 主要是由机床分度蜗杆副和进给丝杠的周期误差引起的，使齿侧面螺旋线上产生波浪形误差，因而使齿轮传动发生振动，是严重影响平稳性的主要因素；而滚刀误差引起的齿轮齿形误差及基节偏差不是影响平稳性的主要因素。另外，根据分析，用 $\Delta f_{pt}$ 来评定传动平稳性是不够完善的，故高精度宽斜齿轮、人字齿轮应控制 $\Delta f_{f\beta}$。

## 三、影响载荷分布均匀性的误差项目

在理论上，一对轮齿的啮合过程，若不考虑弹性变形的影响，其啮合是由齿顶到齿根每瞬间都沿着全齿宽成一直线接触。对于直齿轮，齿面是切于基圆柱的平面上与轴线平行的直线 $K—K$ 的运动轨迹——渐开面，所以轮齿每瞬间的接触线是一根平行于轴线的直线 $K—K$（图 9—23）。

对于斜齿轮，由于齿面是切于基圆柱的平面上与轴线夹角为 $\beta_b$ 的直线 $K—K$ 运动的轨迹——渐开螺旋面，所以轮齿某瞬时的接触线是一根在基圆柱的切平面上与基圆柱母线夹角为 $\beta_b$ 的直线 $K—K$（图 9—24）。

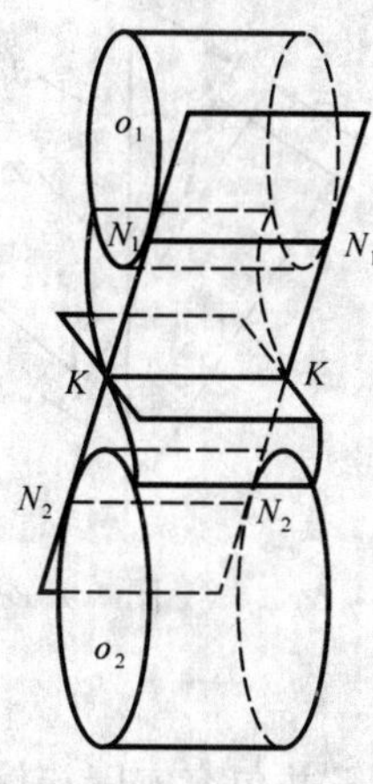

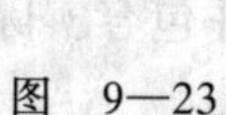

图　9—23

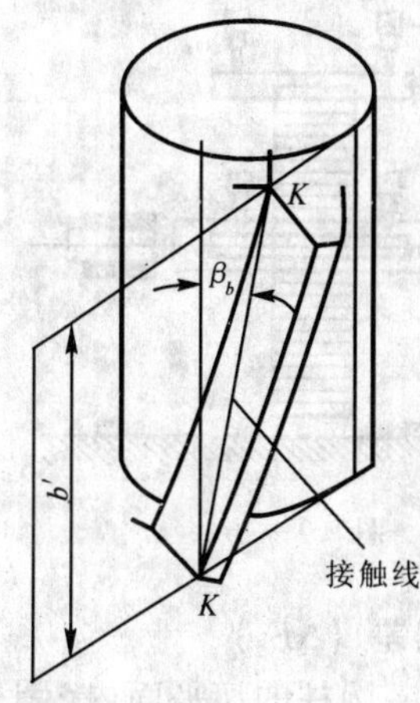


图　9—24

实际上，由于齿轮的制造和安装误差，啮合齿在齿长方向上并不是沿全齿宽接触，而在啮合过程中也并不是沿全齿高接触。对于直齿轮，影响接触长度的是齿向误差，影响接触高度的是齿形误差；对于宽斜齿轮，影响接触长度的是轴向齿距误差（或螺旋线误差），影响接触高度的是齿形误差和基节偏差。从评定齿轮承载能力的大小来看，一般对接触长度的要求高于对接触高度的要求。

**1. 齿向误差（$\Delta F_\beta$）**

$\Delta F_\beta$ 是指在分度圆柱面上，齿宽工作部分范围内（端部倒角部分除外），包容实际齿线的两条设计齿线之间的端面距离（图 9—25）。齿向误差包括齿线的方向偏差和形状误差。

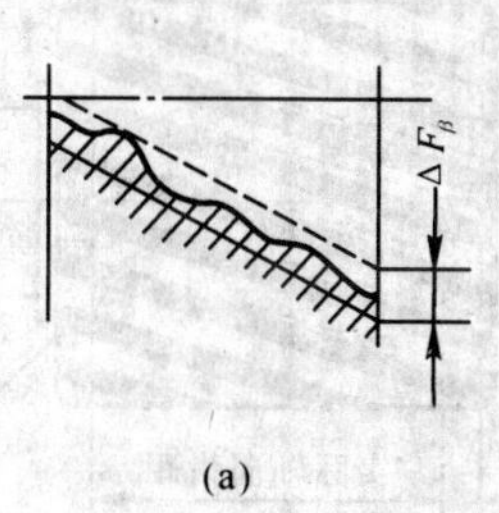


(a)

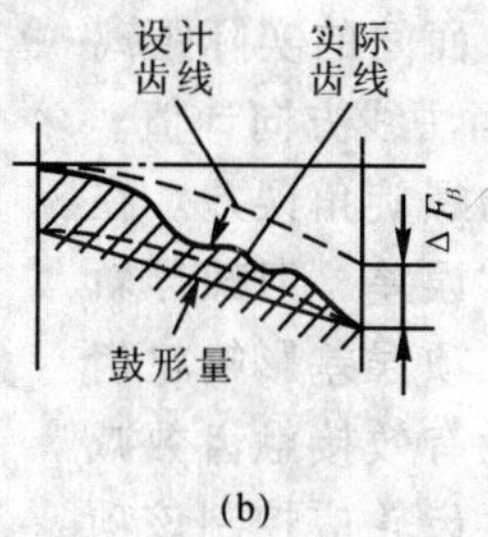


(b)

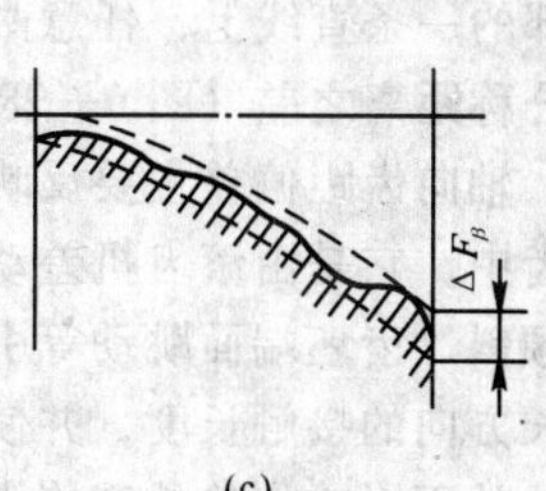


(c)

图　9—25

为了改善齿面接触，提高齿轮承载能力，设计齿线常采用修正的圆柱螺旋线，包括鼓形线［图 9—25（b)]、齿端修薄［图 9—25（c)］及其他修形曲线。

齿向误差主要是由齿坯端面跳动和刀架导轨倾斜引起的。对于斜齿轮，还受机床差动传动链的调整误差影响。

直齿轮齿向误差的测量较简单。被测齿轮装在心轴上，心轴装在两顶针座或等高的 V 形块上，在齿槽内放入小圆柱，以检验平板作基面，用指示表分别测小圆柱在水平方向 $a$ 和垂直方向 $b$ 两端的高度差。此高度差乘上 $b/l$（$b$—齿宽；$l$—圆柱长）即近似为齿轮的 $\Delta F_\beta$。为了避免安装误差的影响，应在前后两面（距 180°的两个齿）测量，取其平均值作为测量结果（图 9—26)。

斜齿轮的齿向误差可在导程仪、螺旋角检查仪、或在万能测齿仪上借助螺旋角测量装置进行测量。

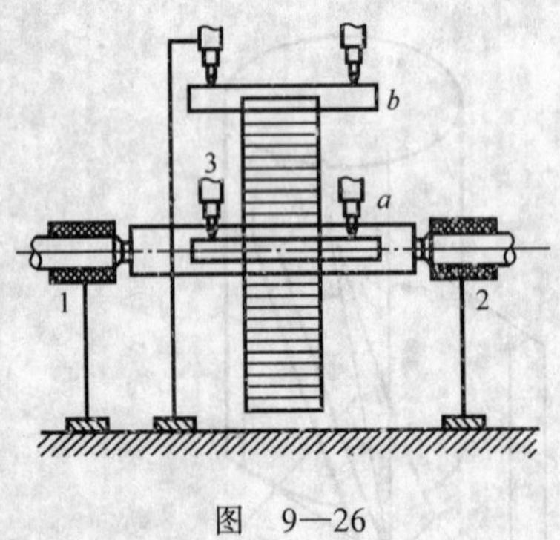

图 9—26

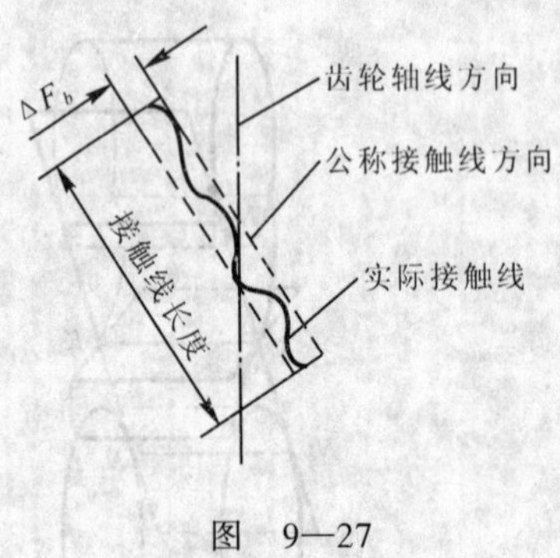

图 9—27

**2. 接触线误差（$\Delta F_b$）**

$\Delta F_b$ 是指在基圆柱的切平面内，平行于公称接触线，并包容实际接触线的两条直线间的法向距离（图 9—27)。它包括方向误差和形状误差。

基圆柱切平面与齿面的交线即为接触线（图 9—24)。斜齿轮的接触线为一根与基圆柱母线夹角为 $\beta_b$ 的直线。$\Delta F_b$ 项目是用于评定斜齿轮的接触精度，它是窄斜齿轮控制接触长度和接触高度的综合项目。因此，引起斜齿轮齿形误差（压力角误差）和齿向误差的原因都会引起接触线方向误差。

在滚齿中，斜齿轮接触线形状误差主要来源于滚刀误差（滚刀安装径向跳动、轴线偏斜等引起齿形误差）和进给链误差（进给丝杠径向跳动、轴向窜动等引起螺旋线波度误差)。

**3. 轴向齿距偏差（$\Delta F_{px}$）**

$\Delta F_{px}$ 是指在与齿轮基准轴线平行而大约通过齿高中部的一条直线上，任意两个同侧齿面间的实际距离与公称距离之差（图 9—28)。沿齿面法线方向计值。

轴向齿距偏差主要反映斜齿轮的螺旋角误差。在滚齿中，它是由滚齿机差动链的调整误差、刀架导轨的倾斜、齿坯端面跳动等引起的。此项误差影响轮齿齿长方向的接触长度，并使宽斜齿轮有效接触齿数减少，从而影响齿轮承载能力。故宽斜齿轮应控制该项误差。

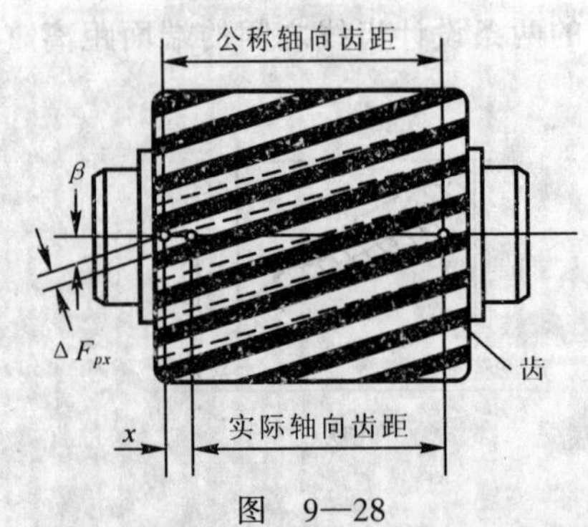

图 9—28

# §9—3　齿轮副误差和检验项目

上面所讨论的都是单个齿轮的误差项目，此外，齿轮副的安装误差同样影响齿轮传动的使用性能，故对这类误差亦应加以控制。齿轮副的安装误差有以下几项：

## 一、轴线的平行度误差 $\Delta f_x$，$\Delta f_y$

除单个齿轮的误差项目，如 $\Delta f_f$，$\Delta f_{pb}$，$\Delta F_\beta$，$\Delta F_b$，$\Delta F_{px}$ 等影响齿面的接触精度外，齿轮副轴线的平行度误差亦同样影响接触精度。

$x$ 方向轴线的平行度误差（$\Delta f_x$）是指一对齿轮的轴线在其基准平面上投影的平行度误差（图 9—29）。

$y$ 方向轴线的平行度误差（$\Delta f_y$）是指一对齿轮的轴线，在垂直于基准平面，且平行于基准轴线的平面上投影的平行度误差（图 9—29）。

$\Delta f_x$、$\Delta f_y$ 均在等于全齿宽的长度上测量。

基准平面是包含基准轴线，并通过由另一轴线与齿宽中间平面相交的点所形成的平面。两条轴线中任何一条轴线都可作为基准轴线。

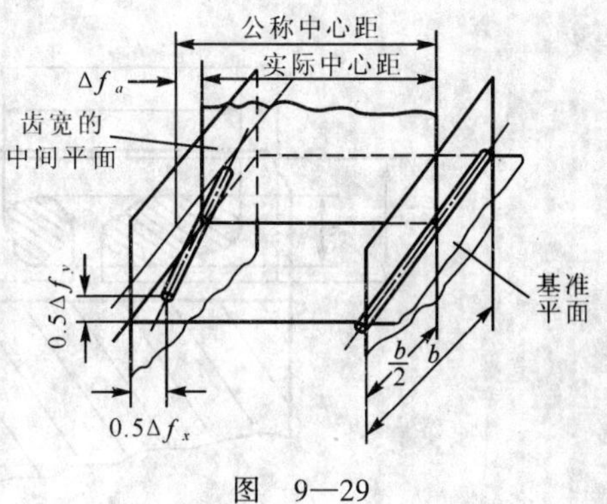

图　9—29

## 二、齿轮副的中心距偏差（$\Delta f_a$）

$\Delta f_a$ 是指在齿轮副的齿宽中间平面内，实际中心距与公称中心距之差（图 9—29）。

为了考核安装好的齿轮副的传动性能，对齿轮副的精度与检验按下列四个项目进行评定：

**1. 齿轮副的切向综合误差（$\Delta F_{ic}'$）**

$\Delta F_{ic}'$是指安装好的齿轮副，在啮合转动足够多的转数内，一个齿轮相对于另一个齿轮的实际转角与公称转角之差的总幅度值。以分度圆弧长计值。

**2. 齿轮副的一齿切向综合误差（$\Delta f_{ic}'$）**

$\Delta f_{ic}'$是指安装好的齿轮副在啮合足够多的转数内，一个齿轮相对于另一个齿轮转过一个齿距的实际转角与公称转角之差的最大幅度值；也即是齿轮副的切向综合误差记录曲线上，小波纹的最大幅度值。

**3. 接触斑点**

接触斑点是齿面接触精度的综合评定指标。它是指装配好的齿轮副，在轻微制动下，运转后齿面上分布的接触擦亮痕迹（图 9—30）。接触痕迹的大小在齿面展开图上用百分数计算。

沿齿长方向：接触痕迹的长度 $b''$（扣除超过模数值的断开部分 $c$）与工作长度 $b'$之比的百分数，即：

$$\frac{b''-c}{b'}\times 100\%$$

沿齿高方向：接触痕迹的平均高度 $h''$ 与工作高度 $h'$ 之比的百分数，即：

$$\frac{h''}{h'}\times 100\%$$

**4. 齿轮副的法向侧隙（$j_n$）**

齿轮副的法向侧隙（$j_n$）是齿轮副工作齿面接触时，非工作齿面间的最小距离（图 9—31）。

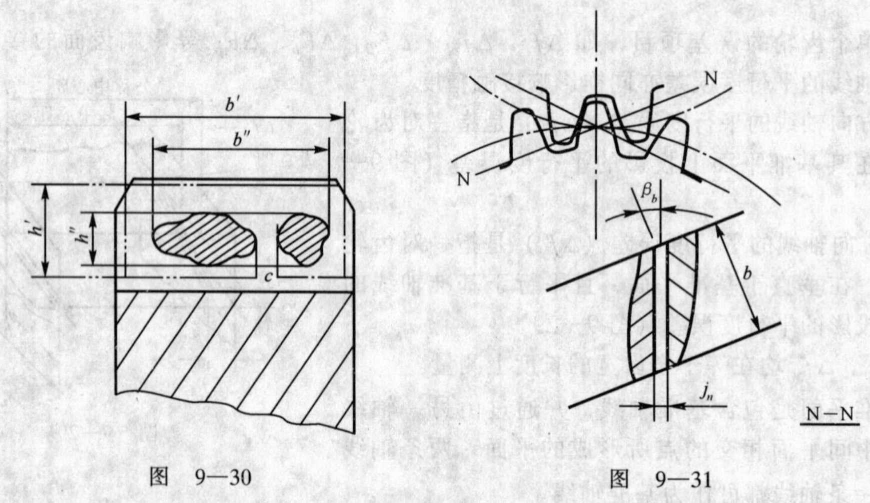


图　9—30　　　　图　9—31

在生产中，亦可检验圆周侧隙（$j_t$）。它是指齿轮副中一个齿轮固定时，另一个齿轮的圆周晃动量。以分度圆上弧长计。两者关系为：

$$j_n = j_t\cos\beta_b\cos\alpha$$

上述四项相应地用以评定齿轮副的运动准确性，传动平稳性，齿面接触精度及侧隙要求。

# §9—4　渐开线圆柱齿轮精度标准

GB10095—1988《渐开线圆柱齿轮精度》国家标准，是在 JB179—1983《渐开线圆柱齿轮精度》标准的基础上，等效采用了 ISO1328—1975《平行轴渐开线圆柱齿轮——ISO 精度制》而制订的。

本标准适用于平行轴传动的渐开线圆柱齿轮及齿轮副，其法向模数大于 1mm，基本齿廓按 GB1356—1987《渐开线圆柱齿轮基本齿廓》的规定。当齿轮的模数 $m_n>40$mm，分度圆直径 $d>4\,000$mm 时，其公差或极限偏差值可按标准给出的公差计算式或关系式计算。

## 一、齿轮精度等级和检验

按标准规定，齿轮及齿轮副分为 12 个精度等级，精度由高到低依次为：1，2，3，……，12 级。其中 1，2 级是为发展前景而规定的。齿轮副中，两个齿轮的精度等级一般是相同的，也允许采用不同等级。

按齿轮各项误差对传动性能的主要影响，将齿轮的各项公差分为Ⅰ，Ⅱ，Ⅲ三个公差组（表 9—1）。

**表 9—1 齿轮公差组**

| 公差组 | 公差与极限偏差项目 | 对传动性能的主要影响 |
| --- | --- | --- |
| Ⅰ | $F_i'$，$F_p$，$F_{pk}$，$F_i''$，$F_r$，$F_w$ | 传递运动的准确性 |
| Ⅱ | $f_i'$，$f_i''$，$f_f$，$\pm f_{pt}$，$\pm f_{pb}$，$f_{f\beta}$ | 传动的平稳性 |
| Ⅲ | $F_\beta$，$F_b$，$F_{px}$ | 载荷分布的均匀性 |

在生产中，将同一个公差组内的各项项目分为若干个检验组，根据齿轮副的功能要求和生产规模，在各公差组中选定某一个检验组来检查齿轮的精度。

第Ⅰ公差组的检验组：

①$\Delta F_i'$；②$\Delta F_p$（必要时可检查 $\Delta F_{pk}$）；③$\Delta F_i''$与 $\Delta F_w$；④$\Delta F_r$ 与 $\Delta F_w$；⑤$\Delta F_r$（仅用于 10～12 级精度）。

$\Delta F_i'$ 及 $\Delta F_p$ 是综合项目，$\Delta F_i''$和 $\Delta F_r$ 是径向误差的评定项目，$\Delta F_w$ 是切向误差的评定项目。当选择 $\Delta F_i''$与 $\Delta F_w$ 组合或 $\Delta F_r$ 与 $\Delta F_w$ 组合验收齿轮时，若其中只有一项超差，则考虑到径向误差与切向误差相互补偿的可能性，可按测量齿距累积误差 $\Delta F_p$ 的合格与否评定齿轮精度。

对于 10～12 级齿轮，由于加工机床具有足够的精度，因此只需检验 $\Delta F_r$，而不必检验 $\Delta F_w$。

第Ⅱ公差组的检验组：

①$\Delta f_i'$（需要时可增加检查 $\Delta f_{pb}$）；②$\Delta f_f$ 与 $\Delta f_{pb}$；③$\Delta f_f$ 与 $\Delta f_{pt}$；④$\Delta f_{f\beta}$（用于 $\varepsilon_\beta>1.25$，6 级及 6 级以上精度的斜齿轮或人字齿轮）；⑤$\Delta f_i''$（需保证齿形精度）；⑥$\Delta f_{pt}$与 $\Delta f_{pb}$（用于 9～12 级精度）；⑦$\Delta f_{pt}$或 $\Delta f_{pb}$（用于 10～12 级精度）。

$\Delta f_f$ 与 $\Delta f_{pt}$检验组适用于展成法的磨齿工艺。此时，$\Delta f_f$ 能反映砂轮齿形角误差和齿轮轮齿形状误差，而 $\Delta f_{pt}$反映机床分度误差。

$\Delta f_f$ 与 $\Delta f_{pb}$检验组适用于磨齿、滚齿和剃齿工艺。在磨齿中，相当于用 $\Delta f_{pb}$代替 $\Delta f_{pt}$。在滚、剃齿工艺中，$\Delta f_f$ 反映轮齿形状误差，$\Delta f_{pb}$反映齿形角误差。

$\Delta f_i''$能反映刀具齿形角误差等引起的径向误差，其测量效率高，因此广泛用于成批生产。但它不能反映或少反映短周期切向误差，故在工艺上有保证时可使用。

$\Delta f_{pb}$与 $\Delta f_{pt}$检验组，由于 $\Delta f_{pt}$不充分的反映短周期切向误差，故适用于较低精度。

$\Delta f_i''$为综合项目，成批生产中可优先选用。

第Ⅲ公差组的检验组：

①$\Delta F_\beta$；②$\Delta F_b$（仅用于 $\varepsilon_\beta\leqslant1.25$，齿线不作修正的斜齿轮）；③$\Delta F_{px}$与 $\Delta F_b$（仅用于 $\varepsilon_\beta>1.25$，齿线不作修正的斜齿轮）；④$\Delta F_{px}$与 $\Delta f_f$（仅用于 $\varepsilon_\beta>1.25$，齿线不作修正的斜齿轮；必要时其中 $\Delta f_f$ 可用 $\Delta f_{pb}$代替）。

选择检验组或检验项目时，应考虑齿轮精度等级、尺寸大小、生产批量和检测设备等。表 9—2 列出各种齿轮常用的检验组，可供选择。

表 9—2

| | 测量、分度齿轮 | 汽轮机齿轮 | 航空、汽车、机床、牵引齿轮 | | 拖拉机、起重机、一般齿轮 | |
|---|---|---|---|---|---|---|
| 精度等级 | 3～5 | 3～6 | 4～6 | 6～8 | 6～9 | 9～11 |
| Ⅰ公差组 | $\Delta F_i'$ ($\Delta F_p$) | $\Delta F_i'$ ($\Delta F_p$) | $\Delta F_p$ ($\Delta F_i'$) | $\Delta F_r$ 与 $\Delta F_w$ ($\Delta F_i''$ 与 $\Delta F_w$) | $\Delta F_r$ 与 $\Delta F_w$ ($\Delta F_i''$ 与 $\Delta F_w$) | $\Delta F_r$ ($\Delta F_p$) |
| Ⅱ公差组 | $\Delta f_i'$ ($\Delta f_{pb}$ 与 $\Delta f_f$) | $\Delta f_{f\beta}$ ($\Delta f_i'$) | $\Delta f_f$ 与 $\Delta f_{pb}$ ($\Delta f_f$ 与 $\Delta f_{pi}$) | $\Delta f_f$ 与 $\Delta f_{pb}$ ($\Delta f_i''$) | $\Delta f_f$ 与 $\Delta f_{pi}$ ($\Delta f_i''$) | $\Delta f_{pt}$ |
| Ⅲ公差组 | $\Delta F_\beta$ | $\Delta F_{px}$ 与 $\Delta f_f$ ($\Delta F_{px}$ 与 $\Delta F_b$) | $\Delta F_\beta$ (接触斑点) | $\Delta F_\beta$ (接触斑点) | $\Delta F_\beta$ (接触斑点) | (接触斑点) |

齿轮副的误差和检验项目有六项：

①$\Delta f_x$、$\Delta f_y$；②$\Delta f_a$；③$\Delta F_{ic}'$；④$\Delta f_{ic}'$；⑤齿轮副的接触斑点；⑥齿轮副的侧隙（$j_t$ 或 $j_n$）。

各级精度齿轮及齿轮副所规定的各项公差或极限偏差值见表 9—6 至表 9—16（各表均为摘录）。其中 $F_i'$，$f_i'$，$f_{f\beta}$，$F_{px}$，$F_b$，$f_x$，$f_y$，$F_{ic}'$及 $f_{ic}'$未列出公差表，其公差或极限偏差值按表 9—3 关系式计算。

当齿形角 $\alpha \neq 20°$ 时，对于 $F_i''$，$f_i''$ 与 $F_r$，应将表格中查出的公差值乘以系数 $\sin20°/\sin\alpha$。

**表 9—3　齿轮公差或极限偏差关系式**

| |
|---|
| $F_i' = F_p + f_f$ |
| $F_{ic}'$等于两配对齿轮 $F_i'$ 之和 |
| $f_i' = 0.6\ (f_{pt} + f_f)$ |
| $f_{ic}'$等于两配对齿轮 $f_i'$ 之和 |
| $f_{f\beta} = f_i' \cos\beta$（$\beta$ 为分度圆螺旋角） |
| $F_{px} = F_b = f_x = F_\beta$ |
| $f_y = \frac{1}{2} F_\beta$ |
| $F_i'' = 1.4 F_r$ |
| $f_{pb} = f_{pt} \cos\alpha$ |
| 式中，$F_p$、$f_f$、$f_{pt}$、$F_\beta$ 由公差表查出 |

当采用设计齿形和设计齿线时，接触斑点可不按表 9—15，而自行规定。

选择齿轮精度等级时，必须按其用途、工作条件及技术要求，如圆周速度、传递的功率、运动精度、振动和噪声、工作持续时间和使用寿命等要求来确定，同时应考虑工艺可能性和经济性。根据使用要求的不同，允许对三公差组选用不同精度等级，而在同一公差组内各项公差和极限偏差应保持相同的精度等级。

分度、读数齿轮（如精密分度机构和仪器读数机构中的齿轮）主要要求是传递运动准确性，可按传动链运动精度要求，由误差传递规律计算而定出第Ⅰ公差组的精度等级，然后再按工作条件确定其他精度要求。

**表 9—4　圆柱齿轮精度等级的适用范围**

| 精度等级 | 4 | 5 | 6 | 7 | 8 | 9 |
| --- | --- | --- | --- | --- | --- | --- |
| 工作条件与应用范围 | 用于特殊精密分度机构的齿轮在速度极高、要求最平稳及无噪声情况下工作的齿轮**；高速汽轮机的齿轮；检验6～7级精度齿轮的测量齿轮 | 用于精密分度机构的齿轮；在高速、要求高平稳性及无噪声情况下工作的齿轮**；高速汽轮机的齿轮；检验8～9级精度齿轮的测量齿轮 | 用于高速情况下平稳工作、高效率及无噪声的齿轮**；分度机构的齿轮*；航空制造业特殊重要的小齿轮；读数设备中精密传动的齿轮 | 在增高了速度与适度功率下工作的齿轮或相反；机床中的进给齿轮（要求运动协调）；具有一定速度的减速器中的齿轮；读数设备中的传动及具有一定速度的非直齿齿轮传动；航空制造业中的齿轮 | 一般机器制造业中，不要求特殊精度的齿轮，分度链以外的机床用齿轮；航空与汽车拖拉机中不重要的小齿轮；起重机构的齿轮；农业机器中的小齿轮；普通减速器的齿轮 | 用于不提出精度要求的粗糙工作的齿轮，按照大载荷设计，且用于轻载的齿轮 |
| 斜齿轮、直齿轮圆周速度 m/s | 35～70 | 20～40 | 15～30 | 10～15 | 6～10 | 2～4 |

注：* 第Ⅱ公差组的精度等级可低一级；

** 若传动不是多级联动的，第Ⅰ公差组的精度等级可低一级。

高速动力齿轮（如汽轮机减速器齿轮）特点是传递功率大、速度高，要求传动平稳、噪声及振动小，同时也有较高的齿面接触要求。因此，首先按圆周速度或噪声强度要求确定第Ⅱ公差组的精度级，而第Ⅲ公差组精度不宜低于第Ⅱ公差组，第Ⅰ公差组精度也不应过低。

低速动力齿轮（如轧钢、矿山及起重等机械用的齿轮）特点是传递功率大、速度低，主要要求齿面接触良好。因此，首先按强度和寿命要求确定第Ⅲ公差组的精度级；其次第Ⅱ公差组误差项目（如 $\Delta f_f$ 和 $\Delta f_{pb}$）亦影响齿面接触，故其精度级不应过分低于第Ⅲ公差组。一般，中、轻载齿轮第Ⅱ、Ⅲ公差组可选同级精度。

表 9—4 列出部分齿轮精度等级的适用范围，表 9—5 列出各种机械所采用的齿轮精度等级，供选用时参考。

**表 9—5　各种机械采用的齿轮的精度等级**

| 应用范围 | 精度等级 | 应用范围 | 精度等级 |
| --- | --- | --- | --- |
| 测量齿轮 | 3～5 | 拖拉机 | 6～10 |
| 汽轮机减速器 | 3～6 | 一般用途的减速器 | 6～9 |
| 金属切削机床 | 3～8 | 轧钢设备的小齿轮 | 6～10 |
| 内燃机车与电气机车 | 6～7 | 矿用绞车 | 8～10 |
| 轻型汽车 | 5～8 | 起重机机构 | 7～10 |
| 重型汽车 | 6～9 | 农业机械 | 8～11 |
| 航空发动机 | 4～7 | | |

## 二、齿轮副侧隙

齿轮副的侧隙按齿轮工作条件决定，与齿轮的精度等级无关。如汽轮机中的齿轮传动工作温升高，为保证正常润滑，避免因发热而卡死，要求有大的保证侧隙。而对于需正反转或读数机构中的传动齿轮，为避免空程影响，则要求较小的保证侧隙。

设计中选定的最小极限侧隙（$j_{n\min}$）应足以补偿齿轮传动时温升引起的变形，并保证正常的润滑。

**1. 补偿温升引起变形所需的最小侧隙量（$j_{n1}$）**

$$j_{n1}=a\ (\alpha_1\Delta t_1-\alpha_2\Delta t_2)\ \times 2\sin\alpha_n \qquad \text{(mm)} \qquad (9\text{—}1)$$

式中　$a$——传动中心距（mm）；

$\alpha_1$，$\alpha_2$——齿轮和箱体材料的线膨胀系数；

$\alpha_n$——齿轮法向啮合角；

$\Delta t_1$，$\Delta t_2$——齿轮和箱体工作温度与标准温度之差：$\Delta t_1=t_1-20°$；$\Delta t_2=t_2-20°$。

**2. 保证正常润滑所需的最小侧隙量（$j_{n2}$）**

$j_{n2}$取决于润滑方式和齿轮的工作速度。当油池润滑时，$j_{n2}=(5\sim10)\ m_n$（μm）。当喷油润滑时，对于低速传动（工作速度 $v<10\text{m/s}$），$j_{n2}=10m_n$（μm）；对于中速传动（$v=10\sim24\text{m/s}$），$j_{n2}=20m_n$（μm）；对于高速传动（$v=25\sim60\text{m/s}$），$j_{n2}=30m_n$（μm）；对于超高速传动（$v>60\text{m/s}$），$j_{n2}=(30\sim50)\ m_n$（μm）。$m_n$ 为法向模数（mm）。

齿轮副最小极限侧隙（$j_{n\min}$）应为

$$j_{n\min}=j_{n1}+j_{n2}$$

可以把大、小齿轮齿厚和中心距三者视为尺寸链的三个组成环，而侧隙为封闭环。我国标准规定采用“基中心距制”，即在固定中心距极限偏差下，通过改变齿厚偏差的大小而得到不同的最小侧隙。控制侧隙精度项目为：

对齿轮传动是中心距极限偏差（$\pm f_a$），按第Ⅱ公差组精度级由表9—16确定；

对齿轮是齿厚上、下偏差（$E_{ss}$，$E_{si}$），或公法线平均长度上、下偏差（$E_{ws}$，$E_{wi}$），可进行如下的计算分析。

$E_{ss}$是保证获得最小极限侧隙（$j_{n\min}$）的齿轮齿厚最小减薄量，即齿厚上偏差，计算时还应考虑补偿齿轮的加工误差与安装误差。通常设大、小齿轮齿厚上偏差相等，则有以下关系式：

$$E_{ss}=-\left(f_a\text{tg}\alpha_n+\frac{j_{n\min}+K}{2\cos\alpha_n}\right) \qquad (9\text{—}2)$$

式中，$K$ 为补偿齿轮加工误差与安装误差引起的侧隙减少量。$K$ 由下式确定：

$$K=\sqrt{f_{pb_1}^2+f_{pb_2}^2+2\ (F_\beta\cos\alpha_n)^2\ (f_x\sin\alpha_n)^2+\ (f_y\cos\alpha_n)^2}$$

它表示侧隙减少量与 $f_{pb}$、$F_\beta$、$f_x$ 和 $f_y$ 等因素有关。当 $\alpha_n=20°$时，按 $f_x=F_\beta$ 和 $f_y=F_\beta/2$，上式可简化为：

$$K=\sqrt{f_{pb_1}^2+f_{pb_2}^2+2.104F_\beta}$$

齿厚公差（$T_s$）按下式计算：

$$T_s = \sqrt{F_r^2 + b_r^2} \times 2\text{tg}\alpha_n \tag{9—3}$$

式中　$F_r$——齿圈径向跳动公差；

$b_r$——切齿径向进刀公差。

$b_r$ 值按齿轮第Ⅰ公差组的精度级决定，当第Ⅰ公差组精度为 4 级时，$b_r = 1.26$ IT7；5 级，$b_r =$ IT8；6 级，$b_r = 1.26$ IT8；7 级，$b_r =$ IT9；8 级，$b_r = 1.26$ IT9；9 级，$b_r =$ IT10。按齿轮分度圆直径查表确定。

齿厚下偏差（$E_{si}$）按下式计算：

$$E_{si} = -（|E_{ss}| + T_s） \tag{9—4}$$

标准规定 14 种齿厚极限偏差，代号由 C～S，其值依次递增。每种代号所表示的齿厚偏差值，是齿距极限偏差（$f_{pt}$）的倍数。如图 9—32 及表 9—17 所示，代号 FL 表示齿厚上偏差为 $F$，$E_{ss} = -4f_{pt}$；下偏差为 $L$，$E_{si} = -16f_{pt}$，齿厚公差 $T_s = E_{ss} - E_{si} = 12f_{pt}$。齿厚上、下偏差（$E_{ss}$，$E_{si}$）的代号可由计算决定。

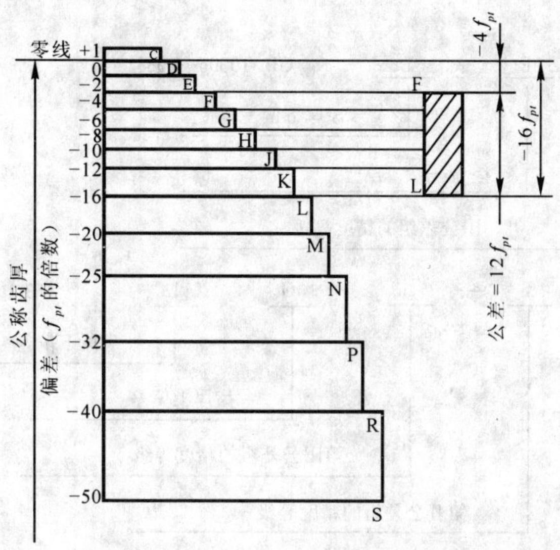


图 9—32

公法线平均长度上、下偏差及公差（$E_{ws}$、$E_{wi}$、$T_w$）与齿厚上、下偏差及公差（$E_{ss}$、$E_{si}$、$T_s$）的换算关系为：

（1）对外齿轮

$$E_{ws} = E_{ss}\cos\alpha_n - 0.72F_r\sin\alpha_n \tag{9—5}$$

$$E_{wi} = E_{si}\cos\alpha_n + 0.72F_r\sin\alpha_n \tag{9—6}$$

$$T_w = T_s\cos\alpha_n - 1.44F_r\sin\alpha_n \tag{9—7}$$

上述第一式中，等号右边第二项是考虑齿圈径向跳动会使侧隙在某些位置变小的影响，而公法线偏差是不反映几何偏心的影响，故 $E_{ws}$ 换算时需减去第二项，使公法线平均长度进一步偏离公称值，以保证齿轮副的最小侧隙不会小于最小极限侧隙。反之，第二式中是防止最大侧隙大于最大极限侧隙。系数 0.72 是几何偏心影响程度的统计值。

(2) 对内齿轮

$$E_{ws} = -E_{si}\cos\alpha_n - 0.72F_r\sin\alpha_n \tag{9—8}$$

$$E_{wi} = -E_{ss}\cos\alpha_n + 0.72F_r\sin\alpha_n \tag{9—9}$$

## 三、齿坯精度

齿轮在加工、检验和装配时，径向基准面和轴向辅助基准面应尽量一致，通常采用齿坯内孔（或顶圆）和端面作基准，其精度对齿轮制造质量有很大影响，各部分公差值按表 9—18 确定。

## 四、齿轮精度的标注

在齿轮工作图上应标注齿轮的精度等级和齿厚极限偏差的字母代号。

标注示例：

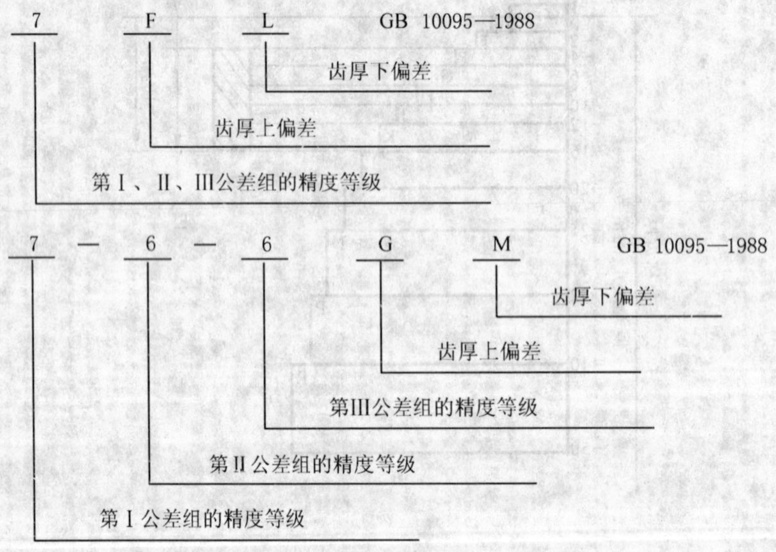


当齿厚采用非标准偏差时，如齿厚上偏差为 $-330\mu m$，下偏差为 $-495\mu m$，可如下标注：

$4\begin{pmatrix}-0.330\\-0.495\end{pmatrix}$ GB 10095－1988

齿厚上、下偏差

第Ⅰ、Ⅱ、Ⅲ公差组的精度等级

**例**：某通用减速器中有一对直齿齿轮副，模数 $m = 3\text{mm}$，齿形角 $\alpha = 20°$，齿数 $Z_1 =$

32，$Z_2=96$，齿宽 $b=20\text{mm}$，传递最大功率为 5kW，转速 $n=1\,280\text{r/min}$，齿轮箱用喷油润滑，齿轮的工作温度 $t_1=75℃$，箱体的工作温度 $t_2=50℃$，线膨胀系数：钢齿轮 $\alpha_1=11.5\times10^{-6}$，铸铁箱体 $\alpha_2=10.5\times10^{-6}$，生产条件为小批生产。试确定小齿轮精度等级，检验项目，齿厚上、下偏差的代号及齿坯公差，并画出工作图。

**解**：①确定精度等级

对于中等速度、中等载荷的一般齿轮通常是先按其圆周速度确定第Ⅱ公差组的精度等级。圆周速度（$v$）为：

$$v=\frac{\pi dn}{1\,000\times60}=\frac{3.14\times3\times32\times1\,280}{1\,000\times60}=6.43\text{m/s}$$

根据表 9—4 选定第Ⅱ公差组精度为 8 级。

一般减速器齿轮对运动准确性要求不太高，第Ⅰ公差组精度可低第Ⅱ公差组一级，选为 9 级。动力齿轮对齿面载荷分布均匀性有一定要求，故第Ⅲ公差组与第Ⅱ公差组同级，即 8 级。

②计算齿轮副的最小极限侧隙（$j_{n\min}$）

$$j_{n1}=a[\alpha_1(t_1-20°)-\alpha_2(t_2-20°)]\times2\sin\alpha=\frac{3(32+96)}{2}$$

$$\times[11.5\times10^{-6}\times(75°-20°)-10.5\times10^{-6}\times(50°-20°)]\times2\sin20°=41.70\mu\text{m}$$

对于喷油润滑，低速传动（$v<10\text{m/s}$），$j_{n2}=10\times m_n=10\times3=30\mu\text{m}$。

$$j_{n\min}=j_{n1}+j_{n2}=41.70+30=72\mu\text{m}$$

③确定齿厚上、下偏差（$E_{ss}$、$E_{si}$）代号

设大、小齿轮齿厚上偏差相同，即 $|E_{ss1}|=|E_{ss2}|=|E_{ss}|$

查表 9—13 得：$f_{pb_1}=18\mu\text{m}$，$f_{pb_2}=20\mu\text{m}$

查表 9—14 得：$F_\beta=18\mu\text{m}$

查表 9—16 得：$f_a=\frac{1}{2}\text{IT8}$，$a=192\text{mm}$，$f_a=36\mu\text{m}$

按式（9—2）计算得：

$$K=\sqrt{f_{pb_1}^2+f_{pb_2}^2+2.104F_\beta^2}=\sqrt{18^2+20^2+2.104\times18^2}=37.49\mu\text{m}$$

$$E_{ss}=-\left(f_a\text{tg}\alpha+\frac{j_{n\min}+K}{2\cos\alpha}\right)=-\left(36\times\text{tg}20°+\frac{72+37.49}{2\cos20°}\right)=-71.36\mu\text{m}$$

查表 9—12 得：$f_{pt_1}=20\mu\text{m}$

$$\frac{E_{ss}}{f_{pt_1}}=\frac{-71.36}{20}=-3.57$$

按表 9—17，$E_{ss}$ 选 F，$\text{F}=-4f_{pt}$，则 $E_{ss}=-4f_{pt}=-80\mu\text{m}$

按第Ⅰ公差组精度 9 级，小齿轮 $b_r=\text{IT10}=140\mu\text{m}$；查表 9—8 得：$F_r=71\mu\text{m}$，则：

$$T_s=\sqrt{F_r^2+b_r^2}\times2\text{tg}\alpha=\sqrt{71^2+140^2}\times2\text{tg}20°=114.27\mu\text{m}$$

由式（9—4）得：

$$E_{si}=-\left(|E_{ss}|+T_s\right)=-71.36-114.27=-185.63\mu\text{m}$$

$$\frac{E_{si}}{f_{pt}}=\frac{-185.63}{20}=-9.28$$

按表 9—17，$E_{si}$ 选 J，则 $E_{si}=-10f_{pt}=-200\mu m$

故小齿轮的精度为：9—8—8FJ GB10095—1988

④选择检验项目并查出其公差值

本齿轮为中等精度，生产批量不大，按表 9—2 确定其检验项目如下：

第Ⅰ公差组：$\Delta F_r$ 和 $\Delta F_w$，查表 9—8、9—7 得：$F_r=71\mu m$，$F_w=56\mu m$。

第Ⅱ公差组：$\Delta f_{pb}$ 和 $\Delta f_f$，查表 9—13、9—11 得：$\pm f_{pb}=\pm 18\mu m$，$f_f=14\mu m$。

第Ⅲ公差组：$F_\beta$，查表 9—14 得：$F_\beta=18\mu m$。

该齿轮为中等模数，控制侧隙宜用公法线平均长度上、下偏差（$E_{ws}$、$E_{wi}$），计算如下：

$$E_{ws}=E_{ss}\cos\alpha-0.72F_r\sin\alpha=-80\times\cos20°-0.72\times71\times\sin20°\approx-93\mu m$$

$$E_{wi}=E_{si}\cos\alpha+0.72F_r\sin\alpha=-200\times\cos20°+0.72\times71\times\sin20°\approx-170\mu m$$

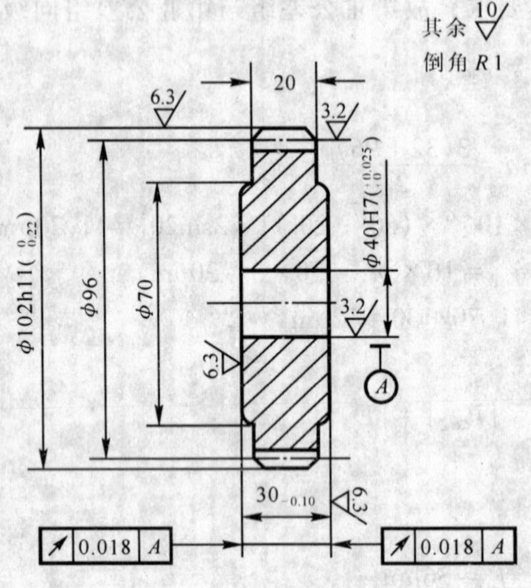


| 齿 数 $Z$ | 32 |
|---|---|
| 模 数 $m$ | 3 |
| 齿 形 角 $\alpha$ | 20° |
| 齿顶高系数 $k_\alpha^*$ | 1 |
| 精度等级（GB） | 9—8—8FJ |
| 齿圈径向跳动公差 $F_r$ | 0.071 |
| 公法线长度变动公差 $F_w$ | 0.056 |
| 齿形公差 $f_f$ | 0.014 |
| 基节极限偏差 $f_{pb}$ | ±0.018 |
| 齿向公差 $F_\beta$ | 0.018 |
| 公法线长度 $W$ | $32.34^{-0.093}_{-0.170}$ |
| 跨 齿 数 $k$ | 4 |

图 9—33

**表 9—6　齿距累积公差 $F_p$ 及 $k$ 个齿距累积公差 $F_{pk}$ 值**　　μm

| $L$/mm | | 精度等级 | | | |
|---|---|---|---|---|---|
| 大于 | 到 | 6 | 7 | 8 | 9 |
| — | 11.2 | 11 | 16 | 22 | 32 |
| 11.2 | 20 | 16 | 22 | 32 | 45 |
| 20 | 32 | 20 | 28 | 40 | 56 |
| 32 | 50 | 22 | 32 | 45 | 63 |
| 50 | 80 | 25 | 36 | 50 | 71 |
| 80 | 160 | 32 | 45 | 63 | 90 |
| 160 | 315 | 45 | 63 | 90 | 125 |
| 315 | 630 | 63 | 90 | 125 | 180 |

**表 9—7　公法线长度变动公差 $F_w$ 值**　　μm

| 分度圆直径/mm | | 精度等级 | | | |
|---|---|---|---|---|---|
| 大于 | 到 | 6 | 7 | 8 | 9 |
| — | 125 | 20 | 28 | 40 | 56 |
| 125 | 400 | 25 | 36 | 50 | 71 |
| 400 | 800 | 32 | 45 | 63 | 90 |

表 11—6 注：$L$——在分度圆上 $k$ 个齿距的公称弧长。当 $k$ 为 2 到小于 $\frac{Z}{2}$ 的整数，$L=k\pi m_n/\cos\beta$ 时，表中数值即 $F_{pk}$ 值。当 $k=\frac{Z}{2}$，$L=\frac{Z}{2}\pi m_n/\cos\beta$ $\left(即\frac{1}{2}分度圆周长\right)$时，表中数值即 $F_p$ 值。

**表 9—8　齿圈径向跳动公差 $F_r$ 值　μm**

| 分度圆直径/mm | | 法向模数/mm | 精度等级 | | | |
|---|---|---|---|---|---|---|
| 大于 | 到 | | 6 | 7 | 8 | 9 |
| — | 125 | ≥1～3.5 | 25 | 36 | 45 | 71 |
| | | >3.5～6.3 | 28 | 40 | 50 | 80 |
| | | >6.3～10 | 32 | 45 | 56 | 90 |
| 125 | 400 | ≥1～3.5 | 36 | 50 | 63 | 80 |
| | | >3.5～6.3 | 40 | 56 | 71 | 100 |
| | | >6.3～10 | 45 | 63 | 86 | 112 |
| 400 | 800 | ≥1～3.5 | 45 | 63 | 80 | 100 |
| | | >3.5～6.3 | 50 | 71 | 90 | 112 |
| | | >6.3～10 | 56 | 80 | 100 | 125 |

**表 9—9　径向综合公差 $F_i''$ 值　μm**

| 分度圆直径/mm | | 法向模数/mm | 精度等级 | | | |
|---|---|---|---|---|---|---|
| 大于 | 到 | | 6 | 7 | 8 | 9 |
| — | 125 | ≥1～3.5 | 36 | 50 | 63 | 90 |
| | | >3.5～6.3 | 40 | 56 | 71 | 112 |
| | | >6.3～10 | 45 | 63 | 80 | 125 |
| 125 | 400 | ≥1～3.5 | 50 | 71 | 90 | 112 |
| | | >3.5～6.3 | 56 | 80 | 100 | 140 |
| | | >6.3～10 | 63 | 90 | 112 | 160 |
| 400 | 800 | ≥1～3.5 | 71 | 100 | 125 | 160 |
| | | >3.5～6.3 | 80 | 112 | 140 | 180 |
| | | >6.3～10 | 90 | 125 | 160 | 200 |

**表 9—10　径向一齿综合公差 $f_i''$ 值　μm**

| 分度圆直径/mm | | 法向模数/mm | 精度等级 | | | |
|---|---|---|---|---|---|---|
| 大于 | 到 | | 6 | 7 | 8 | 9 |
| — | 125 | ≥1～3.5 | 14 | 20 | 28 | 36 |
| | | >3.5～6.3 | 18 | 25 | 36 | 45 |
| | | >6.3～10 | 20 | 28 | 40 | 50 |
| 125 | 400 | ≥1～3.5 | 16 | 22 | 32 | 40 |
| | | >3.5～6.3 | 20 | 28 | 40 | 50 |
| | | >6.3～10 | 22 | 32 | 45 | 56 |
| 400 | 800 | ≥1～3.5 | 18 | 25 | 36 | 45 |
| | | >3.5～6.3 | 20 | 28 | 40 | 50 |
| | | >6.3～10 | 22 | 32 | 45 | 56 |

**表 9—11　齿形公差 $f_f$ 值　μm**

| 分度圆直径/mm | | 法向模数/mm | 精度等级 | | | |
|---|---|---|---|---|---|---|
| 大于 | 到 | | 6 | 7 | 8 | 9 |
| — | 125 | ≥1～3.5 | 8 | 11 | 14 | 22 |
| | | >3.5～6.3 | 10 | 14 | 20 | 32 |
| | | >6.3～10 | 12 | 17 | 22 | 36 |
| 125 | 400 | ≥1～3.5 | 9 | 13 | 18 | 28 |
| | | >3.5～6.3 | 11 | 16 | 22 | 36 |
| | | >6.3～10 | 13 | 19 | 28 | 45 |
| 400 | 800 | ≥1～3.5 | 12 | 17 | 25 | 40 |
| | | >3.5～6.3 | 14 | 20 | 28 | 45 |
| | | >6.3～10 | 16 | 24 | 36 | 56 |

表 9—12 齿距极限偏差 $\pm f_{pt}$ 值 μm

| 分度圆直径/mm 大于 | 到 | 法向模数/mm | 精度等级 6 | 7 | 8 | 9 |
|---|---|---|---|---|---|---|
| — | 125 | ≥1～3.5 | 10 | 14 | 20 | 28 |
| | | >3.5～6.3 | 13 | 18 | 25 | 36 |
| | | >6.3～10 | 14 | 20 | 28 | 40 |
| 125 | 400 | ≥1～3.5 | 11 | 16 | 22 | 32 |
| | | >3.5～6.3 | 14 | 20 | 28 | 40 |
| | | >6.3～10 | 16 | 22 | 32 | 45 |
| 400 | 800 | ≥1～3.5 | 13 | 18 | 25 | 36 |
| | | >3.5～6.3 | 14 | 20 | 28 | 40 |
| | | >6.3～10 | 18 | 25 | 36 | 50 |

表 9—13 基节极限偏差 $\pm f_{pb}$ μm

| 分度圆直径/mm 大于 | 到 | 法向模数/mm | 精度等级 6 | 7 | 8 | 9 |
|---|---|---|---|---|---|---|
| — | 125 | ≥1～3.5 | 9 | 13 | 18 | 25 |
| | | >3.5～6.3 | 11 | 16 | 22 | 32 |
| | | >6.3～10 | 13 | 18 | 25 | 36 |
| 125 | 400 | ≥1～3.5 | 10 | 14 | 20 | 30 |
| | | >3.5～6.3 | 13 | 18 | 25 | 36 |
| | | >6.3～10 | 14 | 20 | 30 | 40 |
| 400 | 800 | ≥1～3.5 | 11 | 16 | 22 | 32 |
| | | >3.5～6.3 | 13 | 18 | 25 | 36 |
| | | >6.3～10 | 16 | 22 | 32 | 45 |

注：对 6 级和高于 6 级的精度，在一个齿轮的同侧齿面上，最大基节与最小基节之差，不允许大于基节单向极限偏差。

表 9—14 齿向公差 $F_\beta$ 值 μm

| 齿轮宽度/mm 大于 | 到 | 精度等级 6 | 7 | 8 | 9 |
|---|---|---|---|---|---|
| — | 40 | 9 | 11 | 18 | 28 |
| 40 | 100 | 12 | 16 | 25 | 40 |
| 100 | 160 | 16 | 20 | 32 | 50 |

表 9—15 接触斑点

| 接触斑点 | 单位 | 精度等级 6 | 7 | 8 | 9 |
|---|---|---|---|---|---|
| 按高度不小于 | % | 50 (40) | 45 (35) | 40 (30) | 30 |
| 按长度不小于 | % | 70 | 60 | 50 | 40 |

注：(1) 接触斑点的分布位置应趋近齿面中部，齿顶和两端部棱边处不允许接触；

(2) 括号内数值用于轴向重合度 $\varepsilon_\beta > 0.8$ 的斜齿轮。

表 9—16 中心距极限偏差 $\pm f_a$

| 第Ⅱ公差组精度等级 | 5～6 | 7～8 | 9～10 |
|---|---|---|---|
| $f_a$ | $\frac{1}{2}$IT7 | $\frac{1}{2}$IT8 | $\frac{1}{2}$IT9 |

表 9—17 齿厚极限偏差

| | | | | |
|---|---|---|---|---|
| $C=+1f_{pt}$ | $F=-4f_{pt}$ | $J=-10f_{pt}$ | $M=-20f_{pt}$ | $R=-40f_{pt}$ |
| $D=0$ | $G=-6f_{pt}$ | $K=-12f_{pt}$ | $N=-25f_{pt}$ | $S=-50f_{pt}$ |
| $E=-2f_{pt}$ | $H=-8f_{pt}$ | $L=-16f_{pt}$ | $P=-32f_{pt}$ | |

**表 9—18　齿坯公差**

| 齿轮精度等级* | | 6 | 7 | 8 | 9 |
|---|---|---|---|---|---|
| 孔 | 尺寸公差<br>形状公差 | IT6 | IT7 | | IT8 |
| 轴 | 尺寸公差<br>形状公差 | IT5 | IT6 | | IT7 |
| 顶圆直径** | | IT8 | | | IT9 |
| 分度圆直径/mm | | 齿坯基准面径向和端面圆跳动/μm | | | |
| 大于 | 到 | 精度等级 | | | |
| | | 6 | 7 | 8 | 9 |
| — | 125 | 11 | 18 | 18 | 28 |
| 125 | 400 | 14 | 22 | 22 | 36 |
| 400 | 800 | 20 | 32 | 32 | 50 |

注：* 当三个公差组的精度等级不同时，按最高的精度等级确定公差值。

** 当顶圆不作测量齿厚基准时，尺寸公差按 IT11 给定，但不大于 $0.1m_n$；当以顶圆作基准面时，齿坯基准面径向跳动就指顶圆的径向跳动。

计算公法线长度公称值 $W$ 及跨齿数 $k$：

$$k = Z/9 + 0.5 = 32/9 + 0.5 \approx 4$$

$$W = m\ [1.472\ (2k-1)\ + 0.014 \times Z]\ = 32.34\text{mm}$$

$$W^{E_{ws}}_{E_{wi}} = 32.34^{-0.093}_{-0.170}\text{mm}$$

⑤选定齿坯公差

查表 9—18 得:孔公差为 IT7,偏差按基准孔 H 选取,即 $\phi40H7 = \phi40^{+0.025}_{+0}$;因顶圆不作基准,顶圆直径公差选为 IT11,偏差按基准轴 h 选取,即 $\phi102h11 = \phi102^{-0}_{-0.22}$;端面跳动为 18μm。

参照表 9—19 确定齿轮各部分表面粗糙度，最后画出齿轮工作图，如图 9—33 所示。

在齿轮精度等级的选择中，也常采用类比法，例如普通中小型金属切削机床的主轴箱变速齿轮、走刀箱变速齿轮以及坐标测量机中工作台移动齿轮一般选用 7 级精度。

**表 9—19　齿轮各面的表面粗糙度推荐值**

| 精度等级 / 粗糙度（$R_a$） | 6 | 7 | | 8 | 9 | |
|---|---|---|---|---|---|---|
| 齿　面 | 0.8～1.6 | 1.6 | 3.2 | 6.3 (3.2) | 6.3 | 12.5 |
| 齿面加工方法 | 磨或珩齿 | 剃或珩齿 | 滚插 | 滚或插 | 滚 | 铣 |
| 基准孔 | 1.6 | 1.6～3.2 | | | 6.3 | |
| 基准轴颈 | 0.8 | 1.6 | | 3.2 | | |
| 基准端面 | 3.2～6.3 | | | 6.3 | | |
| 顶　圆 | 6.3 | | | | | |

注：当三个公差组的精度等级不同时，按最高的精度等级确定 $R_a$ 值。

# 第十章 尺 寸 链

## §10—1 尺寸链的基本概念

设计与制造工业产品，首先要求保证质量。有关尺寸准确度问题，正是机械产品质量的重要标志之一。

根据产品的技术要求，经济合理地决定各有关零部件的尺寸公差、形状公差与位置公差，使产品获得最佳的技术经济效益，这对于保证产品质量与提高产品设计水平都有重要意义。

在设计过程中，或在生产实践中，经常遇到如下问题：怎样分析机械产品中零件之间的尺寸关系？怎样才能保证产品的装配质量与技术要求？怎样规定零件的尺寸公差和形位公差？诸如此类问题，很大程度上可以归纳为尺寸链的问题来研究。

尺寸链正是研究机械产品中尺寸之间的相互关系，分析影响装配质量的因素，决定各有关零部件尺寸和位置的适宜的公差，从而求得保证产品装配质量与技术要求的经济合理的方法。

机械产品由零部件组成，只有各零部件间保持正确的尺寸关系，才能实现正确的运动关系以及其他功能要求。但是，零件的尺寸、形状与位置，在制造过程中又必然存在误差，因此需要从零部件尺寸、形状与位置的变动中去分析各零部件之间的相互关系与相互影响。从产品的技术要求与装配条件出发，适当限定各零部件有关尺寸与位置允许的变动范围（即公差），或在结构设计与装配工艺上为达到预定技术要求而采取相应的措施。这些问题就属于尺寸链的研究对象及其所含的基本内容。

因此，简单地说：尺寸链主要是研究尺寸公差与位置公差的计算和达到产品公差要求的设计方法与工艺方法。

### 一、尺 寸 链 术 语

**1. 尺寸链**

在机器装配或零件加工过程中，由相互连接的尺寸形成封闭的尺寸组，该尺寸组称为尺寸链。

图 10—1 所示为齿轮部件中各零件尺寸形成的尺寸链。由图（a）可知，齿轮两端面各有一个挡板，轴槽中装有开口卡环。轴 1 固定不动，齿轮 2 在轴上回转，因此齿轮端面与挡板之间必须有间隙，图中将齿轮端面与左右挡板之间的间隙绘在一侧。对此间隙 $L_0$ 大小有直接影响的尺寸是齿轮宽度 $L_1$、左挡板宽度 $L_2$、轴上的轴肩到轴槽尺寸 $L_3$、卡环宽度 $L_4$ 及右挡板宽度 $L_5$ 等 5 个尺寸。间隙 $L_0$ 与上述 5 个尺寸连接成封闭的尺寸组，形成尺寸链。

为了便于分析，将上述尺寸关系绘制成尺寸链图如图（b）所示。

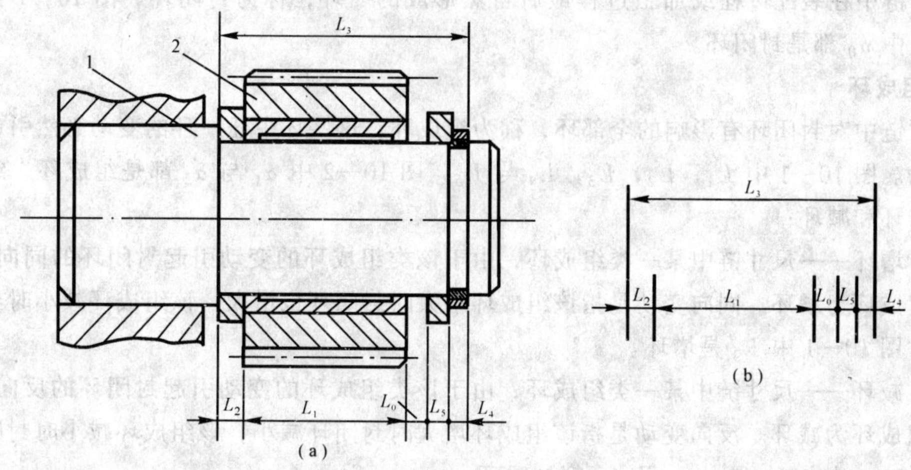


图　10—1

图 10—2 所示为游标卡尺各零件位置尺寸（平行度、垂直度）形成的尺寸链。由图（a）可知，卡尺两量爪测量面之间的平行度 $\alpha_0$，决定于主尺量爪测量面对主尺侧表面的垂直度 $\alpha_1$ 及尺框量爪测量面对尺框内侧表面的垂直度 $\alpha_2$。$\alpha_0$，$\alpha_1$ 与 $\alpha_2$ 相互连接成封闭的尺寸组，形成尺寸链，如图（b）所示。

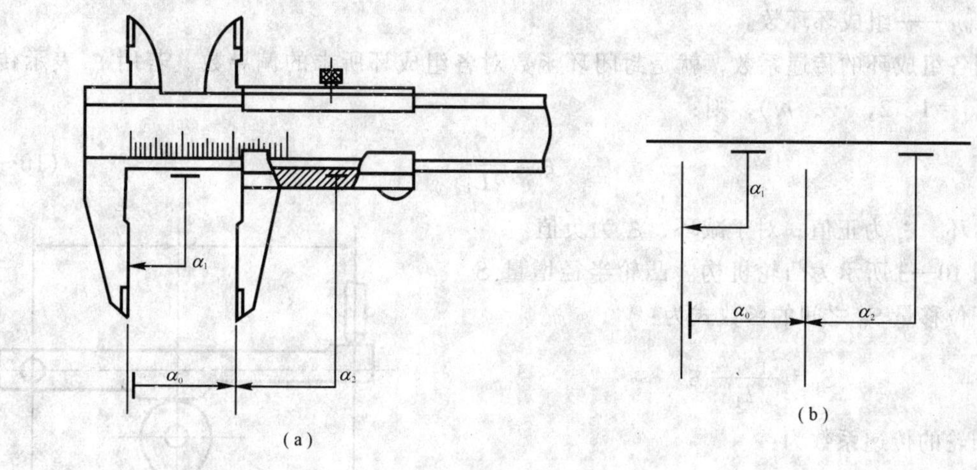


图　10—2

**2. 环**

列入尺寸链中的每一个尺寸，称为环。图 10—1 中的 $L_0$，$L_1$，$L_2$，$L_3$，$L_4$ 及 $L_5$，图 10—2 中的 $\alpha_0$，$\alpha_1$ 及 $\alpha_2$ 都是环。决定表面（或轴线）间相对距离的尺寸为长度环，决定表面（或轴线）间相对位置的尺寸为角度环。图 10—1 中尺寸链各环属长度环，图 10—2 中尺寸链各环属角度环。通常长度环用双箭头线段表示；角度环用短粗线连单箭头线段表示，短粗线所在面为基准要素，箭头指向面为被测要素。

**3. 封闭环**

尺寸链中在装配过程或加工过程最后自然形成的一环，称为封闭环。图 10—1 中 $L_0$、图 10—2 中 $\alpha_0$ 都是封闭环。

**4. 组成环**

尺寸链中对封闭环有影响的全部环，称为组成环。这些环中任一环的变动必然引起封闭环的变动。图 10—1 中 $L_1$，$L_2$，$L_3$，$L_4$ 与 $L_5$，图 10—2 中 $\alpha_1$ 与 $\alpha_2$ 都是组成环。组成环又分为增环和减环：

(1) 增环——尺寸链中某一类组成环，由于该类组成环的变动引起封闭环的同向变动，则该类组成环为增环。同向变动是指该组成环增大时封闭环也增大，该组成环减小时封闭环也减小。图 10—1 中 $L_3$ 是增环。

(2) 减环——尺寸链中某一类组成环，由于该类组成环的变动引起封闭环的反向变动，则该类组成环为减环。反向变动是指该组成环增大时封闭环减小，该组成环减小时封闭环增大。图 10—1 中 $L_1$，$L_2$，$L_4$ 及 $L_5$ 都是减环。

组成环是决定封闭环的原始要素，所有组成环的变动，都将集中地在封闭环上显示出来，这正说明机械产品中零件的制造误差决定产品的装配误差。但是，组成环误差究竟怎样传递到封闭环上？这里需要引入组成环传递系数的概念。

(3) 传递系数——表示组成环对封闭环影响大小的系数，如第三章§3—5 所述。如令 $L_1$，$L_2$，…，$L_m$ 表示各组成环，$L_0$ 表示封闭环，则封闭环与组成环的一般函数式：

$$L_0 = f(L_1, L_2, \cdots, L_m) \tag{10—1}$$

式中　$m$——组成环环数。

则各组成环的传递系数，就是封闭环函数对各组成环所求的偏导数。若用 $\xi_i$ 表示传递系数（$i=1, 2, \cdots, m$），则：

$$\xi_i = \frac{\partial f}{\partial L_i} \tag{10—2}$$

对于增环，$\xi_i$ 为正值；对于减环，$\xi_i$ 为负值。

图 10—3 所示为凸轮机构。凸轮半径增量 $S$ 与顶杆位移量 $S_0$ 之间的函数式为：

$$S_0 = \frac{l_1 + l_2}{l_1} S$$

凸轮的传递系数为：

$$\xi = \frac{\partial S_0}{\partial S} = \frac{l_1 + l_2}{l_1}$$

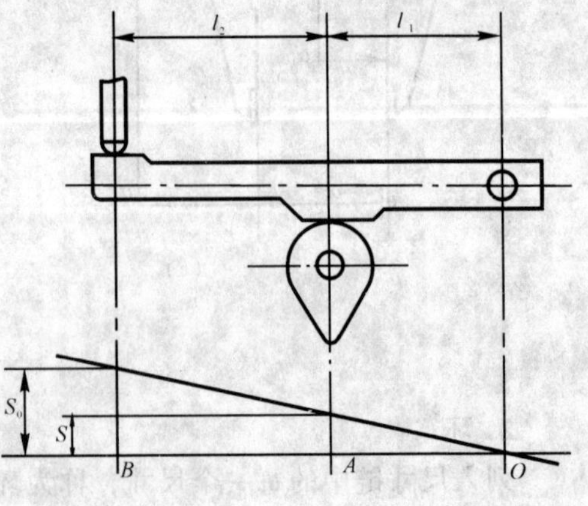

图　10—3

图 10—4 所示为圆锥齿轮部件，我们研究由于两个轴承的径向跳动引起小锥齿轮节锥顶的偏移。图中，径向跳动用偏心表示。右轴承偏心 $E_1$ 引起节锥顶偏移为 $-\frac{l_2}{l_1}E_1$，左轴承偏心 $E_2$ 引

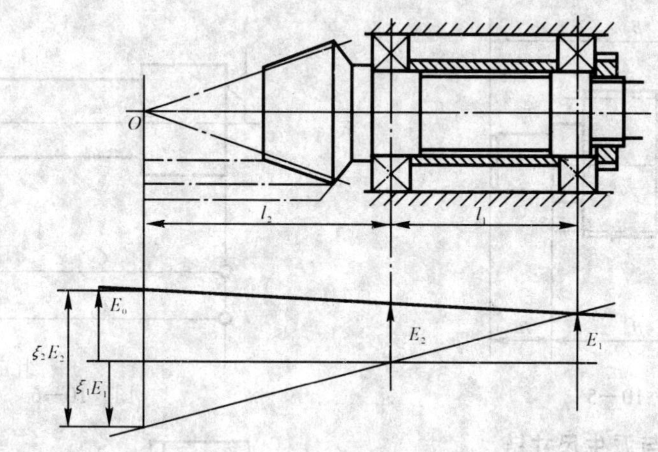


图　10—4

起节锥顶偏移为$\frac{l_1+l_2}{l_1}E_2$。则尺寸链 $E_0$ 与 $E_1$、$E_2$ 之间的函数式为：

$$E_0=-\frac{l_2}{l_1}E_1+\frac{l_1+l_2}{l_1}E_2=\xi_1E_1+\xi_2E_2$$

组成环 $E_1$ 与 $E_2$ 相应的传递系数 $\xi_1$ 与 $\xi_2$ 为：

$$\xi_1=\frac{\partial E_0}{\partial E_1}=-\frac{l_2}{l_1},\quad \xi_2=\frac{\partial E_0}{\partial E_2}=\frac{l_1+l_2}{l_1}$$

显然，传递系数值大的组成环，对封闭环的影响也大。图 10—4 中 $\xi_2>\xi_1$，说明左轴承偏心 $E_2$ 引起节锥顶偏移量大于右轴承偏心 $E_1$ 引起的相应偏移量。

## 二、尺寸链形式

按尺寸链的几何特征、功能要求、误差性质以及环的相互关系与相互位置等的不同，可将尺寸链分为以下几类：

**1. 长度尺寸链与角度尺寸链**

长度尺寸链——全部环为长度尺寸的尺寸链，如图 10—1。

角度尺寸链——全部环为角度尺寸的尺寸链，如图 10—2。

**2. 装配尺寸链、零件尺寸链与工艺尺寸链**

装配尺寸链——全部组成环为不同零件设计尺寸所形成的尺寸链，如图 10—1。

零件尺寸链——全部组成环为同一零件设计尺寸所形成的尺寸链，如图 10—5。

工艺尺寸链——全部组成环为同一零件工艺尺寸所形成的尺寸链，如图 10—6。

设计尺寸指零件图上标注的尺寸；工艺尺寸指工序尺寸、定位尺寸与基准尺寸等。

装配尺寸链与零件尺寸链统称为设计尺寸链。

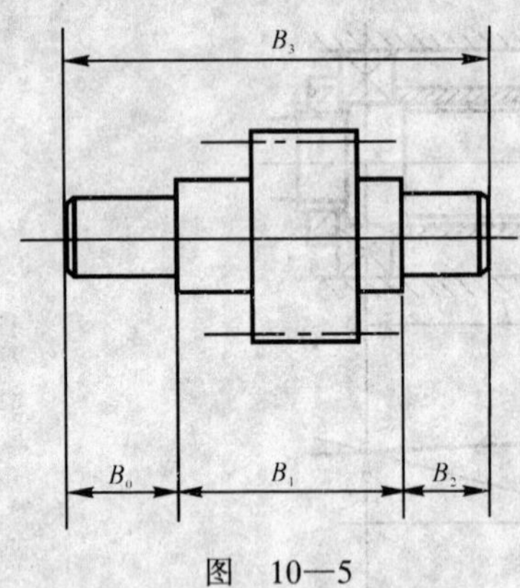

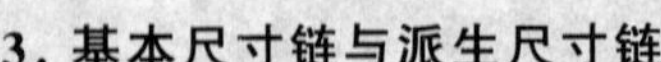


图 10—5

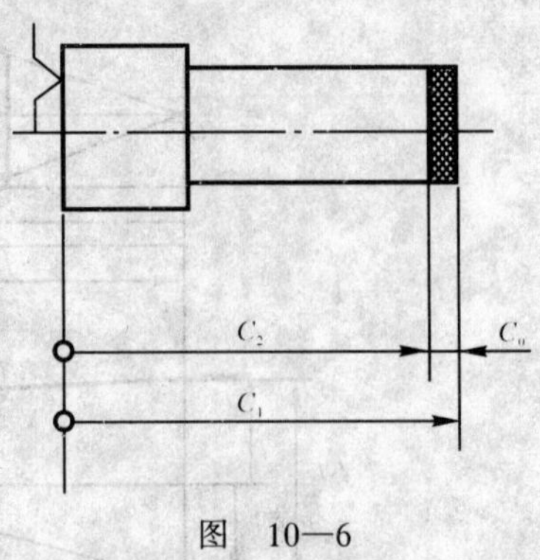


图 10—6

**3. 基本尺寸链与派生尺寸链**

基本尺寸链——全部组成环皆直接影响封闭环的尺寸链，如图 10—7 中尺寸链 $\beta$。

派生尺寸链——该尺寸链的封闭环为另一尺寸链的组成环的尺寸链，如图 10—7 中尺寸链 $\gamma$。

**4. 标量尺寸链与矢量尺寸链**

标量尺寸链——全部组成环为标量尺寸所形成的尺寸链，如图 10—1、图 10—2、图 10—5 及图 10—6。

矢量尺寸链——全部组成环为矢量尺寸所形成的尺寸链，如图 10—4。

**5. 直线尺寸链、平面尺寸链与空间尺寸链**

直线尺寸链——全部组成环平行于封闭环的尺寸链，如图 10—1、图 10—5 及图 10—6。

平面尺寸链——全部组成环位于一个或几个平行平面内，但某些组成环不平行于封闭环的尺寸链，如图 10—8。

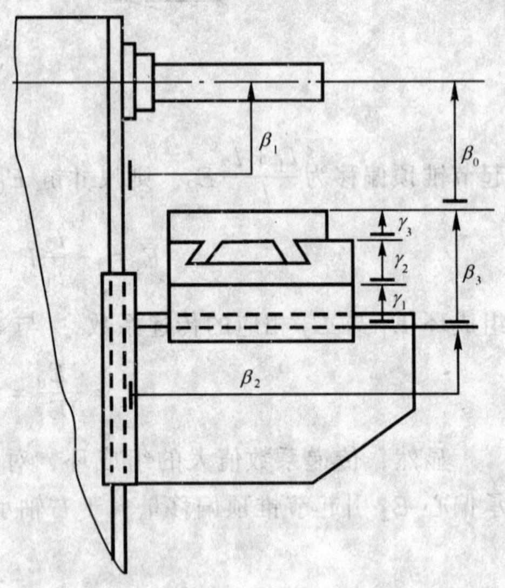


图 10—7

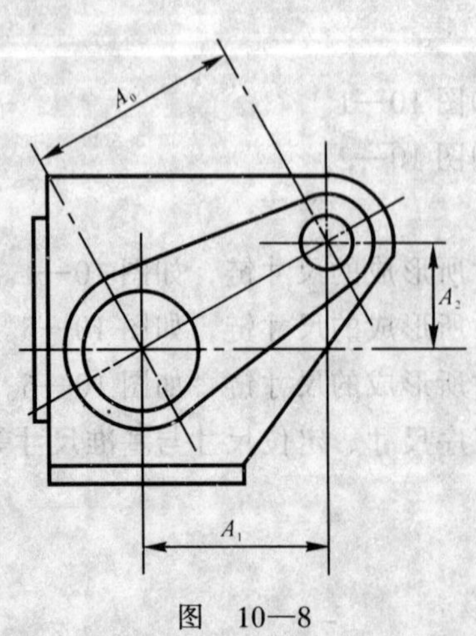


图 10—8

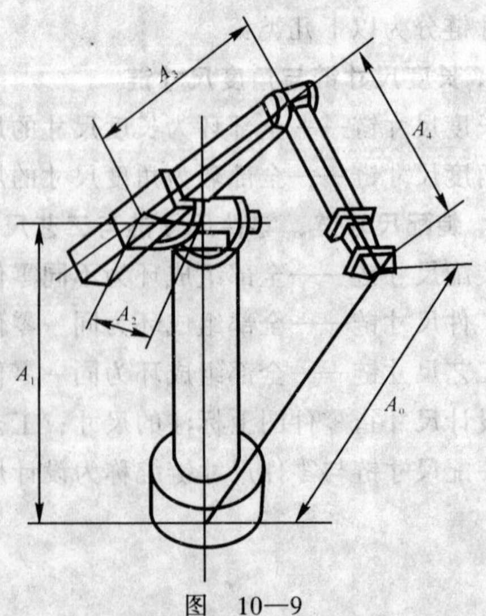


图 10—9

空间尺寸链——组成环位于几个不平行平面上的尺寸链，如图 10—9。

## §10—2　尺寸链计算

对于机械产品，装配尺寸链的封闭环往往代表产品的装配质量或技术条件，组成环则是零部件的实际尺寸或实际偏差。如何根据产品的装配要求或技术条件，规定各零部件实际尺寸的容许偏差或公差，便需要进行尺寸链计算。

进行尺寸链计算时，首先要分析清楚该尺寸链由哪些环所组成？哪些是组成环？哪环是封闭环？组成环中哪些环是增环？哪些环是减环？必要时可单独画出尺寸链图来进行分析，如图 10—1（b）、图 10—2（b）所示。若结构图上的尺寸不复杂，容易看清楚，则可不单独画尺寸链图，如图 10—5、图 10—6 等所示。然后确定各组成环的传递系数 $\xi_i$ 的值和正、负号。再次是计算封闭环的基本尺寸。最后是计算公差、极限偏差或极限尺寸。

### 一、极值法计算尺寸链

这种方法的特点是从保证完全互换着眼，以极限尺寸和极限偏差为出发点来计算封闭环或组成环的公差、极限偏差和极限尺寸的一种方法。

**1. 基本公式**

（1）封闭环基本尺寸

由图 10—1 可知：封闭环基本尺寸 $L_0$ 等于增环基本尺寸 $L_3$ 减去所有减环基本尺寸 $L_1$，$L_2$，$L_4$ 及 $L_5$。即：

$$L_0 = L_3 - L_1 - L_2 - L_4 - L_5 \tag{10—3}$$

设组成环有 $m$ 环，其中增环为 $n$ 环，则封闭环的基本尺寸可写成下式：

$$L_0 = \sum_{z=1}^{n} L_z - \sum_{j=n+1}^{m} L_j \tag{10—4}$$

若考虑传递系数 $\xi_i$，则封闭环基本尺寸 $L_0$ 的一般表达式为：

$$L_0 = \sum_{i=1}^{m} \xi_i L_i \tag{10—5}$$

（2）封闭环极限尺寸

由式（10—4）可知：封闭环的最大极限尺寸 $L_{0\max}$，是在所有增环出现在最大极限尺寸和所有减环出现在最小极限尺寸时产生；而封闭环的最小极限尺寸 $L_{0\min}$，是在所有增环出现在最小极限尺寸和所有减环出现在最大极限尺寸时产生。为此，封闭环的极限尺寸可由下式表示：

$$\left.\begin{aligned} L_{0\max} &= \sum_{z=1}^{n} L_{z\max} - \sum_{j=n+1}^{m} L_{j\min} \\ L_{0\min} &= \sum_{z=1}^{n} L_{z\min} - \sum_{j=n+1}^{m} L_{j\max} \end{aligned}\right\} \tag{10—6}$$

（3）封闭环公差

封闭环公差由下式计算：

$$T_0 = L_{0\max} - L_{0\min}$$
$$= \sum_{z=1}^{n} L_{z\max} - \sum_{j=n+1}^{m} L_{j\min} - \left(\sum_{z=1}^{n} L_{z\min} - \sum_{j=n+1}^{m} L_{j\max}\right)$$
$$= \sum_{z=1}^{n} L_{z\max} - \sum_{z=1}^{n} L_{z\min} + \sum_{j=n+1}^{m} L_{j\max} - \sum_{j=n+1}^{m} L_{j\min}$$
$$= \sum_{z=1}^{n} T_z + \sum_{j=n+1}^{m} T_j = \sum_{i=1}^{m} T_i$$

考虑到传递系，其一般表达式为：

$$T_0 = \sum_{i=1}^{m} |\xi_i| T_i \tag{10—7}$$

(4) 封闭环极限偏差

设封闭环的上偏差为 $ES_0$，封闭环的下偏差为 $EI_0$，则：

$$ES_0 = L_{0\max} - L_0$$
$$= \sum_{z=1}^{n} L_{z\max} - \sum_{j=n+1}^{m} L_{j\min} - \left(\sum_{z=1}^{n} L_z - \sum_{j=n+1}^{m} L_j\right)$$
$$= \sum_{z=1}^{n} ES_z - \sum_{j=n+1}^{m} EI_j \tag{10—8}$$
$$EI_0 = L_{0\min} - L_0$$
$$= \sum_{z=1}^{n} L_{z\min} - \sum_{j=n+1}^{m} L_{j\max} - \left(\sum_{z=1}^{n} L_z - \sum_{j=n+1}^{m} L_j\right)$$
$$= \sum_{z=1}^{n} EI_z - \sum_{j=n+1}^{m} ES_j \tag{10—9}$$

有关封闭环或组成环公差的计算，是尺寸链计算需要解决的主要问题，通常可分为两类：当已经给定各组成环的公差与偏差，要求通过计算判断封闭环公差与偏 差是否能满足预定要求时，这类问题属于公差控制问题；当已经给定封闭环公差与偏差，要求通过计算确定各组成环公差与偏差，这类问题属于公差分配问题。

**2. 公差控制问题的计算**

公差控制问题的计算又常称为正计算，现用例子加以说明。

**例 10—1**：在图 10—1 所示的齿轮部件中，要求 $L_0 = 0.10 \sim 0.45$mm，已给出的各组成环的尺寸和极限偏差分别为：$L_1 = 30_{-0.10}^{\ 0}$，$L_2 = L_5 = 5_{-0.05}^{\ 0}$，$L_3 = 43_{+0.10}^{+0.20}$，$L_4 = 3_{-0.05}^{\ 0}$，试核算由上述组成环给出的数据所算出的封闭环的数据能否符合要求。

**解：**

a. 分析尺寸链，确定各组成环的传递系数

$$\xi_1 = \xi_2 = \xi_4 = \xi_5 = -1,\ \xi_3 = 1$$

b. 计算封闭基本尺寸

$$L_0 = \sum_{z=1}^{n} L_z - \sum_{j=n+1}^{m} L_j$$
$$= 43 - (30 + 5 + 3 + 5) = 0\text{mm}$$

c. 计算封闭环极限偏差

$$ES_0 = \sum_{z=1}^{n} ES_z - \sum_{j=n+1}^{m} EI_j$$

$$=0.20-(-0.10-0.05-0.05-0.05)=0.45\text{mm}$$

$$EI_0=\sum_{z=1}^{n}EI_z-\sum_{j=n+1}^{m}ES_j$$
$$=0.1-(0+0+0+0)=0.1\text{mm}$$

d. 计算封闭环公差

$$T_0=\sum_{i=1}^{m}|\xi_i|T_i$$
$$=0.1+0.05+0.05+0.1+0.05=0.35\text{mm}$$

计算结果正好满足 $L_0=0.1\sim0.45\text{mm}$ 的要求。

**3. 公差分配问题的计算**

公差分配问题的计算又常称为反计算。这时已知封闭环的公差和极限偏差（基本尺寸已在结构设计中确定），求组成环的公差和极限偏差。由于待求的组成环数目多于计算公式的数目，因而必需假设一些条件才能解决此矛盾。比如：让所有组成环公差都相等，即 $T_i=T_0/m$；或让组成环公差等级都相同，即公差等级系数相同，$a_i=T_0/\sum_{i=1}^{m}i_i$（$\sum_{i=1}^{m}i_i$ 中的 $i_i$ 代表各组成环的公差单位）；或根据加工难易程度由经验确定。对各组成环的基本偏差，则可按“向体内原则”确定，即包容尺寸用基本偏差 $H$，被包容尺寸用基本偏差 $h$，阶梯尺寸用基本偏差 $js$。现用例子加以说明：

**例 10—2**：图 10—10 为动力头传动箱简图。已知各环基本尺寸，为保证啮合齿轮端面不错位，试决定有关零件尺寸的公差与极限偏差。按机床通用技术条件，啮合齿轮端面错位容许偏差在齿轮宽度 $B=15\text{mm}$ 时，不得超过 1mm，因此封闭环的尺寸应为 $C_0=\pm1\text{mm}$。

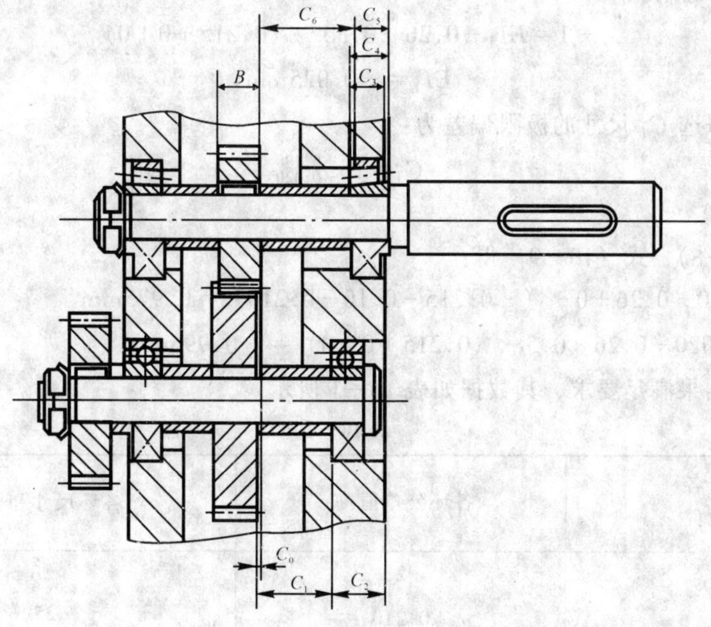


图　10—10

**解：**　本题属于公差分配问题，从图中的尺寸链可知，该尺寸链共有 6 个组成环。它们

的尺寸分别为 $C_1=25$、$C_2=20$、$C_3=15$、$C_4=13.5_{-0.05}^{0}$、$C_5=13.5_{-0.10}^{0}$和 $C_6=30$。

a. 确定各组成环传递系数

$$\xi_1=\xi_2=\xi_4=1,\ \xi_3=\xi_5=\xi_6=-1$$

b. 计算各组成环公差

若按等公差法计算，则各组成环公差应相等。但因 $C_4$ 环和 $C_5$ 环为滚动轴承安装高度和轴承内环宽度，其公差、极限偏差已由轴承标准确定，故余下四环的公差为：

$$T_i=\frac{T_0-T_4-T_5}{4}=\frac{2-0.1-0.5}{4}=0.35\text{mm}$$

由于这四个尺寸加工难易程度不同，其中尺寸 $C_2$，$C_3$ 为轴承安装孔的深度，它们的加工要比 $C_1$，$C_6$ 挡套长度的加工难得多，故将 $T_2$，$T_3$ 的值适当增大，将 $T_1$，$T_6$ 的值适当缩小，并考虑到符合公差标准，最后确定：

$$T_2=0.52\text{mm},\ T_3=0.43\text{mm},\ T_1=T_6=0.21\text{mm}$$

c. 计算各组成环极限偏差

因为 $C_2$，$C_3$ 为阶梯尺寸，其基本偏差可取 js，$C_6$ 为外尺寸，其基本偏差可取 $h$。$C_1$ 选作调节环（为了平衡等式），则：

$$C_2=20\pm0.26\text{mm},\ C_3=15\pm0.215\text{mm}$$

$$C_6=30_{-0.210}^{0}\text{mm}$$

计算调节环 $C_1$ 的极限偏差，由式（10—8）得：

$$1=ES_1+0.26+0-(-0.215-0.10-0.210)$$

$$ES_1=0.215\text{mm}$$

由式（10—9）得：

$$-1=EI_1-0.26-0.50-(0.215+0+0)$$

$$EI_1=-0.025\text{mm}$$

按标准近似选 $C_1$ 尺寸的极限偏差为：

$$C_1=25_{-0.020}^{+0.190}$$

d. 校核计算

由式（10—8）、式（10—9）得：

$ES_0=0.190+0.26+0-(-0.215-0.10-0.210)=0.975\text{mm}$

$EI_0=-0.020-0.26-0.5-(0.215+0+0)=-0.995\text{mm}$

可知计算结果满足要求，其数据如表 10—1 所示。

**表 10—1** mm

| 尺寸链各环代号 | 各环公差值 $T_i$ | 各环尺寸和极限偏差 |
|---|---|---|
| $C_0$ | 2 | $0\pm1$ |
| $C_1$ | 0.210 | $25_{-0.020}^{+0.190}$ |
| $C_2$ | 0.52 | $20\pm0.26$ |
| $C_3$ | 0.43 | $15\pm0.215$ |

续表

| 尺寸链各环代号 | 各环公差值 $T_i$ | 各环尺寸和极限偏差 |
|---|---|---|
| $C_4$ | 0.50 | $13.5_{-0.50}^{0}$ |
| $C_5$ | 0.10 | $13.5_{-0.10}^{0}$ |
| $C_6$ | 0.21 | $30_{-0.210}^{0}$ |

## 二、统计法计算尺寸链

用统计法计算尺寸链时，常用下述术语：

a. 中间偏差 $\Delta$

它是上偏差与下偏差的平均值，即 $\Delta=(ES+EI)/2$，如图 10—11 所示。

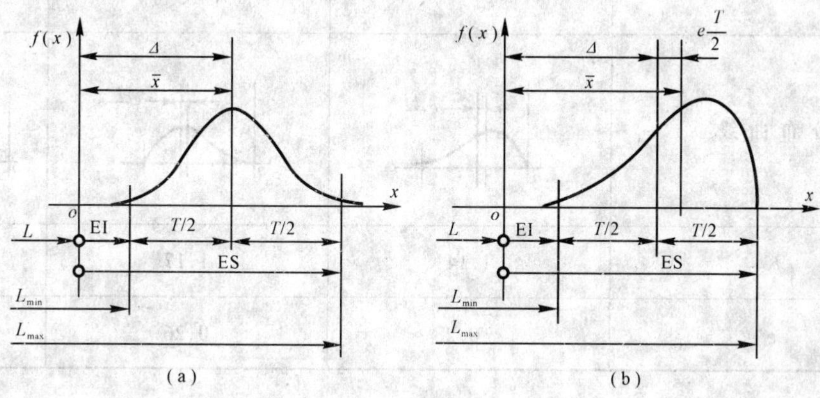


图　10—11

b. 平均偏差 $\overline{X}$

它是所有偏差的平均值，即 $\overline{X}=\sum_{i=1}^{n}(L_i-\overline{L})/n$，如图 10—11 所示。当尺寸的偏差为对称分布时，$\overline{X}=\Delta$，当尺寸偏差为非对称分布时，$\overline{X}=\Delta+e\dfrac{T}{2}$。

c. 相对不对称系数 $e$

它是平均偏差 $\overline{X}$ 与中间偏差 $\Delta$ 的差值与二分之一公差值 $T$ 的比值，即 $e=(\overline{X}-\Delta)2/T$。当尺寸偏差对称分布时 $e=0$，当尺寸偏差为非对称分布时，$e$ 由尺寸偏差的分布不同而不同，如表 10—2。

d. 相对标准差 $\lambda$

它是标准偏差 $\sigma$ 与二分之一公差值 $T$ 的比值，即 $\lambda=2\sigma/T$。当正态分布时，其相对标准差 $\lambda_n=1/3$。

e. 相对分布系数 $K$

它是任一分布的相对标准差与正态分布相对标准差的比值。即 $K=\lambda/\lambda_n$。不同的尺寸偏差的分布有不同的相对分布系，如表 10—2 所示。

**表 10—2 系数 $K$ 与 $e$ 的取值**

| 分布特征 | 正态分布 | 三角分布 | 均匀分布 |
|---|---|---|---|
| 分布曲线 | $-3\sigma$ o $3\sigma$ | o | o |
| $K$ | 1 | 1.22 | 1.73 |
| $e$ | 0 | 0 | 0 |

| 分布特征 | 瑞利分布 | 偏态分布 | |
|---|---|---|---|
| | | 外尺寸 | 内尺寸 |
| 分布曲线 | o $e\frac{T}{2}$ | o $e\frac{T}{2}$ | o $e\frac{T}{2}$ |
| $K$ | 1.14 | 1.17 | 1.17 |
| $e$ | −0.28 | 0.26 | −0.26 |

**1. 统计法计算的基本公式**

(1) 封闭环公差

由式（10—3）可知，封闭环的尺寸是所有组成环尺寸的函数，而每一个组成环的尺寸在极限尺寸范围内是随机的，因此属于随机变量。由第三章式（3—10）可知，封闭环的标准偏差应等于各组成环的标准偏差与传递系数乘积的平方和再开方。即：

$$\sigma_0 = \sqrt{\sum_{i=1}^{m} \xi_i^2 \sigma_i^2} \tag{10—10}$$

若各组成环尺寸的分布均为正态分布，并取置信概率为 99.73% 时，则组成环公差 $T_i = 6\sigma_i$，封闭环公差 $T_0 = 6\sigma_0$，则：

$$T_0 = \sqrt{\sum_{i=1}^{m} \xi_i^2 T_i^2} \tag{10—11}$$

若各组成环为非正态分布时，则应引入一个说明分布特性的系数，即相对分布系数 $K$，则：

$$T_0 K_0 = \sqrt{\sum_{i=1}^{m} \xi_i^2 K_i^2 T_i^2} \tag{10—12}$$

但随着组成环数目增加，封闭环愈接近正态分布，此时 $K_0=1$，则：

$$T_0=\sqrt{\sum_{i=1}^{m}\xi_i^2K_i^2T_i^2} \tag{10—13}$$

（2）封闭环中间偏差

由中间偏差的术语可知，封闭环中间偏差按下式计算：

$$\Delta_0=\frac{1}{2}\ (ES_0+EI_0)$$

将式（10—8）、式（10—9）代入，得：

$$\begin{aligned}\Delta_0&=\frac{1}{2}\Big[\Big(\sum_{z=1}^{n}ES_z-\sum_{j=n+1}^{m}EI_j\Big)+\Big(\sum_{z=1}^{n}EI_z-\sum_{j=n+1}^{m}ES_j\Big)\Big]\\&=\frac{1}{2}\Big[\Big(\sum_{z=1}^{n}ES_z+\sum_{z=1}^{n}EI_z\Big)-\Big(\sum_{j=n+1}^{m}ES_j+\sum_{j=n+1}^{m}EI_j\Big)\Big]\\&=\sum_{z=1}^{n}\Delta_z-\sum_{j=n+1}^{m}\Delta_j\\&=\sum_{i=1}^{m}\xi_i\Delta_i\end{aligned} \tag{10—14}$$

当各组成环为不对称分布时，则：

$$\overline{X}_0=\sum_{i=1}^{m}\xi_i\left(\Delta_i+e_i\frac{T}{2}\right)$$

随着组成环数目增加，封闭环的分布已接近正态分布，此时 $\Delta_0=\overline{X}_0$，故：

$$\Delta_0=\sum_{i=1}^{m}\xi_i\left(\Delta_i+e_i\frac{T}{2}\right) \tag{10—15}$$

（3）封闭环极限偏差

$$\left.\begin{aligned}ES_0&=\Delta_0+\frac{1}{2}T_0\\EI_0&=\Delta-\frac{1}{2}T_0\end{aligned}\right\} \tag{10—16}$$

**2. 公差控制问题的计算**

统计法计算公差控制问题，用下例加以说明。

**例 10—3**：图 10—12 所示为车床床鞍走刀装置的齿轮与齿条啮合图。图中 1 为床鞍，2 为床身，3 为走刀箱。床身导轨与床鞍之间有塑料导轨板。齿轮与齿条啮合侧隙过小时，将使床鞍移动困难，侧隙过大时造成手轮空程大。设已给出各零件有关尺寸的公差及极限偏差，其数据如表 10—3 所示。试计算可能产生的齿轮、齿条非工作面间的侧隙。设各组成环均为三角分布。

**解**：　由图 10—12 可知尺寸链封闭环 $A_0$ 为齿轮、齿条啮合的径向间隙，当计算出 $A_0$ 之后再计算法向侧隙 $j_n$。

a. 分析尺寸链，确定各组成环传递系数

$$\xi_1=\xi_6=\xi_7=-1,\ \xi_2=\xi_3=+1$$

$$\xi_4=\xi_5=-\cos 45^\circ=-0.707$$

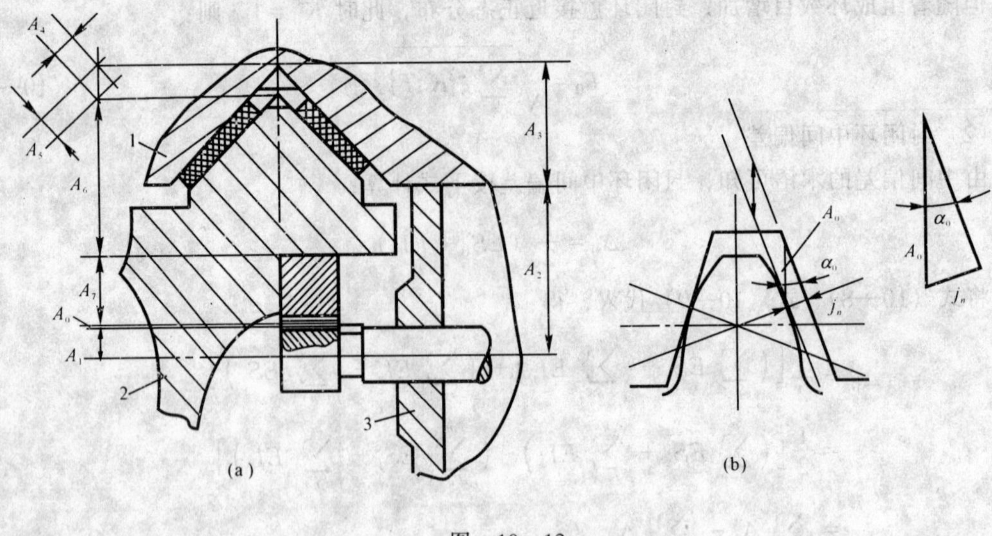


图　10—12

b. 计算封闭环基本尺寸

由式（10—5）得：

$$A_0 = (86 + 40.07) - (21 + 0.707 \times 5 + 0.707 \times 5 + 68 + 30) = 0$$

c. 计算封闭环公差

由式（10—13）可知：

$$T_0 = 1.22\sqrt{0.10^2 \times 4 + 0.707^2 \times 0.05^2 \times 2 + 0.3^2} = 0.444\text{mm}$$

d. 计算封闭环中间偏差

由式（10—14）可知：

$$\Delta_0 = (0 + 0) - [-0.15 + 0.707(-0.025) \times 2 + (-0.15)2] = 0.485\text{mm}$$

e. 计算封闭环极限偏差

由式（10—16）可知：

$$ES_0 = 0.485 + 0.222 = 0.707\text{mm}$$

$$EI_0 = 0.485 - 0.222 = 0.263\text{mm}$$

由图 10—12（b）可知，径向间隙与法向间隙之间关系为 $j_n = A_0\sin\alpha_0$，此处 $\alpha_0 = 20°$，故：

$j_n = 0.342A_0$，于是

最大侧隙　　　　　　$j_{n\max} = 0.342 \times 0.707 = 0.242\text{mm}$

最小侧隙　　　　　　$j_{n\min} = 0.342 \times 0.263 = 0.090\text{mm}$

由上述分析计算可知，这里仅计算了由中心距变动引起的侧隙，未计入齿厚偏差的影响。

**表 10—3　各组成环名称及数据**

| 环 | 名　称 | 传递系数 | 基本尺寸 /mm | 公差 /mm | 偏差 /mm | 中间偏差 /mm |
|---|---|---|---|---|---|---|
| $A_1$ | 齿轮节圆半径 | -1 | 21 | 0.10 | -0.10<br>-0.20 | -0.15 |
| $A_2$ | 溜板箱齿轮轴线到箱体上面距离 | 1 | 86 | 0.10 | ±0.05 | 0 |
| $A_3$ | 床鞍导轨尖顶到下平面距离 | 1 | 40.07 | 0.10 | ±0.05 | 0 |
| $A_4$ | 导轨板厚度 | -0.707 | 5 | 0.05 | 0<br>-0.05 | -0.025 |
| $A_5$ | 导轨板厚度 | -0.707 | 5 | 0.05 | 0<br>-0.05 | -0.025 |
| $A_6$ | 床身导轨尖顶到下面距离 | -1 | 68 | 0.30 | 0<br>-0.30 | -0.15 |
| $A_7$ | 齿条节线到安装面距离 | -1 | 30 | 0.10 | -0.10<br>-0.20 | -0.15 |

**3. 公差分配问题的计算**

统计法计算公差分配问题，用例 2 的数据加以说明。设此时各组成环偏差属正态分布。

**例 10—4**：如图 10—10 所示。

**解：**

a. 计算各组成环公差

设按等精度法计算，由式（10—11）可获得公差等级系数的计算式：

$$a_i = \frac{T_0 - T_4 - T_5}{\sqrt{i_1^2 + i_2^2 + i_3^2 + i_6^2}}$$

计算公差单位：

$$i_1 = i_2 = i_6 = 0.45\sqrt[3]{(18\times 30)^{\frac{1}{2}}} + 0.001\ (18\times 30)^{\frac{1}{2}} = 1.3$$

$$i_3 = 0.45\sqrt[3]{(10\times 18)^{\frac{1}{2}}} + 0.001\ (10\times 18)^{\frac{1}{2}} = 1.08$$

$$a_i = \frac{1.4}{\sqrt{3\times 1.3^2 + 1.08^2}} = 0.56\text{mm}$$

由表 2—2 可知其公差等级在 IT14 和 IT15 之间。根据加工难易程度选择 $C_2$，$C_3$ 尺寸公差为 IT15、$C_1$，$C_6$ 尺寸公差为 IT14，从表 2—4 中分别查出其公差值为：$T_1 = 0.52$mm，$T_6 = 0.52$mm，$T_2 = 0.84$mm，$T_3 = 0.70$mm。

b. 确定各组成环基本偏差和中间偏差

按“向体内原则”，$C_2$、$C_3$ 为阶梯尺寸，其基本偏差按 $js$ 选取，因此它们的中间偏差为零。$C_6$ 为外尺寸，其基本偏差按 $h$ 选取，因此其中间偏差为公差值的一半并取负值，即 $\Delta_6=-0.26$mm，尺寸 $C_1$ 选作调节环，其中间偏差按式（10—4）计算：

$$\Delta_0=\Delta_1+\Delta_2+\Delta_4-(\Delta_3+\Delta_5+\Delta_6)$$

$$\Delta_1=0-0-(-0.25)+0-0.05-0.26=-0.06\text{mm}$$

故 $C_1$ 尺寸的极限偏差为：

$$ES_1=\Delta_1+\frac{1}{2}T_1=-0.06+0.26=0.20\text{mm}$$

$$EI_1=\Delta_1-\frac{1}{2}T_1=-0.06-0.26=-0.32\text{mm}$$

将计算结果列于表 10—4。

c. 校核计算

$$T_0=\sqrt{T_1{}^2+T_2{}^2+T_3{}^2+T_4{}^2+T_5{}^2+T_6{}^2}$$

$$=\sqrt{0.52^2+0.84^2+0.70^2+0.5^2+0.10^2+0.52^2}=1.996\text{mm}$$

$$\Delta_0=\Delta_1+\Delta_2+\Delta_4-(\Delta_3+\Delta_5+\Delta_6)$$

$$=-0.06+0-0.25-(0-0.05-0.26)=0$$

$$ES_0=\Delta_0+\frac{1}{2}T_0=0+0.998=0.998\text{mm}$$

$$EI_0=\Delta_0-\frac{1}{2}T_0=0-0.998=-0.998\text{mm}$$

计算结果完全满足封闭环要求，由上述统计法和极值法计算结果的比较可知，用统计法算出的组成环的公差值均增大了，这对于降低生产成本是很有利的，其不觉之处是装配后的合概率仅为 99.73%，因此统计计算法又称为大数互换法。

**表 10—4** mm

| 尺寸链可环代号 | 各环公差值 $T$ | 各环尺寸及极限偏差 |
|---|---|---|
| $C_0$ | 2 | $0\pm1$ |
| $C_1$ | 0.52 | $25^{+0.2}_{-0.32}$ |
| $C_2$ | 0.84 | $20\pm0.42$ |
| $C_3$ | 0.70 | $15\pm0.35$ |
| $C_4$ | 0.50 | $13.5^{\ 0}_{-0.50}$ |
| $C_5$ | 0.10 | $13.5^{\ 0}_{-0.10}$ |
| $C_6$ | 0.52 | $30^{\ 0}_{-0.52}$ |

**例 10—5**：车床主轴由于前后两轴承的径向跳动引起了主轴的径向跳动，普通车床主轴径向跳动容许偏差为 0.01mm。问如何决定该两轴承的径向跳动公差及轴承精度等级？

**解：**　本题属于公差分配问题。径向跳动用偏心表示时，得尺寸链如图 10—13 所示。该尺寸链由组成环 $E_1$、$E_2$ 及封闭环 $E_0$ 共 3 环组成。已知机床主轴径向跳动为 0.01mm（在图中 3 的位置），现要确定图中 1、2 所示位置的径向跳动，并选择相应滚动轴承。

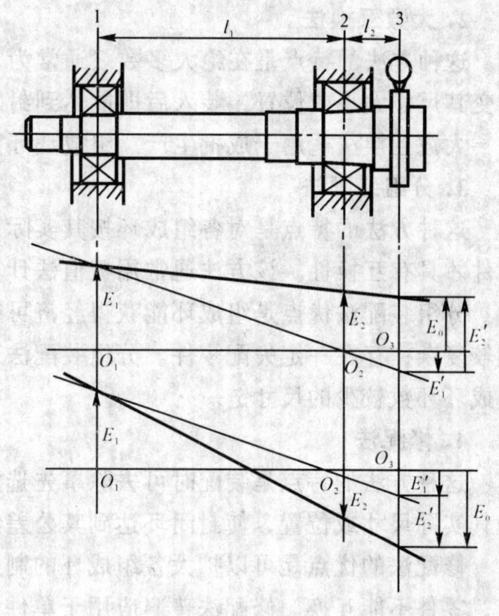

图　10—13

已知：$l_1 = 500$mm，$l_2 = 100$mm；后轴承内径为 80mm，前轴承内径为 100mm。则两轴承径向跳动的传递系数为：

$$\xi_1 = \frac{l_2}{l_1} = \frac{100}{500} = 0.2$$

$$\xi_2 = \frac{l_1 + l_2}{l_1} = \frac{500 + 100}{500} = 1.2$$

现在我们按"相等影响法"决定两轴承跳动公差 $T_1$ 与 $T_2$，即令后轴承 1 与前轴承 2 在主轴 3 处引起的跳动量相等：$\xi_1 K_1 T_1 = \xi_2 K_2 T_2$，将其代入式（10—11）得：

$$T_i = \frac{T_0}{\sqrt{2}\,\xi_i K_i} \quad (i = 1 \text{ 或 } 2)$$

由跳动反映的偏心通常遵循瑞利分布，由表 10—2 得，$K_1 = K_2 = 1.14$，于是：

$$T_1 = \frac{0.01}{\sqrt{2} \times 0.2 \times 1.14} = 0.031\text{mm}$$

$$T_2 = \frac{0.01}{\sqrt{2} \times 1.2 \times 1.14} = 0.005\text{mm}$$

由计算可知：前轴承跳动公差比后轴承跳动公差要求严格得多，这是因为前轴承的传递系数大于后轴承的传递系数的缘故。为此，我们选择前轴承精度为 C 级（内径跳动公差为 0.005mm），后轴承精度为 G 级（内径跳动公差为 0.025mm）。

统计法计算公差的优点是计算数值比较符合实际，能使组成环获得较经济合理的公差。缺点是仅保证大数互换，可能有极少数（例如 0.27%）产品达不到预定要求。

## §10—3　达到封闭环公差要求的方法

按产品设计要求、结构特征、公差大小与生产条件，可以采用不同的达到封闭环公差要求的方法。通常有完全互换法、大数互换法、分组装配法、修配法与调整法。

**1. 完全互换法**

这种方法的特点是在全部产品中，装配时各组成环不需挑选或改变其尺寸大小或位置，装入后即能达到封闭环公差要求。该方法用极值法计算公差。

完全互换法适用于组成环环数少、或封闭环公差较大，置信概率要求极高的尺寸链。

**2. 大数互换法**

这种方法的特点是在绝大多数（通常为99.73%）产品中，装配时各组成环不需挑选或改变其尺寸大小或位置，装入后即能达到封闭环公差要求。该方法用统计法计算公差。

大数互换法适用于成批生产、组成环环数较多或封闭环公差要求较严的尺寸链。

**3. 分组装配法**

这种方法的特点是对各组成环按其实际尺寸大小分为若干组，各对应组进行装配，同组零件才具有互换性。该方法通常用极值法计算公差。

分组装配法优点是组成环能获得经济可行的制造公差。缺点是增加了分组工序，生产组织较复杂，存在一定失配零件。分组装配法适用于封闭环精度要求很高、生产批量很大而且组成环环数较少的尺寸链。

**4. 修配法**

这种方法的特点是装配时可去除事先选定的某一组成环（称补偿环）的部分材料，以改变其实际尺寸或位置，使封闭环达到其公差与极限偏差要求。该方法采用极值法计算公差。

修配法的优点是可以扩大各组成环的制造公差。缺点是增加修配工序，需要熟练技术工人，零件不能互换。修配法普遍应用于单件生产或小批生产的机械制造业中。

**5. 调整法**

这种方法的特点是装配时可调整事先选定的某一组成环（补偿环）的实际尺寸或位置，使封闭环达到其公差与极限偏差要求。该方法通常用极值法计算公差。

在机械制造中，一般以螺栓、斜面、挡环、垫片或孔轴联结中的间隙等作为补偿环。调整法的优点是可使组成环的公差充分放宽。缺点是在结构上必须有补偿件。调整法是机械产品保证装配精度普遍应用的方法。

# 习 题

## 第一章 绪 论

1. 试写出 R10 优先数系从 250 到 3 150 的全部优先数。

2. 试写出 R10/5 派生数系从 0.08 到 25 的全部优先数。

## 第二章 尺寸公差与圆柱结合的互换性

1. 按表 1 中给出的数值，计算表中空格的数值，并将计算结果填入相应的空格内（表中数值单位为 mm）。

**表 1**

| 基本尺寸 | 最大极限尺寸 | 最小极限尺寸 | 上 偏 差 | 下 偏 差 | 公 差 | 尺寸标注 |
|---|---|---|---|---|---|---|
| 孔 $\phi10$ | 10.015 | 10 | | | | |
| 孔 $\phi40$ | | | | | | $\phi40^{+0.050}_{+0.025}$ |
| 孔 $\phi120$ | | | 0.022 | | 0.035 | |
| 轴 $\phi20$ | | | −0.020 | −0.033 | | |
| 轴 $\phi60$ | 60 | | | | 0.019 | |
| 轴 $\phi100$ | | 100.037 | | | 0.022 | |

2. 绘出下列三对孔、轴配合的公差带图，并分别计算出它们的极限间隙（$X_{max}$、$X_{min}$）或极限过盈（$Y_{max}$、$Y_{min}$）及配合公差 $T_f$。

（1）孔：$\phi20^{+0.033}_{0}$　　轴：$\phi20^{-0.065}_{-0.086}$

（2）孔：$\phi35^{+0.007}_{-0.018}$　　轴：$\phi35^{0}_{-0.016}$

（3）孔：$\phi55^{+0.030}_{0}$　　轴：$\phi55^{+0.060}_{+0.041}$

3. 试通过查表获得下列三对轴、孔配合的极限偏差，并绘制出公差带图，计算出它们的极限间隙（或过盈）及配合公差 $T_f$。

（1）$\phi50\dfrac{H8}{f7}$；　（2）$\phi30\dfrac{K7}{h6}$；　（3）$\phi180\dfrac{H7}{u6}$

4. 试通过查表和计算确定下列轴、孔配合的极限偏差。然后将这些基孔（轴）制的配合改换成相同配合性质的基轴（孔）制配合，并算出改变后的各配合相应的极限偏差。

（1）$\phi60\dfrac{H9}{d9}$；　（2）$\phi30\dfrac{H8}{f7}$；　（3）$\phi50\dfrac{K7}{h6}$；　（4）$\phi80\dfrac{H7}{u6}$

5. 已知下列三对轴、孔配合的极限间隙或极限过盈，试分别确定轴、孔尺寸的公差等级，并选择适当的配合（即确定孔、轴的极限偏差，单位为 mm）。

（1）配合的基本尺寸 $\phi25$，$X_{max}=+0.086$，$X_{min}=+0.020$。

（2）配合的基本尺寸 $\phi40$，$Y_{max}=-0.076$，$Y_{min}=-0.035$。

（3）配合的基本尺寸 $\phi60$，$Y_{max}=-0.053$，$X_{max}=+0.023$。

# 第三章 测量技术基础

1. 仪器读数在 20mm 处的示值误差为 +0.002mm，当用它测量工件时，读数正好是 20mm，问工件的实际尺寸是多少？

2. 用某种测量方法在重复性条件下对某一试件测量了 15 次，各次的测量结果如下（单位 mm）30.742，30.743，30.740，30.741，30.739，30.740，30.739，30.741，30.742，30.743，30.739，30.740，30.743，30.742，30.741。求单次测量的实验标准偏差。

3. 已知某测量仪器的单次测量标准偏差 $s=0.6\mu m$，若在该仪器上对某一尺寸进行 4 次重复测量，测得的结果分别为 20.001，20.002，20.000，19.999（单位为 mm）。试写出测量结果。

4. 三个量块的标称尺寸和实验标准偏差分别为 $L_1=20$，$L_2=1.005$，$L_3=1.48$ 和 $s_{L1}=0.008$，$s_{L2}=0.007$，$s_{L3}=0.007$（单位为 mm），试计算三个量块组合后的尺寸和实验标准偏差。

5. 在万能工具显微镜上用影像法测量圆弧样板（习题图 3—1），测得弦长 $L=95.000$mm，弓高 $h=30.000$mm。若测量弦长的实验标准 $s_L=0.8\mu m$，测量弓高的实验标准偏差 $s_h=0.7\mu m$，试决定圆弧的直径及试验标准偏差。

6. 用游标尺测量箱体孔的中心距（习题图 3—2），有如下三种方案：（1）测量孔径 $d_1$、$d_2$ 和孔的内边心距 $L_1$；（2）测量孔径 $d_1$、$d_2$ 和孔的外边心距 $L_2$；（3）测量孔的内、外边心距 $L_1$ 和 $L_2$。若已知它们的实验标准偏差 $s_{d_1}=s_{d_2}=13\mu m$，$s_{L_1}=20\mu m$，$s_{L_2}=23\mu m$，试计算三种测量方案的实验标准偏差。说出哪一种方案的精密度高。

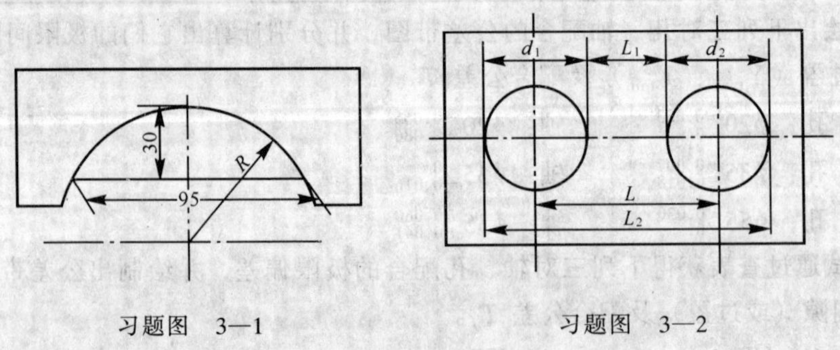


习题图 3—1　　习题图 3—2

# 第四章 形状和位置公差及检测

1. 根据习题图 4—1 所示各零件标注的形位公差，试按表 2 的要求逐一分析填写。

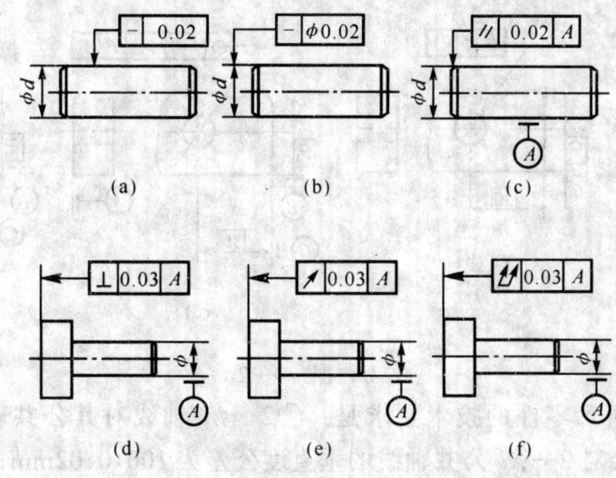


习题图　4—1

**表 2**

| 图号 | 公　差　项　目 | 公　　差　　带　　定　　义 |
|---|---|---|
| a | | |
| b | | |
| c | | |
| d | | |
| e | | |
| f | | |

2. 试分析、比较圆度与径向圆跳动两者公差带的异同；圆柱度与径向全跳动两者公差带的异同；端面对轴线的垂直度与端面全跳动两者公差带的异同。

3. 最小包容区域、定向最小包容区域与定位最小包容区域三者之间有何区别？若零件上某一要素需同时规定形状公差、定向公差及定位公差，三者的关系应如何确定？

4. 习题图 4—2 所示零件的边角上有一孔，要求位置度公差为 $\phi 0.1$mm，现有图 a～d 四种标注方法，试按表 3 的要求逐一分析填写。

**表 3**

| 图　序　号 | 标 注 正 确 与 否 | 标 注 错 误 在 何 处 |
|---|---|---|
| a | | |
| b | | |
| c | | |
| d | | |

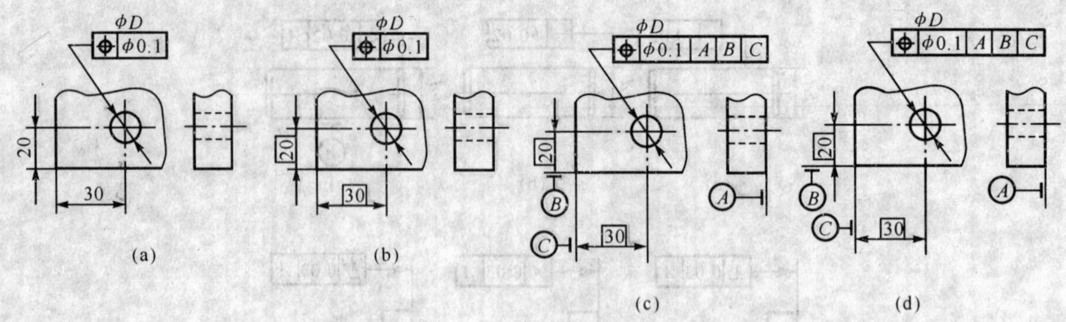


习题图 4—2

5. 习题图 4—3 所示零件的技术要求是：①2—$\phi d$ 轴线对其公共轴线的同轴度公差为 $\phi 0.02$mm；②$\phi D$ 轴线对 2—$\phi d$ 公共轴线的垂直度公差为 100∶0.02mm；③$\phi D$ 轴线对 2—$\phi d$ 公共轴线的偏离量不大于 ±10$\mu$m。试用形位公差代号标出这些要求。

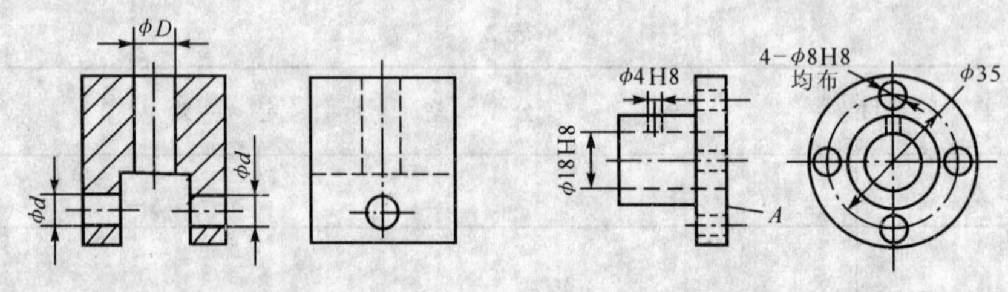


习题图 4—3 习题图 4—4

6. 习题图 4—4 所示零件的技术要求是：①法兰盘端面 A 对 $\phi$18H8 孔的轴线的垂直度公差为 0.015mm；②$\phi$35 圆周上均匀分布的 4—$\phi$8H8 孔，要求以 $\phi$18H8 孔的轴线和法兰盘端面 A 为基准，位置度公差为 $\phi$0.05mm，要求保证能装配互换；③4—$\phi$8H8 孔组中，有一个孔的轴线与 $\phi$4H8 孔的轴线应在同一平面内，它的偏离量不得大于 ±10$\mu$m。试用形位公差代号标出这些技术要求。

7. 公差原则中，独立原则和相关要求的主要区别何在？两种相关要求（包容要求和最大实体要求）有何异同？

8. 习题图 4—5 所示套筒垂直度的三种标注方法，试按表 4 的要求分析填写。

**表 4**

| 图 号 | 采用的公差原则 | 遵守的理想边界 | 边 界 尺 寸 |
|---|---|---|---|
| a | | | |
| b | | | |
| c | | | |

| 图 号 | 给定的垂直度公差 | 允许的最大垂直度公差 |
|---|---|---|
| a | | |
| b | | |
| c | | |

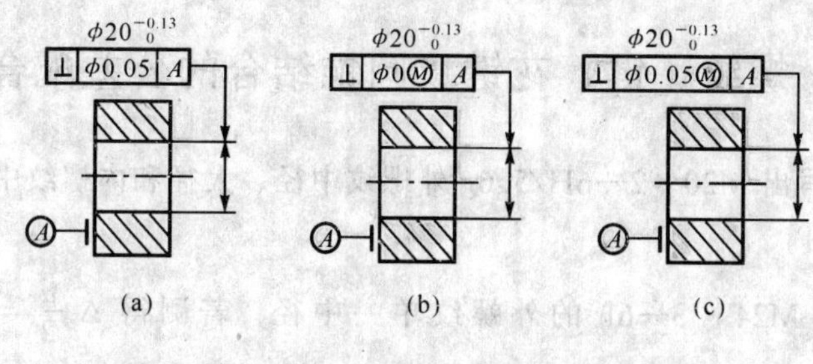


习题图　4—5

# 第五章　表面粗糙度

1. 有一加工表面，在电动轮廓仪上测出的记录图形如习题图 5—1 所示。若测量时的水平放大倍数为 100 倍，垂直放大倍数为 5 000 倍，取样长度为 0.8mm，记录纸水平刻度间距为 5mm，垂直刻度间距为 2mm，试确定该被测表面粗糙度的 $R_z$值。

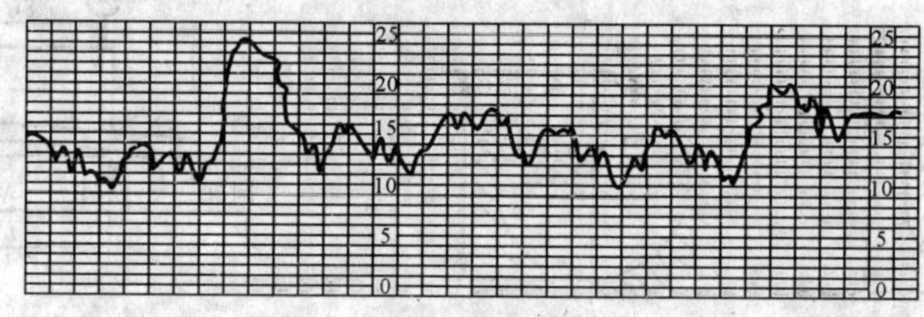


习题图　5—1

# 第六章　滚动轴承的互换性

1. 有一 G306 滚动轴承（公称内径 $d=30$mm，公称外径 $D=72$mm），轴与轴承内圈配合为 js6，壳体孔与轴承外圈的配合为 H6，试画出公差带图，并计算出它们的配合间隙与过盈。

2. 某拖拉机变速箱输出轴的前轴承为轻系列单列向心球轴承（内径为 ϕ40mm，外径为 ϕ80mm），试确定轴承的精度等级；选择轴承与轴和壳体孔的配合。

# 第七章　量规与光滑工件尺寸的检测

1. 计算检验 ϕ30M8、ϕ60H10 孔用工作量规的极限尺寸，并绘出量规公差带图。

2. 计算检验 $\phi 30\frac{H7}{p6}$工作量规及轴用校对量规的极限尺寸，并绘出量规公差带图。

3. 设有如下几个工件尺寸，试按《光滑工件尺寸的检验》标准选择计量器具，并确定各尺寸的验收极限。

（1）ϕ200h9，　（2）ϕ30f7，　（3）ϕ60H10。

## 第八章 螺纹、键、花键、圆锥结合的公差配合及检测

1. 试通过查表写出 M20×2—6H/5g6g 外螺纹中径、大径和内螺纹中径、小径的极限偏差，并绘出公差带图。

2. 用三针测量 M24×3—6h 的外螺纹单一中径，若测得 $\Delta\frac{\alpha}{2}=0$，$\Delta P=0$，$M=24.514$mm，测量三针直径 $d_0=1.732$mm。问此螺纹中径是否合格？

3. 试选择螺纹联结 M20×2 的公差与基本偏差。其工作条件要求旋合性好，有一定的联结强度，螺纹的生产条件是大批大量生产。

4. 齿轮减速器中，轴与齿轮孔采用平键一般联结。设齿轮孔径为 $\phi$40mm，根据 GB1095—1979 确定槽宽（12mm）和槽深 $t$（$h=8$mm）的公称尺寸及其上、下偏差，并确定相应的形位公差值，将其标注在习题图 8—1 所示图样上。

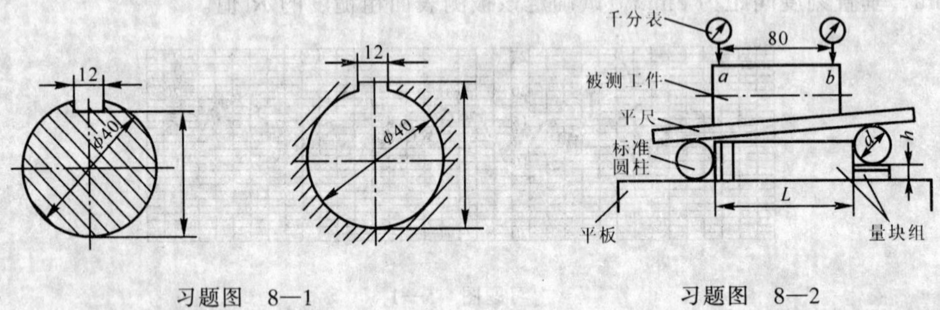


习题图 8—1　　习题图 8—2

5. 在装配图上有花键联结的标注 $6—23\ \frac{H7}{g7}\times 26\ \frac{H10}{a11}\times 6\ \frac{H11}{f9}$，试指出该花键联结的键数和三个主要参数的公称尺寸，并查表确定内、外花键尺寸的极限偏差。

6. 锥度 $C=1:30$ 的某圆锥配合，其配合长度 $H=80$mm，内、外锥角的公差等级均匀 AT9，试按下列不同情况确定内、外圆锥直径的极限偏差。

(1) 内、外圆锥直径公差带均按单向分布，且内圆锥直径下偏差 EI=0，外圆锥直径上偏差 es=0。

(2) 内、外圆锥直径公差带均对称于零线分布。

7. 习题图 8—2 为外圆锥检测示意图，若工件锥度 $C=1:50$，锥体长度为 90mm，标准圆柱直径 $d=\phi10$mm，试合理确定量块组 $L$、$h$ 的尺寸。若测量时 $a$ 点读数为 36$\mu$m，$b$ 点读数为 32$\mu$m，试确定该锥体的圆锥角偏差。

## 第九章 圆柱齿轮的互换性及检测

1. 某减速器中有一直齿圆柱齿轮，模数 $m=3$mm，齿数 $Z=32$，齿宽 $b=60$mm，基准齿形角 $\alpha=20°$，传递功率为 5kW，转速为 960r/min。该齿轮为小批生产，试确定：

(1) 齿轮精度等级；

(2) 齿轮Ⅰ、Ⅱ、Ⅲ三个公差组中各项目的公差或极限偏差的数值。

2. 有一减速器用的直齿圆柱齿轮，模数 $m=3$mm，齿数 $Z=50$，齿形角 $\alpha=20°$，齿宽 $b=25$mm，齿轮基准孔直径 $d=45$mm，两齿轮啮合中心距 $a=120$mm，传动中的最小侧隙 $j_{n\min}=130\mu$m，传递功率为7.5kW，转速 $n=750$r/min，要求传递均匀，生产类型为小批生产，试确定其精度等级和齿厚极限偏差代号，齿轮精度的检验指标，查出这些指标的公差或极限偏差。

3. 某减速器中，一对直齿圆柱齿轮的圆周速度 $v=8$m/s，两齿轮的齿数分别为：$Z_1=20$，$Z_2=34$，模数 $m=2$mm，基准齿形角 $\alpha=20°$。齿轮材料为钢，线膨胀系数 $a_1=11.5\times10^{-6}\mathrm{K}^{-1}$，工作温度 $t_1=80℃$，箱体材料为铸铁，线膨胀系数 $a_2=10.5\times10^{-6}\mathrm{K}^{-1}$，工作温度 $t_2=60℃$。试求齿轮副最小极限间隙。

4. 有一直齿圆柱齿轮，模数 $m=5$mm，齿数 $Z=20$，齿形角 $\alpha=20°$，齿宽 $b=50$mm，其精度等级及齿厚极限偏差代号为“7—GJ”。现要求在图样上改为标注公法线平均长度偏差，试确定公法线平均长度极限偏差。

5. 用相对法测量模数 $m=3$mm，齿数 $Z=12$ 的直齿圆柱齿轮的齿距累积误差及齿距偏差，测得数据如下：

| 齿 序 号 | 1 | 2 | 3 | 4 | 5 | 6 | 7 | 8 | 9 | 10 | 11 | 12 |
|---|---|---|---|---|---|---|---|---|---|---|---|---|
| 齿距相对偏差 | 0 | +6 | +9 | −3 | −9 | +15 | +9 | +12 | 0 | +9 | +9 | −3 |

该齿轮精度等级和齿厚偏差为“7—6—6—GJ”。问该齿轮上述两项评定指标是否合格”?

6. 某直齿圆柱齿轮的公法线长度变动公差 $F_w=0.028$mm，公法线长度公称值和极限偏差为：$15.04^{-0.01}_{-0.03}$。加工后，在齿轮一周内均布地测得4条公法线长度，其数值分别为：15.02mm，15.01mm，15.03mm，15.035mm，试计算公法线长度变动 $\Delta F_w$ 和公法线平均长度偏差 $\Delta E_w$，并判别该齿轮是否合格?

# 第十章　尺寸链

1. 如习题图10—1所示斜面配合件，两零件沿 $a$—$a$ 和 $b$—$b$ 面接触。已知各有关尺寸mm：$C_1=12^{\ 0}_{-0.18}$，$C_2=30^{+0.21}_{\ 0}$，$C_3=8^{\ 0}_{-0.15}$，$B=10^{\ 0}_{-0.15}$，$\alpha=45°\pm30'$。

用极值法计算斜面间尺寸 $C_0$。为使两零件接触平稳，斜面配合不应有过盈。如出现过盈时，请改变某一尺寸极限偏差值，使斜面最小间隙为零。

2. 根据教材中例10—1各组成环所给定的数据，即 $L_1=30^{\ 0}_{-0.10}$，$L_2=L_5=5^{\ 0}_{-0.05}$，$L_3=43^{+0.20}_{+0.10}$，$L_4=3^{\ 0}_{-0.05}$mm，设各组成环在某公差带内遵循正态分布，试按统计法计算封闭环 $L_0$ 的公差与极限偏差。比较统计法与极值法计算结果之间的差别，并说明其原因。

3. 习题图10—2所示为链轮部件及其支架，要求装配后轴向间隙 $A_0=0.2\sim0.5$mm，试决定各零件有关尺寸的公差，并决定其极限偏差。

提示：在确定各组成环公差时，可用等公差法 $\left(T_i=\dfrac{T_0}{\sum\limits_{i=1}^{m}|\xi_i|}\right)$ 或等精度法

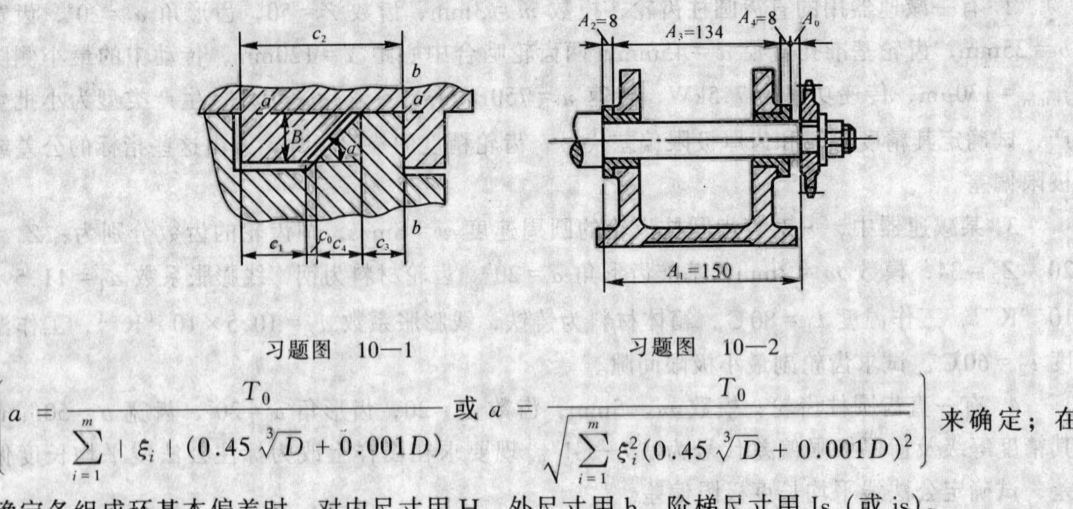


习题图 10—1 习题图 10—2

$$\left[a=\frac{T_0}{\sum\limits_{i=1}^{m}|\xi_i|(0.45\sqrt[3]{D}+0.001D)} \text{ 或 } a=\frac{T_0}{\sqrt{\sum\limits_{i=1}^{m}\xi_i^2(0.45\sqrt[3]{D}+0.001D)^2}}\right]$$

来确定；在确定各组成环基本偏差时，对内尺寸用 H，外尺寸用 h，阶梯尺寸用 Js（或 js）。

4. 教材中图 10—7 尺寸链 $\beta$ 的封闭环 $\beta_0$ 表示铣床主轴轴线对工作台台面的平行度，普通铣床容许偏差为 0.03/300（单位为 mm）。设各组成环在其公差带内遵循三角分布，试决定各组成环的容许偏差。

5. 教材中图 10—4 所示的尺寸链，两滚动轴承内径皆为 $\phi$40mm，G 级精度；尺寸 $l_1=90$mm，$l_2=125$mm。设径向跳动在其公差带内遵循瑞利分布，试决定由两轴承径向跳动所引起的小锥齿轮节锥顶的偏移量。前后两轴承哪个影响大？

## 主要参考书目


1 重庆大学廖念钊等编. 互换性与技术测量. 北京: 中国计量出版社, 1982

2 李柱主编. 互换性与测量技术基础. 上、下册, 北京: 中国计量出版社, 1984, 1985

3 花国梁主编. 互换性与测量技术基础. 北京: 北京工业学院出版社, 1986

4 范德梁编. 公差与技术测量. 沈阳: 辽宁科技出版社, 1983

5 刘巽尔主编. 公差与技术测量. 北京: 中央广播电视大学出版社, 1984

6 费业泰主编. 误差理论与数据处理. 北京: 机械工业出版社, 1981

7 袁长良主编. 互换性与技术测量. 太原: 山西人民出版社, 1982

8 过馨葆编. 公差配合及测量检验. 杭州: 浙江科学技术出版社, 1981

9 黄清渠主编. 几何量计量. 北京: 机械工业出版社, 1981

10 花国梁主编. 精密测量技术. 北京: 中国计量出版社, 1990

11 强锡富主编. 几何量电测量仪. 北京: 机械工业出版社, 1981

12 公差与技术测量编写组. 公差与技术测量. 沈阳: 辽宁人民出版社, 1980

13 成熙治主编. 互换性原理. 哈尔滨: 黑龙江科学技术出版社, 1982

14 天津大学主编. 机械工程手册第 51 篇. 长度测量技术. 北京: 机械工业出版社, 1979

15 哈尔滨工业大学, 合肥工业大学主编. 机械工程手册第 64 篇. 长度测量自动化. 北京: 机械工业出版社, 1978

16 李春田编. 标准化概论. 北京: 中国人民大学出版社, 1982

17 李纯甫著. 尺寸链分析与计算. 北京: 中国标准出版社, 1990

18 国家技术监督局标准化司组编. 机械基础国家标准宣贯教材. 北京: 中国计量出版社, 1997

19 吴昭同等编. 计算机辅助公差优化设计.. 杭州: 浙江大学出版社, 1999

20 李纯甫等编. 光滑工件尺寸的检验, 北京: 中国计量出版社, 2000

21 李斌. 计算机辅助公差设计中有向功能关系图 OFRG 功能实现方法及应用 [博士学位论文]. 重庆大学, 1999